建筑电气施工组织管理

（第二版）

张　恬　主编

哈尔滨工程大学出版社

Harbin Engineering University Press

内容简介

本书分为十一章,主要包括:电气安装工程,建筑相关法律法规概述,流水施工组织,网络计划技术,单位工程施工组织设计,工程资料管理基础知识,工程资料归档管理,建筑工程施工物资资料,建筑工程施工、试验记录,建筑工程检验批质量验收记录填写范例,Project 2007 的应用等内容。

本书可作为高等职业院校建筑设备类建筑电气相关专业"施工组织与管理"课程的教材,也可供相关专业的工程技术人员参考使用。

图书在版编目(CIP)数据

建筑电气施工组织管理/张恬主编. —2 版. —哈尔滨:哈尔滨工程大学出版社, 2018.8(2024.7 重印)

ISBN 978 - 7 - 5661 - 2026 - 7

Ⅰ. ①建… Ⅱ. ①张… Ⅲ. ①房屋建筑设备 –电气设备 – 建筑安装 – 施工组织 – 高等职业教育 – 教材
  Ⅳ. ①TU85

中国版本图书馆 CIP 数据核字(2018)第 194159 号

选题策划 史大伟
责任编辑 张玮琪
封面设计 李海波

出版发行 哈尔滨工程大学出版社
社   址 哈尔滨市南岗区南通大街 145 号
邮政编码 150001
发行电话 0451 – 82519328
传   真 0451 – 82519699
经   销 新华书店
印   刷 哈尔滨午阳印刷有限公司
开   本 787 mm × 1 092 mm   1/16
印   张 18.25
字   数 475 千字
版   次 2018 年 8 月第 2 版
印   次 2024 年 7 月第 4 次印刷
定   价 48.80 元
http://www.hrbeupress.com
E-mail:heupress@ hrbeu.edu.cn

目 录

第一章　电气安装工程

第一节　安装工程施工组织与管理

随着社会经济的发展和建筑技术的进步,现代建筑产品的施工生产已成为一项多人员、多工种、多专业、多设备、高技术、现代化的综合而复杂的系统工程。要做到提高工程质量、缩短施工工期、降低工程成本、实现安全文明施工,就必须应用科学方法进行施工管理,统筹施工全过程。

建筑施工组织就是针对建筑工程施工的复杂性,研究工程建设的统筹安排与系统管理的客观规律,制定建筑工程施工最合理的组织与管理方法的一门科学。它是推进企业技术进步,加强现代化施工管理的核心。

建筑物或构筑物的施工是一项复杂的生产活动,尤其现代化的建筑物和构筑物无论是规模上还是功能上都在不断扩大与完善,它们有的高耸入云,有的跨度大,有的深入地下、水下,有的体形庞大,有的管线纵横,这就给施工带来许多更为复杂和困难的问题。解决施工中的各种问题,通常都要制订若干个可行的施工方案指导施工。但是,不同的方案,其经济效果一般也是各不相同的。如何根据拟建工程的性质和规模、施工季节和环境、工期的长短、工人的素质和数量、机械装备程度、材料供应情况、构件生产方式、运输条件等各种技术经济条件,从经济和技术统筹的全局出发,从许多可行的方案中选定最优的方案,这是施工人员在开始施工之前必须解决的问题。

施工组织的任务是:在党和政府有关建筑施工的方针政策指导下,从施工的全局出发,根据具体的条件,以最优的方式解决上述施工组织的问题,对施工的各项活动做出全面的、科学的规划和部署,使人力、物力、财力、技术资源得以充分利用,优质、低耗、高速地完成施工任务。

一、安装工程施工组织与管理概述

现代建筑安装工程的施工是许多施工过程的组合体,可以有不同的施工顺序;安装施工过程可以采用不同的施工方法和施工机械来完成;即使是同一类工程,由于施工环境、自然环境的不同,施工进度也不一样,这些工作的组织与协调,对于高质量、低成本、高效率进行工程建设具有重要意义。

建筑安装工程施工是指工业与民用建筑工程项目中,根据设计设置的环境功能与各生产系统的成套设备等,按施工顺序有计划地组织安排给排水、采暖通风、空调、建筑电气和设备等安装,然后进行检测、调试,直至满足使用和投产的预期要求。

建筑安装工程施工组织与管理就是针对施工条件的复杂性,来研究安装工程的统筹安排与系统管理的客观规律的一门学科。具体地说,就是针对安装工程的性质、规模、工期要求、劳动力、机械、材料等因素,研究、组织、计划一项拟建工程的全部施工,在许多可能方案中寻求最合理的组织与方法,编制出规划和指导施工的技术经济文件,即施工组织设计。所以安装工程施工组织与管理研究的对象就是如何在党和国家的建设方针和政策的指导下,从施工全局出发,根据各种具体条件,拟订合理的施工方案,安排最佳的施工进度,设计最好的施工现场平面图,同时把设计与施工、技术与经济、全局与个体,在施工中各单位、各部门、各阶段及各项目之间的关系等更好地协调起来,做到人尽其力,物尽其用,使工程取得相对最优的经济效果。

二、安装工程施工组织与管理的基本内容

现代安装工程的施工,无论在规模上,还是在功能上都是以往任何时代所不能比拟的,因此,安装工程施工组织与管理的基本内容应包括经营决策、工程招投标、合同管理、计划统计、施工组织、质量安全、设备材料、施工过程和成本控制等。作为施工技术人员和管理人员,应重点掌握施工组织、工期、成本、质量、安全和现场管理等内容。

本课程是一门内容涉及面广和实践性强的高等职业教育专业技术课。它与施工技术、安装工程定额与预算、建筑企业管理等课程有密切的关系。学习本课程必须注重理论联系实际,注重掌握基本原理和重视实践经验积累两不误。通过本课程的学习,要求学生了解安装工程施工组织与进度控制的基本知识和一般规律,掌握安装工程流水施工原理和网络计划技术,具有编制施工组织总设计和单位工程施工组织设计的能力,为今后从事安装施工与管理打下良好的基础。

第二节　建设项目的建设程序

一、建设项目及其组成

1. 项目

项目是指在一定的约束条件(如限定时间、限定费用及限定质量标准等)下,具有特定的明确目标和完整的组织结构的一次性任务或管理对象。根据这一定义,可以归纳出项目所具有的三个主要特征,及项目的一次性(单件性)、目标的明确性和项目的整体性。只有同时具备这三个特征的任务才能称为项目。而那些大批量的、重复进行的、目标不明确的、局部性的任务,不能称作项目。

项目的种类应当按其最终成果或专业特征为标志进行划分。按专业特征划分,项目主要包括科学研究项目、工程项目、航天项目、维修项目、咨询项目等;还可以根据需要对每一类项目进一步进行分类。对项目进行分类的目的是为了有针对性地进行管理,以提高完成任务的效果、水平。

工程项目是项目中数量最大的一类,既可以按照专业将其分为建筑工程、公路工程、水电工程、港口工程、铁路工程等项目,也可以按管理的差别将其划分为建设项目、设计项目、工程咨询项目和施工项目等。

2. 建设项目

建设项目是固定资产投资项目,是作为建设单位的被管理对象的一次性建设任务,是投资经济科学的一个基本范畴。固定资产投资项目又包括基本建设项目(新建、扩建等扩

大生产能力的项目)和技术改造项目(以改进技术、增加产品品种、提高产品质量、治理"三废"、劳动安全、节约资源为主要目的的项目)。

建设项目在一定的约束条件下,以形成固定资产为特定目标。约束条件:一是时间约束,即一个建设项目有合理的建设工期目标;二是资源的约束,即一个建设项目有一定的投资总量目标;三是质量约束,即一个建设项目都有预期的生产能力、技术水平或使用效益目标。

建设项目的管理主体是建设单位,项目是建设单位实现目标的一种手段。在国外,投资主体、业主和建设单位一般是三位一体的,建设单位的目标就是投资者的目标;而在我国,投资主体、业主和建设单位三者有时是分离的,给建设项目的管理带来一定的困难。

建设项目的内容包括建筑工程、安装工程、设备和材料的购置,其他基本建设工作。

(1)建筑工程

①各种永久性和临时性的建筑物、构筑物及其附属于建筑工程内的暖卫、管道、通风、照明、消防、煤气等安装工程;

②设备基础、工业筑炉、障碍物清除、排水、竣工后的施工渣土清理、水利工程、铁路、公路、桥梁、电力线路等工程以及防空设施。

(2)安装工程

①各种需要安装的生产、动力、电信、起重、传动、医疗、实验等设备的安装工程;

②被安装设备的绝缘、保温、油漆、防雷接地和管线敷设工程;

③安装设备的测试和无负荷试车等;

④与设备相连的工作台、梯子等的装设工程。

可见,电气安装工程是建筑安装工程的一部分。

(3)设备和材料的购置包括一切需要安装与不需要安装设备和材料的购置。

(4)其他基本建设工作包括上述内容以外的土地征用、原有建筑物拆迁及赔偿、青苗补偿、生产人员培训和管理工作等。

3.施工项目

施工项目是施工企业自施工投标开始到保修期满为止的全过程中完成的项目,是作为施工企业的被管理对象的一次性施工任务。

施工项目的管理主体是施工承包企业。施工项目的范围是由工程承包合同界定的,可能是建设项目的全部施工任务,也可能是建设项目中的一个单项工程或单位工程的施工任务。

4.建设项目的组成

基本建设工程项目简称建设项目,是指按一个总体设计组织施工,建成后具有完整的系统,可以独立形成生产能力或使用价值的建设工程。例如工业建筑中一般以一个企业(如一个钢铁公司、一个服装公司)为一个建设项目;民用建筑中一般以一个机关事业单位(如一所学校、一所医院)为一个建设项目。大型分期建设的工程,如果分为几个总体设计,则就有几个建设项目。进行基本建设的企业或事业单位称为建设单位。

基本建设项目可按不同的方式进行分类。按建设项目的规模可分为大、中、小型建设项目;按建设项目的性质可分为新建、扩建、改建、恢复、迁建项目;按建设项目的用途可分为生产性和非生产性建设项目;按建设项目的投资主体可分为国家投资、地方政府投资、企业投资、合资和独资建设项目。

一个建设项目,按其复杂程度,一般可由以下工程内容组成。

(1)单项工程

单项工程是建设项目的组成部分。

一个建设项目可由一个单项工程组成,也可以由若干个单项工程组成。它是指具有独立的设计文件、独立的核算,建成后可以独立发挥设计文件所规定的效益或生产能力的工程。如工业建设项目的单项工程,一般是指能独立生产的车间,设计规定的生产线;民用建设项目中的学校教学楼、图书馆、实验楼等。

(2)单位工程

单位工程是单项工程的组成部分。

单位工程是指有独立的施工图设计,并能独立施工,但完工后不能独立发挥生产能力或效益的工程。例如工厂的车间是一个单项工程,一般由土建工程、装饰工程、设备安装工程、工业管道工程、电气工程和给排水工程等单位工程组成,又如民用建筑、学校的实验楼是一个单项工程,则实验楼的土建工程、安装工程(包括设备、水、暖、电、卫、通风、空调等)各是一个单位工程。

由于单位工程既有独立的施工图设计,又能独立施工,所以编制施工图预算、施工预算、安排施工计划、工程竣工结算等都是按单位工程进行的。

(3)分部工程

分部工程是单位工程的一部分。

建筑工程是按建筑物和构筑物的主要部位来划分的。如地基及基础工程、主体工程、屋面工程、装饰工程等各是一个分部工程。

安装工程是按安装工程的种类来划分的。例如建筑物内的给排水、采暖、通风、空调、电气、智能建筑、电梯各是一个分部工程。

(4)分项工程

分项工程是分部工程的一部分。

建筑工程是按照主要工种工程来划分的。例如土石方工程、砌筑工程、钢筋工程、整体式和装配式结构混凝土工程、抹灰工程等各是一个分项工程。

安装工程是按用途、种类、输送不同介质与物料,以及设备组别来划分的。例如室内采暖是一个分部工程,则采暖管道安装、散热器安装、管道保温等各是一个分项工程;又如室内照明是一个分部工程,则照明配管、配线、灯具安装等各是一个分项工程。

二、项目建设程序

项目建设程序是从立项开始,建成投入生产至使用为止的全过程中有相互依赖关系的前后依次的各个工作环节。通常要由业主方(或发包单位)和项目建设总承包单位双方依据总承包合同约定默契配合才能完成。有些应由业主完成的程序,承包单位可以被委托代理进行。

建设程序是人们进行建设活动中必须遵守的工作制度,是经过大量实践工作所总结出来的工程建设过程的客观规律的反映。一方面,建设程序反映了社会经济规律的制约关系。在国民经济体系中,各个部门之间比例要保持平衡,建设计划与国民经济计划要协调一致,成为国民经济计划的有机组成部分,因此我国建设程序中的主要阶段和环节都与国民经济计划密切相连。另一方面,建设程序反映了技术经济规律的要求。例如在提出生产性建设项目建议书后,必须对建设项目进行可行性研究,从建设的必要性和可能性、技术的可行性与合理性、投产后正常生产条件等方面做出全面的、综合的论证。

（一）项目决策阶段

项目决策阶段是项目进入建设的程序的最初阶段,主要工作是组织项目前期策划,提出项目建议书、编制提出项目可行性研究报告。

1. 项目前期策划

项目构思的产生是从企业（或私人资本）的角度,为了满足市场需求、企业可持续发展、投资得到回报,且依据国家或某个区域的国民经济社会发展规划,确定进行新建、改建或扩建工程项目。构思过程要剔除无法实现的不符合实际的违反法律法规的成分,结合环境条件和自身能力,择优选取项目构思。经过研究认为项目构思是可行的合理的,则可以进入下一步工作。

项目的工作有情况分析、问题定义、提出目标因素、建立目标系统,其结果要形成书面文件,内容包括项目名称、范围、拟解决的问题,项目目标系统、对环境影响因素、项目总投资预期收益和运营费用的说明等。项目定义完成后进入提出项目建议书编制工作。

2. 项目建议书的编审

项目建议书是建设项目的建议性文件,是对拟建项目的轮廓设想。项目建议书的主要作用是为推荐的拟建项目做出说明,论述其建设的必要性,以供有关部门选择并确定是否有必要进行可行性研究工作。项目建议书批准后,方可进行可行性研究。

由于我国投资体制的深化改革,对政府投资项目、企业投资项目实行分类管理。前期的审批工作,对政府投资项目仍按基本建设程序进行政府审批管理,对企业投资项目属于政府核准制的实行政府核准管理,对企业投资项目不属于政府核准管理的实行备案制管理。

3. 项目可行性研究

可行性研究是项目建议书批准后开展的一项重要决策准备工作,是对拟建项目技术和经济的可行性分析和论证,为项目投资决策提供依据。

初步可行性研究又称预可行性研究,其主要目的是判断项目是否有生命力,是否值得投入更多的人力、财力进行可行性研究,据此做出是否投资的初步决定。从技术、财务、经济、环境和社会影响评价等方面,对项目是否可行做出初步判断。可行性研究是在初步可行性研究判断认为应该继续深入全面进行研究后实施。

可行性研究的主要内容包括项目建设的必要性、市场分析、资源利用率分析、建设方案、投资估算、财务分析、经济分析、环境影响评价、社会评价、风险分析与不确定性分析等,有些机电工程项目应对环境评价做短期、中期、长期的综合评价。

可行性研究工作完成后,要总结归纳形成有明确结论的可行性研究报告。我国对可行性研究报告的审批权限做出明确规定,必须按规定将编制好的可行性研究报告送交有关部门审批。

（1）属中央投资、中央和地方合资的大中型和限额以上项目的可行性研究报告要报送国家计委审批。国家计委在审批过程中要求征求行业归口主管部门和国家专业投资公司的意见、投资公司的意见和咨询公司的评估意见,国家计委再行审批。

（2）总投资在2亿元以上的项目,不论是中央项目还是地方项目,都要经国家计委审查后报国务院审批。

（3）中央各部门所属小型和限额以下项目,由各部门审批。

（4）地方投资 2 亿元以下项目,由地方计委审批。

（二）项目实施阶段

可行性研究报告经审查批准后,一般不允许作变动,项目建设进入实施阶段。实施阶段的主要工作包括勘察设计、建设准备、项目施工、竣工验收投入使用等四个程序。

1. 勘察设计

勘察设计是组织施工的重要依据,要按照批准的可行性研究报告的内容进行勘察设计,并编制相应的设计文件。

一般项目设计,按初步设计和施工图设计两个阶段进行,对技术比较复杂、无同类型项目设计经验可借鉴,则在初步设计之后增加技术设计,通过后才能进行施工图设计。大型机电工程项目设计,为做好建设的总体部署,在初步设计前,应进行总体设计,应满足初步设计展开的需要,满足主要大型设备、大宗材料的预安排和土地征用的需要。

施工图设计应当满足设备材料的采购、非标准设备的制作、施工图预算的编制和施工安装等的需要。

所有设计文件除原勘察设计单位外,与建设相关各方均无权进行修改变更,发现确需要修改的,应征得原勘察设计单位同意,并出具相应书面文件。

有些项目为了进一步优化施工图设计,在招标施工单位时,要求投标单位能进行深化设计作为对施工设计的补充,深化设计的设计文件,亦要由原设计单位审查确认或批准。

2. 建设准备

申报建设计划,依据项目规模大小、投资来源实行不同的计划审批,经批准的年度计划是办理拨款或贷款的依据。

列入年度计划的资金到位后可开展各项具体准备工作,包括征地拆迁,场地平整,通水、通电、通路,完善施工图纸、施工招标投标,签订工程承包合同,设备材料订货,办理施工许可、告知质量安全监督机构等。

制订项目建设总体框架控制进度计划,其内容应包含项目投入使用或生产的安排。

3. 项目施工

该阶段是按工程施工设计而形成工程实体的关键程序,需要在较长时间内耗费大量的资源但却不产生直接的投资效益,因此管理的重点是进度、质量、安全,从而降低工程建设的投资或成本。最终要通过试运行或试生产全面检验设计的正确性、设备材料制造的可靠性、施工安装的符合性、生产或营运管理的有效性,进入机电工程项目建设竣工验收阶段。

4. 竣工验收

机电工程项目建设竣工后,必须按国家规定的法规办理竣工验收手续,竣工验收通过后机电工程建设项目可以交付使用,所有的投资转为该项目的固定资产,从而开始提取折旧。

竣工验收要做好各类相关资料的整理工作,并编制项目建设决算,按规定向建设档案管理部门移交工程建设档案。

建设工程文件是在工程建设过程中形成的各种形式的信息记录,包括工程准备阶段文件、监理文件、施工文件、竣工图和竣工验收文件。建设工程项目实行总承包的,各分包单位应将本单位形成的工程文件整理、立卷后及时移交总包单位,总包单位负责收集、汇总各分包单位形成的工程档案,并应及时向建设单位移交。建设单位在工程竣工验收后3个月内,将列入建设档案管理部门(城建档案馆)接收范围的工程移交一套符合规定的工程档案。

建设单位在组织工程竣工验收前,应提请当地的建设档案管理部门(城建档案管理机构)对工程档案进行预验收;未取得工程档案验收认可文件,不得组织工程竣工验收。工程档案重点验收内容应符合规定。

大中型机电工程项目的竣工验收应当分预验收和最终验收的两个步骤进行;小型项目可以一次性进行竣工验收。

竣工验收后,建设总承包单位按总承包合同条款约定,实行保修服务。

三、电气安装工程的施工顺序

随着国家建设规模的发展,电气安装工程已成为建设工程的一项重要组成部分。电气安装工程包括的内容很多,如变配电装置、照明工程、架空线路、防雷接地、电气设备调试、闭路电视系统、电话通信系统、广播音响系统、火灾报警系统与自动灭火系统等。

电气安装工程的施工程序是反映工程施工安装全过程必须遵循的先后次序。它是多年来电气安装工程施工实践经验的总结,是施工过程中必须遵循的客观规律。只有坚持按照施工程序进行施工,才能使电气安装工程达到高质量、高速度、高工效、低成本。一般情况叫下电气安装工程施工程序要经过下面五个阶段。

1. 承接施工任务、签订施工合同

施工单位获得施工任务的方法主要是通过投标而中标承接。有一些特殊的工程项目可由国家或上级主管部门直接下达给施工单位。不论哪种承接方式,施工单位都要检查其施工项目是否有批准的正式文件,是否列入基本年度计划,是否落实了投资等。

承接施工任务后,建设单位和施工单位应根据《合同法》的有关规定签订施工合同。施工合同的内容包括承包的工程内容、要求、工期、质量、造价及材料供应等,明确合同双方应承担的义务和职责,以及应完成的施工准备工作。施工合同经双方法人代表签字后具有法律效力,必须共同遵守。

2. 全面统筹安排,做好施工规划

接到任务,首先对任务进行摸底工作,了解工程概况、建设规模、特点、期限;调查建设地区的自然、经济和社会等情况。在此基础上,拟订施工规划或编制施工组织总设计或施工方案,部署施工力量,安排施工总进度,确定主要工程施工方案等。批准后,组织施工先遣人员进入现场,与建设单位密切配合,共同做好施工规划确定的各项全局性的施工准备工作,为建设项目正式开工创造条件。

3. 落实施工准备,提出开工报告

签订施工合同,施工单位做好全面施工规划后,应认真做好施工准备工作。其内容主要有会审图纸;编制和审查单位工程施工组织设计;施工图预算和施工预算;组织好材料的生产加工和运输;组织施工机具进场;建立现场管理机构,调遣施工队伍;施工现场的"三通一平",临时设施等。具备开工条件后,提出开工报告并经审查批准后,即可正式开工。

4. 精心组织施工

开工报告批准后即可进行全面施工。施工前期为与土建工程的配合阶段,要按设计要求将需要预留的孔洞、预埋件等设置好;进线管、过墙管也应按设计要求设置好。施工时,各类线路的敷设应按图纸要求进行,并合乎验收规范的各项要求。

在施工过程中提倡科学管理,文明施工,严格履行经济合同。合理安排施工顺序,组织好均衡连续施工,在施工过程中应着重对工期、质量、成本和安全进行科学的督促、检查和控制,使工程早日竣工,交付使用。

5. 竣工验收,交付使用

竣工验收是施工的最后阶段,在竣工验收前,施工单位内部应先进行预验收,检查各分部分项工程的施工质量,整理各项交工验收的技术经济资料,绘制竣工图,协同建设单位、设计单位、监理单位完成验收工作。验收合格后,双方签订交接验收证书,办理工程移交,并根据合同规定办理工程结算手续。

第三节　施工准备工作

现代企业管理的理论认为,企业管理的重点是生产经营,而生产经营的核心是决策。工程项目施工准备工作是生产经营管理的重要组成部分,是对拟建工程目标、资源供应和施工方案的选择,以及空间布置和时间排列等诸方面进行的施工决策。

一、施工准备工作的重要性

施工准备工作就是指工程施工前所做的一切工作。它不仅在开工前要做,开工后也要做,它是有组织、有计划、有步骤分阶段地贯穿于整个工程建设的始终。

基本建设是人们创造物质财富的重要途径,是我国国民经济的主要支柱之一。基本建设工程项目总的程序是按照计划、设计和施工三个阶段进行。施工阶段又分为施工准备、土建施工、设备安装、交工验收阶段。

由此可见,施工准备工作的基本任务是为拟建工程的施工建立必要的技术和物质条件,统筹安排施工力量和施工现场。施工准备工作也是施工企业搞好目标管理,推行技术经济承包的重要依据。同时施工准备工作还是土建施工和设备安装顺利进行的根本保证。因此认真地做好施工准备工作,对于发挥企业优势、合理供应资源、加快施工速度、提高工程质量、降低工程成本、增加企业经济效益、赢得企业社会信誉、实现企业管理现代化等具有重要的意义。

实践证明,凡是重视施工准备工作,积极为拟建工程创造一切施工条件,其工程的施工就会顺利地进行;凡是不重视施工准备工作,就会给工程的施工带来麻烦和损失,甚至给工程施工带来灾难,其后果不堪设想。

二、施工准备工作的分类

1. 按工程项目施工准备工作的范围不同,一般可分为全场性施工准备、单位工程施工条件准备及分部(项)工程作业条件准备三种。

2. 按拟建工程所处的施工阶段不同,一般可分为开工前的施工准备及各施工阶段前的施工准备两种。

综上所述,可以看出:不仅在拟建工程开工之前要做好施工准备工作,而且随着工程施工的进展,在各施工阶段开工之前也要做好施工准备工作。施工准备工作既要有阶段性,又要有连贯性,因此施工准备工作必须有计划、有步骤、分期地和分阶段地进行,要贯穿拟建工程整个生产过程的始终。

三、施工准备工作的内容

电气工程项目施工准备工作按其性质及内容通常包括技术准备、物资准备、劳动组织准备、施工现场准备和施工场外准备。

(一)技术准备

技术准备是施工准备的核心。由于任何技术的差错或隐患都可能引起人身安全和质量事故,造成生命、财产和经济的巨大损失,因此必须认真地做好技术准备工作。具体包括如下内容。

1. 熟悉、审查设计图纸的程序

施工图是施工生产的主要依据,在施工前,应认真熟悉施工图纸,在明确设计的技术要求,了解设计意图情况下,建设单位、施工单位、设计单位进行图纸会审,解决图纸存在的问题,为了按照施工图施工创造条件。熟悉、审查设计图纸的程序通常分为自审阶段、会审阶段和现场签证等三个阶段。

2. 原始资料的调查分析

为了做好施工准备工作,除了要掌握有关拟建工程的书面资料外,还应该进行拟建工程的实地勘测和调查,获得有关数据的第一手资料,这对于拟定一个先进合理、切合实际的施工组织设计是非常必要的,因此应该做好以下几个方面的调查分析。

(1)自然条件的调查分析。建设地区自然条件的调查分析的主要内容有地区水准点和绝对标高等情况;地质构造、土的性质和类别、地基土的承载力、地震级别和裂度等情况河流流量和水质、最高洪水和枯水期的水位等情况;地下水位的高低变化情况,含水层的厚度、流向、流量和水质等情况;气温、雨、雪、风和雷电等情况;土的冻结深度和冬雨季的期限等情况。

(2)技术经济条件的调查分析。建设地区技术经济条件的调查分析的主要内容有地方建筑施工企业的状况;施工现场的动迁状况;当地可利用的地方材料状况;国拨材料供应状况;地方能源和交通运输状况;地方劳动力和技术水平状况;当地生活供应、教育和医疗卫生状况;当地消防、治安状况和参加施工单位的力量状况等。

3. 编制施工图预算和施工预算

(1)编制施工图预算。施工图预算是技术准备工作的主要组成部分之一,这是按照施工图确定的工程量、施工组织设计所拟定的施工方法、建筑工程预算定额及其取费标准,由施工单位编制的确定建筑安装工程造价的经济文件,它是施工企业签订工程承包合同、工程结算、建设银行拨付工程价款、进行成本核算、加强经营管理等方面工作的重要依据。

(2)编制施工预算。施工预算是根据施工图预算、施工图纸、施工组织设计或施工方案、施工定额等文件进行编制的,它直接受施工图预算的控制。它是施工企业内部控制各项成本支出、考核用工、"两算"对比、签发施工任务单、限额领料、基层进行经济核算的依据。

4.编制施工组织设计

施工组织设计是施工准备工作的重要组成部分，也是指导施工现场全部生产活动的技术经济文件。建筑施工生产活动的全过程是非常复杂的物质财富再创造的过程，为了正确处理人与物、主体与辅助、工艺与设备、专业与协作、供应与消耗、生产与储存、使用与维修以及它们在空间布置、时间排列之间的关系，必须根据拟建工程的规模、结构特点和建设单位的要求，在原始资料调查分析的基础上，编制出一份能切实指导该工程全部施工活动的科学方案（施工组织设计）。

（二）物资和劳动力准备

材料、构（配）件、制品、机具和设备是保证施工顺利进行的物资基础，这些物资的准备工作必须在工程开工之前完成。根据各种物资的需要量计划，分别落实货源，安排运输和储存，使其满足连续施工的要求。

1.物资准备工作的内容

物资准备工作主要包括建筑材料的准备；构（配）件和制品的加工准备；建筑安装机具的准备和生产工艺设备的准备。

（1）建筑材料的准备。建筑材料的准备主要是根据施工预算进行分析，按照施工进度计划要求，按材料名称、规格、使用时矿材料储备定额和消耗定额进行汇总，编制出材料需要量计划，为组织备料、确定仓库、场地堆放所需的面积和组织运输等提供依据。

（2）构（配）件、制品的加工准备。根据施工预算提供的构（配）件、制品的名称、规格、质量和消耗量，确定加工方案和供应渠道以及进场后的储存地点和方式，编制出其需要量计划，为组织运输、确定堆场面积等提供依据。

（3）建筑安装机具的准备。根据采用的施工方案，安排施工进度，确定施工机械的类型、数量和进场时小确定施工机具的供应办法和进场后的存放地点和方式，编制建筑安装机具的需要量计划，为组织运输，确定堆场面积等提供依据。

（4）生产工艺设备的准备。按照拟建工程生产工艺流程及工艺设备的布置图一提出工艺设备的名称、型号、生产能力和需要量，确定分期分批进场时间和保管方式，编制工艺设备需要量计划，为组织运输，确定堆场面积提供依据。

2.劳动组织准备

劳动组织准备的范围既有整个建筑施工企业的劳动组织准备，又有大型综合的拟建建设项目的劳动组织准备，也有小型简单的拟建单位工程的劳动组织准备。这里仅以一个拟建工程项目为例，说明其劳动组织准备工作的内容如下。

（1）建立拟建工程项目的领导机构

施工组织机构的建立应遵循以下的原则：根据拟建工程项目的规模、结构特点和复杂程度，确定拟建工程项目施工的领导机构人选和名额；坚持合理分工与密切协作相结合；把有施工经验、有创新精神、有工作效率的人选入领导机构；认真执行因事设职、因职选人的原则。

（2）建立精干的施工队组

施工队组的建立要认真考虑专业、工种的合理配合，技工、普工的比例要满足合理的劳动组织，要符合流水施工组织方式的要求，确定建立施工队组是专业施工队组，或是混合施工队组，要坚持合理、精干的原则；同时制定出该工程的劳动力需要量计划。

（3）集结施工力量、组织劳动力进场

工地的领导机构确定之后，按照开工日期和劳动力需要量计划，组织劳动力进场。同时要进行安全、防火和文明施工等方面的教育，并安排好职工的生活。

（4）向施工队组、工人进行施工组织设计、计划和技术交底

施工组织设计、计划和技术交底的目的是把拟建工程的设计内容、施工计划和施工技术等要求，详尽地向施工队组和工人讲解交代。这是落实计划和技术责任制的好办法。

施工组织设计、计划和技术交底的内容有工程的施工进度计划、月（旬）作业计划；施工组织设计，尤其是施工工艺；质量标准、安全技术措施、降低成本措施和施工验收规范的要求；新结构、新材料、新技术和新工艺的实施方案和保证措施；图纸会审中所确定的有关部位的设计变更和技术核定等事项。交底工作应该按照管理系统逐级进行，由上而下直到工人队组。交底的方式有书面形式、口头形式和现场示范形式等。

队组、工人接受施工组织设计、计划和技术交底后，要组织其成员进行认真的分析研究，弄清关键部位、质量标准、安全措施和操作要领。必要时应该进行示范，并明确任务及做好分工协作，同时建立健全岗位责任制和保证措施。

（5）建立健全各项管理制度

工地的各项管理制度是否建立、健全，直接影响其各项施工活动的顺利进行。有章不循其后果是严重的，而无章可循更是危险的。为此必须建立、健全工地的各项管理制度。

3．施工现场准备

施工现场是施工的全体参加者为夺取优质、高速、低消耗的目标，而有节奏、均衡连续地进行战术决战的活动空间。施工现场的准备工作，主要是为了给拟建工程的施工创造有利的施工条件和物资保证。其具体内容如下。

（1）做好施工场地的控制网测量

按照设计单位提供的建筑总平面图及给定的永久性经纬坐标控制网和水准控制基桩，进行厂区施工测量，设置厂区的永久性经纬坐标桩、水准基桩和建立厂区工程测量控制网。

（2）搞好"三通一平"

路通：施工现场的道路是组织物资运输的动脉。拟建工程开工前，必须按照施工总平面图的要求，修好施工现场的永久性道路（包括厂区铁路、厂区公路）及必要的临时性道路，形成完整畅通的运输网络，为建筑材料进场、堆放创造有利条件。

水通：水是施工现场的生产和生活不可缺少的。拟建工程开工之前，必须按照施工总平面图的要求，接通施工用水和生活用水的管线，使其尽可能与永久性的给水系统结合起来，做好地面排水系统，为施工创造良好的环境。

电通：电是施工现场的主要动力来源。拟建工程开工前，要按照施工组织设计的要求，接通电力和电信设施，做好其他能源（如蒸汽、压缩空气）的供应，确保施工现场动力设备和通信设备的正常运行。

平整场地：按照建筑施工总平面图的要求，首先拆除场地上妨碍施工的建筑物或构筑物，然后根据建筑总平面图规定的标高和土方竖向设计图纸，进行挖（填）土方的工程量计算，确定平整场地的施工方案，进行平整场地的工作。

（3）做好施工现场的补充勘探

对施工现场做补充勘探是为了进一步寻找枯井、防空洞、古墓、地下管道、暗沟和枯树根等隐蔽物，以便及时拟订处理隐蔽物的方案，并实施，为基础工程施工创造有利条件。

（4）建造临时设施

按照施工总平面图的布置,建造临时设施,为正式开工准备好生产、办公、生活、居住和储存等临时用房。

（5）安装、调试施工机具

按照施工机具需要量计划,组织施工机具进场,根据施工总平面图将施工机具安置在规定的地点或仓库。对于固定的机具要进行就位、搭棚、接电源、保养和调试等工作。对所有施工机具都必须在开工之前进行检查和试运转。

（6）做好建筑构（配）件、制品和材料的储存和堆放

按照建筑材料、构（配）件和制品的需要量计划组织进场,根据施工总平面图规定的地点和指定的方式进行储存和堆放。

（7）及时提供建筑材料的试验申请计划

按照建筑材料的需要量计划,及时提供建筑材料的试验申请计划。如钢材的机械性能和化学成分等试验;混凝土或砂浆的配合比和强度等试验。

（8）做好冬雨季施工安排

按照施工组织设计的要求,落实冬雨季施工的临时设施和技术措施。

（9）进行新技术项目的试制和试验

按照设计图纸和施工组织设计的要求,认真进行新技术项目的试制和试验。

（10）设置消防、保安设施

按照施工组织设计的要求,根据施工总平面图的布置,建立消防。保安等组织机构和有关的规章制度,布置安排好消防、保安等措施。

4.施工的场外准备

施工准备除了施工现场内部的准备工作外,还有施工现场外部的准备工作。其具体内容如下。

（1）材料的加工和订货

建筑材料、构（配）件和建筑制品大部分均必须外购,工艺设备更是如此。这样如何与加工部门、生产单位联系,签订供货合同,搞好及时供应,对于施工企业的正常生产是非常重要;对于协作项目也是这样,除了要签订议定书之外,还必须做大量的有关方面的工作。

（2）做好分包工作和签订分包合同

由于施工单位本身的力量所限,有些专业工程的施工、安装和运输等均需要向外单位委托。根据工程量、完成日期\工程质量和工程造价等内容,与其他单位签订分包合同、保证按时实施。

（3）向上级提交开工申请报告

当材料的加工和订货及做好分包工作和签订分包合同等施工场外的准备工作后,应该及时地填写开工申请报告,并上报上级批准。

（二）施工准备工作计划与开工报告

1.施工准备工作计划

为了落实各项施工准备工作,加强对其检查和监督,必须根据各项施工准备工作的内容、时间和人员,编制出施工准备工作计划。施工准备工作计划见表1-1。

表1-1　施工准备工作计划表

序号	施工准备项目	简要内容	负责单位	负责人	开始时间	结束时间	备注

2. 开工报告

开工报告建设项目或单项(位)工程开工的依据,包括建设项目开工报告和单项(位)工程开工报告。

(1)总体开工报告:承包人开工前应按合同规定向监理工程师提交开工报告,主要内容应包括:施工机构的建立、质检体系、安全体系的建立和劳力安排,材料、机械及检测仪器设备进场情况,水电供应,临时设施的修建,施工方案的准备情况等。虽有以上规定,并不妨碍监理工程师根据实际情况及时下达开工令。

(2)分部工程开工报告:承包人在分部工程开工前14d向监理工程师提交开工报告单,其内容包括施工地段与工程名称;现场负责人名单;施工组织和劳动安排;材料供应、机械进场等情况;材料试验及质量检查手段;水电供应;临时工程的修建;施工方案进度计划以及其他需说明的事项等,经监理工程师审批后,方可开工。

(3)中间开工报告:长时间因故停工或休假(7d以上)重新施工前,或重大安全、质量事故处理完后,承包人应向监理工程师提交中间开工报告。

开工报告表格详见表1-2。

表1-2　开工报告

归档编号:

工程名称		建筑面积/m²		
施工单位(企业级别)		预算工程量/元		
建设单位(监理级别)		工程结构		
设计单位(企业级别)		分包单位(企业级别)		
承包形式(合同号)		工程地址		
计划开竣工日期		单位工程造价		
工程内容		计划、设计、规划批准文件		
项目经理 (证件编号)		建设单位代表 (级别、证件号)		质量检查员 (级别、证件号)
开工准备工作状况	监理单位报告人: 　　　　　年　月　日		建设单位报告人: 施工单位报告人: 　　　　　年　月　日	

建设单位				（章） 年　月　日	施工单位			（章） 年　月　日
审查机 关意见	审查人：|		（章） 年　月　日	批准机 关意见	审查人：|		年　月　日

综上所述,各项施工准备工作不是分离的、孤立的,而是互为补充,相互配合的。为了提高施工准备工作的质量、加快施工准备工作的速度,必须加强建设单位、设计单位和施工单位之间的协调工作,建立健全施工准备工作的责任制度和检查制度,使施工准备工作有领导、有组织、有计划和分期分批地进行,贯穿施工全过程的始终。

第四节　施工组织设计

按照现行《建设工程项目管理规范》GB/T 50326—2006 规定,在投标之前,由施工企业管理层编制项目管理规划大纲,作为投标依据、满足招标文件要求及签订合同要求的文件。在工程开工之前,由项目经理主持编制项目管理实施规划,作为指导施工项目实施阶段管理的文件。项目管理实施规划是项目管理规划大纲的具体化和深化。

施工组织设计是我国长期工程建设实践中形成的一项惯例制度,目前仍继续贯彻执行。施工组织设计是施工规划,而非施工项目管理规划,故要代替后者时必须根据项目管理的需要,增加相关内容,使之成为项目管理的指导文件。

一、施工组织设计的概念

施工组织设计是指根据拟建工程的特点,对人力、材料、机械、资金、施工方法等方面的因素做全面的、科学的、合理的安排,并形成指导拟建工程施工全过程中各项活动的技术、经济和组织的综合性文件,该文件就称为施工组织设计。

二、施工组织设计的必要性与作用

1.施工组织设计的必要性

编制施工组织设计,有利于反映客观实际,符合建筑产品及施工特点要求,也是建筑施工在工程建设中的地位决定的,更是建筑施工企业经营管理程序的需要,因此编好并贯彻好施工组织设计,就可以保证拟建工程施工的顺利进行,取得、好、快、省和安全的施工效果。

2.施工组织设计的作用

施工组织设计是施工准备工作的重要组成部分,又是做好施工准备工作的主要依据和重要保证。

施工组织设计是对拟建工程施工全过程实行科学管理的重要手段,是编制施工预算和施工计划的主要依据,是建筑企业合理组织施工和加强项目管理的重要措施。

施工组织设计是检查工程施工进度、质量、成本三大目标的依据,是建设单位与施工单位之间履行合同、处理关系的主要依据。

三、施工组织设计的分类

1. 按编制对象范围的不同分类

（1）施工组织总设计

施工组织总设计是以一个建筑群或一个施工项目为编制对象，用以指导整个建筑群或施工项目施工全过程的各项施工活动的技术、经济和组织的综合性文件。

（2）单位工程施工组织设计

单位工程施工组织设计是以一个单位工程（如一个建筑物或构筑物、一个交工系统）为对象，用以指导其施工全过程的各项施工活动的技术、经济和组织的综合性文件。

（3）分部分项工程施工组织设计

分部分项工程施工组织设计是以分部分项工程为编制对象，用以具体指导其施工全过程的各项施工活动的技术、经济和组织的综合性文件。

（4）专项施工组织设计

专项施工组织设计是以某一专项技术（如重要的安全技术、质量技术或高新技术）为编制对象，用以指导施工的综合性文件。

2. 根据编制阶段的不同分类

施工组织设计根据编制阶段的不同可以分为两类：一类是投标前编制的施工组织设计（简称标前施工组织设计）；另一类是签订工程承包合同后编制的施工组织设计（简称标后施工组织设计）。两类施工组织设计的区别见表1-3。

表1-3　标前和标后施工组织设计的区别

种　类	服务范围	编制时间	编制者	主要特征	追求主要目标
标前施工组织设计	投标与签约	投标前	经营管理层	规划性	中标和经济效益
标后施工组织设计	施工准备至验收	签约后、开工前	项目管理层	作业性	施工效率和效益

四、施工组织设计的内容

不同类型施工组织设计的内容各不相同，但一个完整的施工组织设计一般应包括以下基本内容。

1. 工程概况。

2. 施工方案。

3. 施工进度计划。

4. 施工准备工作计划。

5. 各项资源需用量计划。

6. 施工平面布置图。

7. 主要技术组织保证措施。

8. 主要技术经济指标。

9. 结束语。

五、施工组织设计的编制与执行

1. 施工组织设计的编制

(1)当拟建工程中标后,施工单位必须编制建设工程施工组织设计。建设工程实行总包和分包的,由总包单位负责编制施工组织设计或者分阶段施工组织设计。分包单位在总包单位的总体部署下,负责编制分包工程的施工组织设计。施工组织设计应根据合同工期及有关的规定进行编制,并且要广泛征求各协作施工单位的意见。

(2)对结构复杂、施工难度大及采用新工艺和新技术的工程项目,要进行专业性的研究,必要时组织专门会议,邀请有经验的专业工程技术人员参加,集中群众智慧,为施工组织设计的编制和实施打下坚实的群众基础。

(3)在施工组织设计编制过程中,要充分发挥各职能部门的作用,吸收他们参加编制和审定;充分利用施工企业的技术素质和管理素质,统筹安排、扬长避短,发挥施工企业的优势,合理地进行工序交叉配合的程序设计。

(4)当比较完整的施工组织设计方案提出之后,要组织参加编制的人员及单位进行讨论,逐项逐条地研究,修改后确定,最终形成正式文件,送主管部门审批。

2. 施工组织设计的执行

施工组织设计的编制,只是为实施拟建工程项目的生产过程提供了一个可行的方案。这个方案的经济效果如何,必须通过实践去验证。施工组织设计贯彻的实质,就是把一个静态平衡方案,放到不断变化的施工过程中,考核其效果和检查其优劣的过程,以达到预定的目标。所以施工组织设计贯彻的情况如何,其意义是深远的,为了保证施工组织设计的顺利实施,应做好以下几个方面的工作。

(1)传达施工组织设计的内容和要求,做好施工组织设计的交底工作。

(2)制定有关贯彻施工组织设计的规章制度。

(3)推行项目经理责任制和项目成本核算制。

(4)统筹安排,综合平衡。

(5)切实做好施工准备工作。

练习与思考题

1. 什么是基本建设,它包含哪些内容?

2. 基本建设项目是如何划分的?

3. 什么是基本建设程序,它分为哪些阶段?

4. 简述施工准备工作的意义及主要内容。

5. 施工现场准备包括哪些内容?什么叫作"三通一平"?

6. 简述施工组织设计的内容。

第二章　建筑相关法律法规概述

第一节　基本法律知识

党的十八届四中全会通过的《中共中央关于全面推进依法治国若干重大问题的决定》中指出,全面推进依法治国,总目标是建设中国特色社会主义法治体系,建设社会主义法治国家。为此,要坚持法治国家、法治政府、法治社会一体建设,实现科学立法、严格执法、公正司法、全民守法,促进国家治理体系和治理能力现代化。作为一名建筑行业从业人员,必须增强法律意识和法治观念,做到学法、懂法、守法和用法,这是新时期对建筑行业从业人员从事建筑活动的基本要求。

一、法律体系的基本框架

2011 年 3 月 10 日,吴邦国委员长在十一届全国人民代表大会第四次会议上正式宣布:一个立足中国国情和实际、适应改革开放和社会主义现代化建设需要、集中体现党和人民意志的,以宪法为统帅,以宪法相关法、民法商法等多个法律部门的法律为主干,由法律、行政法规、地方性法规等多个层次的法律规范构成的中国特色社会主义法律体系已经形成,国家经济建设、政治建设、文化建设、社会建设以及生态文明建设的各个方面实现有法可依。

(一)宪法及宪法相关法

宪法是国家的根本大法,是特定社会政治经济和思想文化条件综合作用的产物,集中反映各种政治力量的实际对比关系,确认革命胜利成果和现实的民主政治,规定国家的根本任务和根本制度,即社会制度、国家制度的原则和国家政权的组织以及公民的基本权利义务等内容。

宪法相关法,是指《全国人民代表大会组织法》《地方各级人民代表大会和地方各级人民政府组织法》《全国人民代表大会和地方各级人民代表大会选举法》《中华人民共和国国籍法》《中华人民共和国国务院组织法》《中华人民共和国民族区域自治法》等法律。

(二)民法商法

民法是规定并调整平等主体的公民间、法人间及公民与法人间的财产关系和人身关系的法律规范的总称。商法是调整市场经济关系中商人及其商事活动的法律规范的总称。

我国采用的是民商合一的立法模式。商法被认为是民法的特别法和组成部分。《中华人民共和国民法通则》(以下简称《民法通则》)、《中华人民共和国合同法》(以下简称《合同法》)、《中华人民共和国物权法》(以下简称《物权法》)、《中华人民共和国侵权责任法》(以下简称《侵权责任法》)、《中华人民共和国公司法》(以下简称《公司法》)、《中华人民共和国招标投标法》(以下简称《招标投标法》)等属于民法商法。

(三)行政法

行政法是调整行政主体在行使行政职权和接受行政法制监督过程中而与行政相对人、行政法制监督主体之间发生的各种关系,以及行政主体内部发生的各种关系的法律规范的总称。

作为行政法调整对象的行政关系,主要包括行政管理关系、行政法制监督关系、行政救济关系、内部行政关系。《中华人民共和国行政处罚法》(以下简称《行政处罚法》)、《中华人民共和国行政复议法》(以下简称《行政复议法》)、《中华人民共和国行政许可法》(以下简称《行政许可法》)、《中华人民共和国环境影响评价法》(以下简称《环境影响评价法》)、《中华人民共和国城市房地产管理法》(以下简称《城市房地产管理法》)、《中华人民共和国城乡规划法》(以下简称《城乡规划法》)、《中华人民共和国建筑法》(以下简称《建筑法》)等属于行政法。

(四)经济法

经济法是调整在国家协调、干预经济运行的过程中发生的经济关系的法律规范的总称。《中华人民共和国统计法》(以下简称《统计法》)、《中华人民共和国土地管理法》(以下简称《土地管理法》)、《中华人民共和国标准化法》(以下简称《标准化法》)、《中华人民共和国税收征收管理法》(以下简称《税收征收管理法》)、《中华人民共和国预算法》(以下简称《预算法》)、《中华人民共和国审计法》(以下简称《审计法》)、《中华人民共和国节约能源法》(以下简称《节约能源法》)、《中华人民共和国政府采购法》(以下简称《政府采购法》)、《中华人民共和国反垄断法》(以下简称《反垄断法》)等属于经济法。

(五)社会法

社会法是在国家干预社会生活过程中逐渐发展起来的一个法律门类,所调整的是政府与社会之间、社会不同部分之间的法律关系。《中华人民共和国残疾人保障法》(以下简称《残疾人保障法》)、《中华人民共和国矿山安全法》(以下简称《矿山安全法》)、《中华人民共和国劳动法》(以下简称《劳动法》)、《中华人民共和国职业病防治法》(以下简称《职业病防治法》)、《中华人民共和国安全生产法》(以下简称《安全生产法》)、《中华人民共和国劳动合同法》(以下简称《劳动合同法》)等属于社会法。

(六)刑法

刑法是关于犯罪和刑罚的法律规范的总称。2015 年 8 月经修改后公布的《中华人民共和国刑法》(以下简称《刑法》)是这一法律部门的主要内容。

(七)诉讼与非诉讼程序法

诉讼法指的是规范诉讼程序的法律的总称。我国有三大诉讼法,即《中华人民共和国民事诉讼法》(以下简称《民事诉讼法》)、《中华人民共和国刑事诉讼法》以下简称《刑事诉讼法》)、《中华人民共和国行政诉讼法》(以下简称《行政诉讼法》)。非诉讼的程序法主要是《中华人民共和国仲裁法》(以下简称《仲裁法》)。

二、法的形式和效力层级

(一)法的形式

法的形式是指法律创制方式和外部表现形式。它包括四层含义:(1)法律规范创制机关的性质及级别;(2)法律规范的外部表现形式;(3)法律规范的效力等级;(4)法律规范的地域效力。法的形式决定于法的本质。在世界历史上存在过的法律形式主要有习惯法、宗教法、判例、规范性法律文件、国际惯例、国际条约等。在我国,习惯法、宗教法、判例不是法的形式。

我国法律的形式是制定法形式,具体可分为以下七类。

1. 宪法

宪法是由全国人民代表大会依照特别程序制定的具有最高效力的根本法。宪法是集中反映统治阶级的意志和利益,规定国家制度、社会制度的基本原则,具有最高法律效力的根本大法。其主要功能是制约和平衡国家权力,保障公民权利。宪法是我国的根本大法,在我国法律体系中具有最高的法律地位和法律效力,是我国最高的法律形式。

宪法也是建设法规的最高形式,是国家进行建设管理、监督的权力基础。如《宪法》第89条规定:"国务院行使下列职权:……(六)领导和管理经济工作和城乡建设";第107条规定:"县级以上地方各级人民政府依照法律规定的权限,管理本行政区域内的……城乡建设事业……行政工作,发布决定和命令,任免、培训、考核和奖惩行政工作人员。"

2. 法律

法律是指由全国人民代表大会和全国人民代表大会常务委员会制定颁布的规范性法律文件,即狭义的法律。法律分为基本法律和一般法律(又称非基本法律、专门法)两类。基本法律是由全国人民代表大会制定的调整国家和社会生活中带有普遍性的社会关系的规范性法律文件的统称,如刑法、民法、诉讼法以及有关国家机构的组织法等法律。一般法律是由全国人民代表大会常务委员会制定的调整国家和社会生活中某种具体社会关系或其中某一方面内容的规范性文件的统称。全国人民代表大会和全国人民代表大会常务委员会通过的法律由国家主席签署主席令予以公布。

依照2015年3月经修改后公布的《中华人民共和国立法法》(以下简称《立法法》)的规定,下列事项只能制定法律:(1)国家主权的事项;(2)各级人民代表大会、人民政府、人民法院和人民检察院的产生、组织和职权;(3)民族区域自治制度、特别行政区制度、基层群众自治制度;(4)犯罪和刑罚;(5)对公民政治权利的剥夺、限制人身自由的强制措施和处罚;(6)税种的设立、税率的确定和税收征收管理等税收基本制度;(7)对非国有财产的征收、征用;(8)民事基本制度;(9)基本经济制度以及财政、海关、金融和外贸的基本制度;(10)诉讼和仲裁制度;(11)必须由全国人民代表大会及其常务委员会制定法律的其他事项。

建设法律既包括专门的建设领域的法律,也包括与建设活动相关的其他法律。例如前者有《城乡规划法》《建筑法》《城市房地产管理法》等,后者有《民法通则》《合同法》《行政许可法》等。

3. 行政法规

行政法规是国家最高行政机关国务院根据宪法和法律就有关执行法律和履行行政管理职权的问题,以及依据全国人民代表大会及其常务委员会特别授权所制定的规范性文件的总称。行政法规由总理签署国务院令公布。

依照《立法法》的规定,国务院根据宪法和法律,制定行政法规。行政法规可以就下列事项做出规定:(1)为执行法律的规定需要制定行政法规的事项;(2)宪法规定的国务院行政管理职权的事项。应当由全国人民代表大会及其常务委员会制定法律的事项,国务院根据全国人民代表大会及其常务委员会的授权决定先制定的行政法规,经过实践检验,制定法律的条件成熟时,国务院应当及时提请全国人民代表大会及其常务委员会制定法律。

现行的建设行政法规主要有《建设工程质量管理条例》《建设工程安全生产管理条例》《建设工程勘察设计管理条例》《城市房地产开发经营管理条例》《招标投标法实施条例》等。

4. 地方性法规、自治条例和单行条例

省、自治区、直辖市的人民代表大会及其常务委员会根据本行政区域的具体情况和实际需要,在不同宪法、法律、行政法规相抵触的前提下,可以制定地方性法规。设区的市的人民代表大会及其常务委员会根据本市的具体情况和实际需要,在不同宪法、法律、行政法规和本省、自治区的地方性法规相抵触的前提下,可以对城乡建设与管理、环境保护、历史文化保护等方面的事项制定地方性法规。设区的市的地方性法规须报省、自治区的人民代表大会常务委员会批准后施行。省、自治区的人民代表大会常务委员会对报请批准的地方性法规,进行合法性审查,同宪法、法律、行政法规和本省、自治区的地方性法规不抵触的,应当在四个月内予以批准。省、自治区的人民代表大会常务委员会在对报请批准的设区的市的地方性法规进行审查时,发现其同本省、自治区的人民政府的规章相抵触的,应当做出处理决定。

地方性法规可以就下列事项做出规定:(1)为执行法律、行政法规的规定,需要根据本行政区域的实际情况作具体规定的事项;(2)属于地方性事务需要制定地方性法规的事项。

省、自治区、直辖市的人民代表大会制定的地方性法规由大会主席团发布公告予以公布。省、自治区、直辖市的人民代表大会常务委员会制定的地方性法规由常务委员会发布公告予以公布。设区的市、自治州的人民代表大会及其常务委员会制定的地方性法规报经批准后,由设区的市、自治州的人民代表大会常务委员会发布公告予以公布。自治条例和单行条例报经批准后,分别由自治区、自治州、自治县的人民代表大会常务委员会发布公告予以公布。目前,各地方都制定了大量的规范建设活动的地方性法规、自治条例和单行条例,如《北京市建筑市场管理条例》《天津市建筑市场管理条例》《黑龙江省建筑市场管理条例》等。

5. 部门规章

国务院各部、委员会、中国人民银行、审计署和具有行政管理职能的直属机构所制定的规范性文件称部门规章。部门规章由部门首长签署命令予以公布。部门规章签署公布后,及时在国务院公报或者部门公报和中国政府法制信息网以及在全国范围内发行的报纸上刊载。

部门规章规定的事项应当属于执行法律或者国务院的行政法规、决定、命令的事项,其名称可以是"规定""办法"和"实施细则"等。没有法律或者国务院的行政法规、决定、命令的依据,部门规章不得设定减损公民、法人和其他组织权利或者增加其义务的规范,不得增加本部门的权力或减少本部门的法定职责。目前,大量的建设法规是以部门规章的方式发布,如住房和城乡建设部发布的《房屋建筑和市政基础设施工程质量监督管理规定》《房屋建筑和市政基础设施工程竣工验收备案管理办法》《市政公用设施抗灾设防管理规定》,国家发展和改革委员会发布的《招标公告发布暂行办法》《工程建设项目招标范围和规模标准规定》等。

涉及两个以上国务院部门职权范围的事项,应当提请国务院制定行政法规或者由国务院有关部门联合制定规章。目前,国务院有关部门已联合制定了一些规章,如2013年3月国家发展和改革委员会、工业和信息化部、财政部、住房和城乡建设部、交通运输部、铁道部、水利部、国家广播电影电视总局、中国民用航空局经修改后联合发布的《评标委员会和评标方法暂行规定》等。

6.地方政府规章

省、自治区、直辖市和设区的市、自治州的人民政府,可以根据法律、行政法规和本省、自治区、直辖市的地方性法规,制定地方政府规章。地方政府规章由省长或者自治区主席或者市长签署命令予以公布。地方政府规章签署公布后,及时在本级人民政府公报和中国政府法制信息网以及在本行政区域范围内发行的报纸上刊载。

地方政府规章可以就下列事项做出规定:(1)为执行法律、行政法规、地方性法规的规定需要制定规章的事项;(2)属于本行政区域的具体行政管理事项。设区的市、自治州的人民政府制定地方政府规章,限于城乡建设与管理、环境保护、历史文化保护等方面的事项。已经制定的地方政府规章,涉及上述事项范围以外的,继续有效。没有法律、行政法规、地方性法规的依据,地方政府规章不得设定减损公民、法人和其他组织权利或者增加其义务的规范。

7.国际条约

国际条约是指我国与外国缔结、参加、签订、加入、承认的双边、多边的条约、协定和其他具有条约性质的文件。国际条约的名称,除条约外,还有公约、协议、协定、议定书、宪章、盟约、换文和联合宣言等。除我国在缔结时宣布持保留意见不受其约束的以外,这些条约的内容都与国内法具有一样的约束力,所以也是我国法律的形式。例如我国加入WTO后,WTO中与工程建设有关的协定也对我国的建设活动产生约束力。

(二)法的效力层级

法的效力层级,是指法律体系中的各种法的形式,由于制定的主体、程序、时间、适用范围等的不同,具有不同的效力,形成法的效力等级体系。

1.宪法至上

宪法是具有最高法律效力的根本大法,具有最高的法律效力。宪法作为根本法和母法,还是其他立法活动的最高法律依据。任何法律、法规都必须遵循宪法而产生,无论是维护社会稳定、保障社会秩序,还是规范经济秩序,都不能违背宪法的基本准则。

2.上位法优于下位法

在我国法律体系中,法律的效力是仅次于宪法而高于其他法的形式。行政法规的法律地位和法律效力仅次于宪法和法律,高于地方性法规和部门规章。地方性法规的效力,高于本级和下级地方政府规章。省、自治区人民政府制定的规章的效力,高于本行政区域内的设区的市、自治州人民政府制定的规章。

自治条例和单行条例依法对法律、行政法规、地方性法规作变通规定的,在本自治地方适用自治条例和单行条例的规定。经济特区法规根据授权对法律、行政法规、地方性法规作变通规定的,在本经济特区适用经济特区法规的规定。

部门规章之间、部门规章与地方政府规章之间具有同等效力,在各自的权限范围内施行。

3. 特别法优于一般法

特别法优于一般法,是指公法权力主体在实施公权力行为中,当一般规定与特别规定不一致时,优先适用特别规定。《立法法》规定,同一机关制定的法律、行政法规、地方性法规、自治条例和单行条例、规章,特别规定与一般规定不一致的,适用特别规定。

4. 新法优于旧法

新法、旧法对同一事项有不同规定时,新法的效力优于旧法。《立法法》规定,同一机关制定的法律、行政法规、地方性法规、自治条例和单行条例、规章,新的规定与旧的规定不一致的,适用特别规定。

5. 需要由有关机关裁决适用的特殊情况

法律之间对同一事项的新的一般规定与旧的特别规定不一致,不能确定如何适用时,由全国人民代表大会常务委员会裁决。

行政法规之间对同一事项的新的一般规定与旧的特别规定不一致,不能确定如何适用时,由国务院裁决。

地方性法规、规章之间不一致时,由有关机关依照下列规定的权限做出裁决:(1)同一机关制定的新的一般规定与旧的特别规定不一致时,由制定机关裁决。(2)地方性法规与部门规章之间对同一事项的规定不一致,不能确定如何适用时,由国务院提出意见,国务院认为应当适用地方性法规的,应当决定在该地方适用地方性法规的规定;认为应当适用部门规章的,应当提请全国人民代表大会常务委员会裁决。(3)部门规章之间、部门规章与地方政府规章之间对同一事项的规定不一致时,由国务院裁决。

根据授权制定的法规与法律规定不一致,不能确定如何适用时,由全国人民代表大会常务委员会裁决。

6. 备案和审查

行政法规、地方性法规、自治条例和单行条例、规章应当在公布后的30日内依照下列规定报有关机关备案:(1)行政法规报全国人民代表大会常务委员会备案;(2)省、自治区、直辖市的人民代表大会及其常务委员会制定的地方性法规,报全国人民代表大会常务委员会和国务院备案;设区的市、自治州的人民代表大会及其常务委员会制定的地方性法规,由省、自治区的人民代表大会常务委员会报全国人民代表大会常务委员会和国务院备案;(3)自治州、自治县的人民代表大会制定的自治条例和单行条例,由省、自治区、直辖市的人民代表大会常务委员会报全国人民代表大会常务委员会和国务院备案;自治条例、单行条例报送备案时,应当说明对法律、行政法规、地方性法规做出变通的情况;(4)部门规章和地方政府规章报国务院备案;地方政府规章应当同时报本级人民代表大会常务委员会备案;设区的市、自治州的人民政府制定的规章应当同时报省、自治区的人民代表大会常务委员会和人民政府备案;(5)根据授权制定的法规应当报授权决定规定的机关备案;经济特区法规报送备案时,应当说明对法律、行政法规、地方性法规做出变通的情况。

国务院、中央军事委员会、最高人民法院、最高人民检察院和各省、自治区、直辖市的人民代表大会常务委员会认为行政法规、地方性法规、自治条例和单行条例同宪法或者法律相抵触的,可以向全国人民代表大会常务委员会书面提出进行审查的要求,由常务委员会

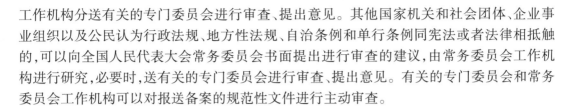

工作机构分送有关的专门委员会进行审查、提出意见。其他国家机关和社会团体、企业事业组织以及公民认为行政法规、地方性法规、自治条例和单行条例同宪法或者法律相抵触的,可以向全国人民代表大会常务委员会书面提出进行审查的建议,由常务委员会工作机构进行研究,必要时,送有关的专门委员会进行审查、提出意见。有关的专门委员会和常务委员会工作机构可以对报送备案的规范性文件进行主动审查。

三、法律责任制度

法律责任是指行为人由于违法行为、违约行为或者由于法律规定而应承受的某种不利的法律后果。法律责任不同于其他社会责任,法律责任的范围、性质、大小、期限等均在法律上有明确规定。

(一)建设工程民事责任的种类及承担方式

民事责任是指民事主体在民事活动中,因实施了民事违法行为,根据民法所应承担的对其不利的民事法律后果或者基于法律特别规定而应承担的民事法律责任。民事责任的功能主要是一种民事救济手段,使受害人被侵犯的权益得以恢复。民事责任主要是财产责任,如《合同法》规定的损害赔偿、支付违约金等;但也不限于财产责任,还有恢复名誉、赔礼道歉等。

1.民事责任的种类

民事责任可以分为违约责任和侵权责任两类。

违约责任是指合同当事人违反法律规定或合同约定的义务而应承担的责任。侵权责任是指行为人因过错侵害他人财产、人身而依法应当承担的责任,以及虽没有过错,但在造成损害以后,依法应当承担的责任。

2.民事责任的承担方式

《民法通则》规定,承担民事责任的方式主要有:(1)停止侵害;(2)排除妨碍;(3)消除危险;(4)返还财产;(5)恢复原状;(6)修理、重做、更换;(7)赔偿损失;(8)支付违约金;(9)消除影响、恢复名誉;(10)赔礼道歉。

以上承担民事责任的方式,可以单独适用,也可以合并适用。

3.建设工程民事责任的主要承担方式

(1)返还财产

当建设工程施工合同无效、被撤销后,应当返还财产。执行返还财产的方式是折价返还,即承包人已经施工完成的工程,发包人按照"折价返还"的规则支付工程价款。主要是两种方式:一是参照无效合同中的约定价款;二是按当地市场价、定额量据实结算。

(2)修理

施工合同的承包人对施工中出现质量问题的建设工程或者竣工验收不合格的建设工程,应当负责返修。

(3)赔偿损失

赔偿损失,是指合同当事人由于不履行合同义务或者履行合同义务不符合约定,给对方造成财产上的损失时,由违约方依法或依照合同约定应承担的损害赔偿责任。

(4)支付违约金

违约金是指按照当事人的约定或者法律规定,一方当事人违约的,应向另一方支付的金钱。

(二)建设工程行政责任的种类及承担方式

行政责任是指违反有关行政管理的法律法规规定,但尚未构成犯罪的行为,依法应承担的行政法律后果,包括行政处罚和行政处分。

1. 行政处罚

1996 年 3 月公布的《行政处罚法》规定,行政处罚的种类:(1)警告;(2)罚款;(3)没收违法所得,没收非法财物;(4)责令停产停业;(5)暂扣或者吊销许可证,暂扣或者吊销执照;(6)行政拘留;(7)法律、行政法规规定的其他行政处罚。

在建设工程领域,法律、行政法规所设定的行政处罚主要有:警告、罚款、没收违法所得、责令限期改正、责令停业整顿、取消一定期限内参加依法必须进行招标的项目的投标资格、责令停止施工、降低资质等级、吊销资质证书(同时吊销营业执照)、责令停止执业、吊销执业资格证书或其他许可证等。

2. 行政处分

行政处分是指国家机关、企事业单位对所属的国家工作人员违法失职行为尚不构成犯罪,依据法律、法规所规定的权限而给予的一种惩戒。行政处分种类有:警告、记过、记大过、降级、撤职、开除。如 2000 年 1 月颁布的《建设工程质量管理条例》规定,国家机关工作人员在建设工程质量监督管理工作中玩忽职守、滥用职权、徇私舞弊构成犯罪的,依法追究刑事责任;尚不构成犯罪的,依法给予行政处分。

(三)建设工程刑事责任的种类及承担方式

刑事责任,是指犯罪主体因违反刑法,实施了犯罪行为所应承担的法律责任。刑事责任是法律责任中最强烈的一种,其承担方式主要是刑罚,也包括一些非刑罚的处罚方法。

《刑法》规定,刑罚分为主刑和附加刑。主刑包括:(1)管制;(2)拘役;(3)有期徒刑;(4)无期徒刑;(5)死刑。附加刑包括:(1)罚金;(2)剥夺政治权利;(3)没收财产;(4)驱逐出境。

在建设工程领域,常见的刑事法律责任如下。

1. 工程重大安全事故罪

《刑法》第 137 条规定,建设单位、设计单位、施工单位、工程监理单位违反国家规定,降低工程质量标准,造成重大安全事故的,对直接责任人员处 5 年以下有期徒刑或者拘役,并处罚金;后果特别严重的,处 5 年以上 10 年以下有期徒刑,并处罚金。

2. 重大责任事故罪

《刑法》第 134 条规定,在生产、作业中违反有关安全管理的规定,因而发生重大伤亡事故或者造成其他严重后果的政,处 3 年以下有期徒刑或者拘役;情节特别恶劣的,处 3 年以上 7 年以下有期徒刑。强令他人违章冒险作业,因而发生重大伤亡事故或者造成其他严重后果的,处 5 年以下有期徒刑或者拘役;情节特别恶劣的,处 5 年以上有期徒刑。

3. 重大劳动安全事故罪

《刑法》第 135 条规定,安全生产设施或者安全生产条件不符合国家规定,因而发生重大伤亡事故或者造成其他严重后果的,对直接负责的主管人员和其他直接责任人员,处 3 年以下有期徒刑或者拘役;情节特别恶劣的,处 3 年以上 7 年以下有期徒刑。

4.串通投标罪

《刑法》第223条规定,投标人相互串通投标报价,损害招标人或者其他投标人利益,情节严重的,处3年以下有期徒刑或者拘役,并处或者单处罚金。投标人与招标人串通投标,损害国家、集体、公民的合法利益,依照以上规定处罚。

第二节　施工许可法律制度

2011年4月经修改后公布的《中华人民共和国建筑法》(以下简称《建筑法》)规定,建筑工程开工前,建设单位应当按照国家有关规定向工程所在地县级以上人民政府建设行政主管部门申请领取施工许可证;但是,国务院建设行政主管部门确定的限额以下的小型工程除外。按照国务院规定的权限和程序批准开工报告的建筑工程,不再领取施工许可证。

施工许可制度是由国家授权的有关行政主管部门,在建设工程开工之前对其是否符合法定的开工条件进行审核,对符合条件的建设工程允许其开工建设的法定制度。建立施工许可制度,有利于保证建设工程的开工符合必要条件,避免不具备条件的建设工程盲目开工而给当事人造成损失或导致国家财产的浪费,从而使建设工程在开工后能够顺利实施,也便于有关行政主管部门了解和掌握所辖范围内有关建设工程的数量、规模以及施工队伍等基本情况,依法进行指导和监督,保证建设工程活动依法有序进行。

一、施工许可证和开工报告的适用范围

我国目前对建设工程开工条件的审批,存在着颁发"施工许可证"和批准"开工报告"两种形式。多数工程是办理施工许可证,部分工程则为批准开工报告。

(一)施工许可证的适用范围

1.需要办理施工许可证的建设工程

2014年6月住房和城乡建设部经修改后发布的《建筑工程施工许可管理办法》规定,在中华人民共和国境内从事各类房屋建筑及其附属设施的建造、装修装饰和与其配套的线路、管道、设备的安装,以及城镇市政基础设施工程的施工,建设单位在开工前应当依照本办法的规定,向工程所在地的县级以上地方人民政府住房城乡建设主管部门申请领取施工许可证。

2.不需要办理施工许可证的建设工程

(1)限额以下的小型工程

按照《建筑法》的规定,国务院建设行政主管部门确定的限额以下的小型工程,可以不申请办理施工许可证。

据此,《建筑工程施工许可管理办法》规定,工程投资额30万元以下或者建筑面积在300 m² 以下的建筑工程,可以不申请办理施工许可。省、自治区、直辖市人民政府住房城乡建设主管部门可以根据当地的实际情况,对限额进行调整,并报国务院住房城乡建设主管部门备案。

(2)抢险救灾等工程

《建筑法》规定,抢险救灾及其他临时性房屋建筑和农民自建低层住宅的建筑活动,不

适用本法。

这几类工程各有其特殊性,所以从实际出发,法律规定不需要办理施工许可证。

3. 不重复办理施工许可证的建设工程

为避免同一建设工程的开工由不同行政主管部门重复审批的现象,《建筑法》规定,按照国务院规定的权限和程序批准开工报告的建筑工程,不再领取施工许可证。这有两层含义:一是实行开工报告批准制度的建设工程,必须符合国务院的规定,其他任何部门的规定无效;二是开工报告与施工许可证不要重复办理。

4. 另行规定的建设工程

《建筑法》规定,军用房屋建筑工程建筑活动的具体管理办法,由国务院、中央军事委员会依据本法制定。

据此,军用房屋建筑工程是否实行施工许可,由国务院、中央军事委员会另行规定。

(二)实行开工报告制度的建设工程

开工报告制度是我国沿用已久的一种建设项目开工管理制度。1979 年,原国家计划委员会、国家基本建设委员会在《关于做好基本建设前期工作的通知》中规定了这项制度。1984 年原国家计委发布的《关于简化基本建设项目审批手续的通知》中将其简化。1988 年以后,又恢复了开工报告制度。开工报告审查的内容主要包括:(1)资金到位情况;(2)投资项目市场预测;(3)设计图纸是否满足施工要求;(4)现场条件是否具备"三通一平"等的要求。需要说明的是,国务院规定的开工报告制度,不同于建设监理中的开工报告工作。根据《建设工程监理规范》的规定政,承包商即施工单位在工程开工前应按合同约志向监理工程师提交开工报告,经总监理工程师审定通过后,即可开工。虽然在字面都是"开工报告",但二者之间有着诸多不同:(1)性质不同,前者是政府主管部门的一种行政许可制度,后者则是建设监理过程监理单位对施工单位开工准备工作的认可;(2)主体不同,前者是建设单位向政府主管部门申报,后者则是施工单位向监理单位提出;(3)内容不同,前者主要是建设单位应具备的开工条件,后者则是施工单位应具备的开工条件。

二、申请主体和法定批准条件

(一)许可证的申请主体

《建筑法》规定,建设单位应当按照国家有关规定向工程所在地县级以上人民政府建设行政主管部门申请领取施工许可证。

进场做好各项前期准备工作,是建设单位应尽的义务,因此施工许可证的申请领取,应该是由建设单位负责,而不是施工单位或其他单位。

(二)施工许可证的法定批准条件

《建筑法》规定,申请领取施工许可证,应当具备下列条件:(1)已经办理该建筑工程用地批准手续;(2)在城市规划区的建筑工程,已经取得规划许可证;(3)需要拆迁的,其拆迁进度符合施工要求;(4)已经确定建筑施工企业;(5)有满足施工需要的施工图纸及技术资料;(6)有保证工程质量和安全的具体措施;(7)建设资金已经落实;(8)法律、行政法规规定的其他条件。

《建筑工程施工许可管理办法》进一步规定,建设单位申请领取施工许可证,应当具备下列条件,并提交相应的证明文件:(1)依法应当办理用地批准手续的,已经办理该建筑工程用地批准手续;(2)在城市、镇规划区的建筑工程,已经取得建设工程规划许可证;(3)施工场地已经基本具备施工条件,需要征收房屋的,其进度符合施工要求;(4)已经确定施工企业;(5)有满足施工需要的技术资料,施工图设计文件已按规定审查合格;(6)有保证工程质量和安全的具体措施;(7)按照规定应当委托监理的工程已委托监理;(8)建设资金已经落实;(9)法律、行政法规规定的其他条件。

1. 依法应当办理用地批准手续的,已经办理该建筑工程用地批准手续

2004 年 8 月经修改后颁布的《土地管理法》规定,任何单位和个人进行建设,需要使用土地的,必须依法申请使用国有土地。依法申请使用的国有土地包括国家所有的土地和国家征收的原属于农民集体所有的土地。经批准的建设项目需要使用国有建设用地的,建设单位应当持法律、行政法规规定的有关文件,向有批准权的县级以上人民政府土地行政主管部门提出建设用地申请,经土地行政主管部门审查,报本级人民政府批准。

办理用地批准手续是建设工程依法取得土地使用权的必经程序,也是建设工程取得施工许可的必要条件。如果没有依法取得土地使用权 PTURORRWRT,就不能批准建设工程开工。

2. 在城市、镇规划区的建筑工程,已经取得规划许可证

在城市、镇规划区内,规划许可证包括建设用地规划许可证和建设工程规划许可证。在乡、村庄规划区内进行乡镇企业、乡村公共设施和公益事业建设的,须核发乡村建设规划许可证。

(1)建设用地规划许可证

2015 年 4 月经修改后公布的《城乡规划法》规定,在城市、镇规划区内以划拨方式提供国有土地使用权的建设项目,经有关部门批准、核准、备案后,建设单位应当向城市、县人民政府城乡规划主管部门提出建设用地规划许可申请,由城市、县人民政府城乡规划主管部门依据控制性详细规划核定建设用地的位置面积、允许建设的范围,核发建设用地规划许可证。建设单位在取得建设用地规划许可证后,方可向县级以上地方人民政府土地主管部门申请用地,经县级以上人民政府审批后,土地主管部门划拨土地。

以出让方式取得国有土地使用权的建设项目,在签订国有土地使用权出让合同后建设单位应当持建设项目的批准、核准、备案文件和国有土地使用权出让合同,向城市、县人民政府城乡规划主管部门领取建设用地规划许可证。

(2)建设工程规划许可证

在城市、镇规划区内进行建筑物、构筑物、道路、管线和其他工程建设的,建设单位或者个人应当向城市、县人民政府城乡规划主管部门或者省、自治区、直辖市人民政府确定的镇人民政府申请办理建设工程规划许可证。

这两个规划许可证,分别是申请用地和确认有关建设工程符合城市、镇规划要求的法律凭证,所以只有取得规划许可证后,方可申请办理施工许可。

3. 施工场地已经基本具备施工条件,需要征收房屋的,其进度符合施工要求

施工场地应该具备的基本施工条件,通常要根据建设工程项目的具体情况决定。例如已进行场区的施工测量,设置永久性经纬坐标桩、水准基桩和工程测量控制网;搞好"三通一平"或"五通一平"或"七通一平";施工使用的生产基地和生活基地,包括附属企业、加工

厂站、仓库堆场,以及办公、生活、福利用房等;强化安全管理和安全教育,在施工现场要设安全纪律牌、施工公告牌、安全标志牌等。实行监理的建设工程,一般要由监理单位查看后填写"施工场地已具备施工条件的证明",并加盖单位公章确认。

《物权法》规定,为了公共利益的需要,依照法律规定的权限和程序可以征收集体所有的土地和单位、个人的房屋及其他不动产,因此房屋征收是物权变动的一种特殊情形,是国家取得房屋所有权的一种方式。房屋征收要根据城乡规划和国家专项工程的迁建计划以及当地政府的用地文件,拆除和迁移建设用地范围内的房屋及其附属物,并对原房屋及其附属物的所有人或使用人进行补偿和安置。房屋征收是一项复杂的综合性工作,必须按照计划和施工进度进行,过早或过迟都会造成损失和浪费。需要先期进行征收的,征收进度必须能满足建设工程开始施工和连续施工的要求。

4. 已经确定施工企业

建设工程的施工必须由具备相应资质的施工企业来承担,因此在建设工程开工前,建设单位必须依法通过招标或直接发包的方式确定承包该建设工程的施工企业,并签订建设工程承包合同,明确双方的责任、权利和义务。否则,建设工程的施工将无法进行。

《建筑工程施工许可管理办法》进一步规定,按照规定应该招标的工程没有招标,应该公开招标的工程没有公开招标,或者肢解发包工程,以及将工程发包给不具备相应资质条件的,所确定的施工企业无效。

5. 有满足施工需要的施工图纸及技术资料,施工图设计文件已按规定进行了审查

施工图纸是实行建设工程的最根本的技术文件,也是在施工过程中保证建设工程质量的重要依据。这就要求设计单位要按工程的施工顺序和施工进度,安排好施工图纸的配套交付计划,保证满足施工的需要。特别是在开工前,必须有满足施工需要的施工图纸和技术资料。

技术资料一般包括地形、地质、水文、气象等自然条件资料和主要原材料、燃料来源,水电供应和运输条件等技术经济条件资料。掌握客观、准确、全面的技术资料,是实现建设工程质量和安全的重要保证。

2015年6月经修改后颁布的《建设工程勘察设计管理条例》规定,编制施工图设计文件,应当满足设备材料采购、非标准设备制作和施工的需要,并注明建设工程合理使用年限。

我国已建立施工图设计文件的审查制度。施工图设计文件不仅要满足施工需要,还应当按照规定对其涉及公共利益、公众安全、工程建设强制性标准的内容进行审查。2000年1月颁布的《建设工程质量管理条例》和新修订的《建设工程勘察设计管理条例》均规定,施工图设计文件未经审查批准的,不得使用。

6. 有保证工程质量和安全的具体措施

工程质量和安全是工程建设的永恒主题。《建设工程质量管理条例》规定,建设单位在领取施工许可证或者开工报告前,应当按照国家有关规定办理工程质量监督手续。2003年11月颁布的《建设工程安全生产管理条例》规定,建设单位在申请领取施工许可证时,应当提供建设工程有关安全施工措施的资料。建设行政主管部门在审核发放施工许可证时,应当对建设工程是否有安全施工措施进行审查,对没有安全施工措施的,不得颁发施工许可证。

《建筑工程施工许可管理办法》中对"有保证工程质量和安全的具体措施"做了进一步

规定,施工企业编制的施工组织设计中有根据建筑工程特点制定的相应质量、安全技术措施。建立工程质量安全责任制并落实到人。专业性较强的工程项目编制了专项质量、安全施工组织设计,并按照规定办理了工程质量、安全监督手续。

施工组织设计的编制是施工准备工作的中心环节,其编制的好坏直接影响建设工程质量和安全生产,影响组织施工能否顺利进行,因此施工组织设计须在开工前编制完成。施工组织设计的重要内容就是要有保证建设工程质量和安全的具体措施。施工组织设计由施工企业负责编制,并按照其隶属关系及建设工程的性质、规模、技术简繁等进行审批。

7. 按照规定应当委托监理的工程已委托监理

根据《建筑法》的规定,国务院可以规定实行强制监理的建筑工程的范围。为此,《建设工程质量管理条例》明确规定,下列建设工程必须实行监理:(1)国家重点建设工程;(2)大中型公用事业工程;(3)成片开发建设的住宅小区工程;(4)利用外国政府或者国际组织贷款、援助资金的工程;(5)国家规定必须实行监理的其他工程。因此对于上述规定中应当委托监理的工程已委托监理是申办施工许可的基本条件。

8. 建设资金已经落实

建设资金的落实是建设工程开工后能否顺利实施的关键。一些年来,某些地方和建设单位无视国家有关规定和自身经济实力,在建设资金不落实或资金不足的情况下,盲目上建设项目,强行要求施工企业垫资承包或施工,转嫁投资缺口,造成严重拖欠工程款的问题难以杜绝,不仅加重了施工企业的生产经营困难,影响了工程建设的正常进行,也扰乱了建设市场的秩序。许多"烂尾楼"工程等都是建设资金不到位的结果。因此,在建设工程开工前,建设资金必须落实。

《建筑工程施工许可管理办法》明确规定,建设工期不足 1 年的,到位资金原则上不得少于工程合同价的 50%,建设工期超过 1 年的,到位资金原则上不得少于工程合同价的 30%。建设单位应当提供本单位截至申请之日无拖欠工程款情形的承诺书或者能够表明其无拖欠工程款情形的其他材料,以及银行出具的到位资金证明,有条件的可以实行银行付款保函或者其他第三方担保。

9. 法律、行政法规规定的其他条件

由于施工活动本身很复杂,各类工程的施工方法、建设要求等也不同,申请领取施工许可证的条件很难在一部法律中采用列举的方式全部涵盖。国家对建设活动的管理也在不断完善,施工许可证的申领条件还会发生变化,所以《建筑法》为今后法律、行政法规可能规定的施工许可证申领条件做了特别规定。需要说明的是,只有全国人大及其常委会制定的法律和国务院制定的行政法规,才有权增加施工许可证新的申领条件,其他如部门规章、地方性法规、地方规章等都不得规定增加施工许可证的申领条件。《建筑工程施工许可管理办法》明确规定,县级以上地方人民政府住房城乡建设主管部门不得违反法律法规规定,增设办理施工许可证的其他条件。

目前,已增加的施工许可证申领条件主要是消防设计审核。2008 年 10 月经修改后颁布的《中华人民共和国消防法》(以下简称《消防法》)规定,依法应当经公安机关消防机构进行消防设计审核的建设工程,未经依法审核或者审核不合格的,负责审批该工程施工许可的部门不得给予施工许可,建设单位、施工单位不得施工;其他建设工程取得施工许可后经依法抽查不合格的,应当停止施工。

需要注意的是,上述的法定条件必须同时具备,缺一不可。发证机关应当自收到申请之日起 15 日内,对符合条件的申请颁发施工许可证。对于证明文件不齐全或者失效的,应当当场或者 5 日内一次告知建设单位需要补正的全部内容,审批时间可以自证明文件补正齐全后作相应顺延;对于不符合条件的,应当自收到申请之日起 15 日内书面通知建设单位,并说明理由。此外,《建筑工程施工许可管理办法》还明确规定,应当申请领取施工许可证的建筑工程未取得施工许可证的,一律不得开工。任何单位和个人不得将应当申请领取施工许可证的工程项目分解为若干限额以下的工程项目,规避申请领取施工许可证。

三、延期开工、核验和重新办理批准的规定

(一)申请延期的规定

《建筑法》规定,建设单位应当自领取施工许可证之日起 3 个月内开工。因故不能按期开工的,应当向发证机关申请延期;延期以两次为限,每次不超过 3 个月。既不开工又不申请延期或者超过延期时限的,施工许可证自行废止。

施工活动不同于一般的生产活动,其受气候、经济、环境等因素的制约较大,根据客观条件的变化,允许适当延期还是必要的。但是,申请延期也须有必要的限制。

(二)核验施工许可证的规定

《建筑法》规定,在建的建筑工程因故中止施工的,建设单位应当自中止施工之日起 1 个月内,向发证机关报告,并按照规定做好建筑工程的维护管理工作。建筑工程恢复施工时,应当向发证机关报告;中止施工满 1 年的工程恢复施工前,建设单位应当报发证机关核验施工许可证。

所谓中止施工,是指建设工程开工后,在施工过程中因特殊情况的发生而中途停止施工的一种行为。中止施工的原因很复杂,如地震、洪水等不可抗力,以及宏观调控压缩基建规模、停建缓建建设工程等。

对于因故中止施工的,建设单位应当按照规定的时限向发证机关报告,并按照规定做好建设工程的维护管理工作,以防止建设工程在中止施工期间遭受不必要的损失,保证在恢复施工时可以尽快启动。例如建设单位与施工单位应当确定合理的停工部位,并协商提出善后处理的具体方案,明确双方的职责、权利和义务享;建设单位应当派专人负责,定期检查中止施工工程的质量状况,发现问题及时解决;建设单位要与施工单位共同做好中止施工的工地现场安全、防火、防盗、维护等项工作,防止因工地脚手架、施工铁架、外墙挡板等腐烂、断裂、坠落、倒塌等导致发生人身安全事故,并保管好工程技术档案资料。

在恢复施工时,建设单位应当向发证机关报告恢复施工的有关情况。中止施工满 1 年的,在建设工程恢复施工前,建设单位还应当报发证机关核验施工许可证,看是否仍具备组织施工的条件,经核验符合条件的,应允许恢复施工,施工许可证继续有效;经核验不符合条件的,应当收回其施工许可证,不允许恢复施工,待条件具备后,由建设单位重新申领施工许可证。

(三)重新办理批准手续的规定

对于实行开工报告制度的建设工程,《建筑法》规定,按照国务院有关规定批准开工报告的建筑工程,因故不能按期开工或者中止施工的,应当及时向批准机关报告情况。因故

不能按期开工超过 6 个月的,应当重新办理开工报告的批准手续。

按照国务院有关规定批准开工报告的建筑工程,一般都属于大中型建设项目。对于这类工程因故不能按期开工或者中止施工的,在审查和管理上应该更严格。

四、违法行为应承担的法律责任

办理施工许可证或开工报告违法行为应承担的主要法律责任如下。

1. 未经许可擅自开工应承担的法律责任

《建筑法》规定,违反本法规定,未取得施工许可证或者开工报告未经批准擅自施工的,责令改正,对不符合开工条件的责令停止施工,可以处以罚款。

《建设工程质量管理条例》规定,建设单位未取得施工许可证或者开工报告未经批准,擅自施工的,责令停止施工,限期改正,处工程合同价款 1% 以上 2% 以下的罚款。

2. 规避办理施工许可证应承担的法律责任

《建筑工程施工许可管理办法》规定,对于未取得施工许可证或者为规避办理施工许可证将工程项目分解后擅自施工的,由有管辖权的发证机关责令停止施工,限期改正,对建设单位处工程合同价款 1% 以上 2% 以下罚款;对施工单位处 3 万元以下罚款。

3. 骗取和伪造施工许可证应承担的法律责任

《建筑工程施工许可管理办法》规定,建设单位采用欺骗、贿赂等不正当手段取得施工许可证的,由原发证机关撤销施工许可证,责令停止施工,并处 1 万元以上 3 万元以下罚款;构成犯罪的,依法追究刑事责任。

建设单位隐瞒有关情况或者提供虚假材料申请施工许可证的,发证机关不予受理或者不予许可,并处 1 万元以上 3 万元以下罚款;构成犯罪的,依法追究刑事责任。

建设单位伪造或者涂改施工许可证的,由发证机关责令停止施工,并处 1 万元以上 3 万元以下罚款;构成犯罪的,依法追究刑事责任。

4. 对单位主管人员等处罚的规定

给予单位罚款处罚的,对单位直接负责的主管人员和其他直接责任人员处单位罚款数额 5% 以上 10% 以下罚款。单位及相关责任人受到处罚的,作为不良行为记录予以通报。

第三节 施工企业从业资格制度

《建筑法》规定,从事建筑活动的建筑施工企业、勘察单位、设计单位和工程监理单位,应当具备下列条件:(1)有符合国家规定的注册资本;(2)有与其从事的建筑活动相适应的具有法定执业资格的专业技术人员;(3)有从事相关建筑活动所应有的技术装备;(4)法律、行政法规规定的其他条件。该法还规定,本法关于施工许可、建筑施工企业资质审查和建筑工程发包、承包、禁止转包,以及建筑工程监理、建筑工程安全和质量管理的规定,适用于其他专业建筑工程的建筑活动,具体办法由国务院规定。

《建设工程质量管理条例》进一步规定,施工单位应当依法取得相应等级的资质证书,并在其资质等级许可的范围内承揽工程。本条例所称建设工程,是指土木工程、建筑工程、线路管道和设备安装工程及装修工程。

2015 年 1 月住房和城乡建设部经修改后发布的《建筑业企业资质管理规定》规定,建筑业企业是指从事土木工程、建筑工程、线路管道设备安装工程的新建、扩建、改建等施工活动的企业。

一、企业资质的法定条件

工程建设活动不同于一般的经济活动,其从业单位所具备条件的高低直接影响到建设工程质量和安全生产,因此从事工程建设活动的单位必须符合相应的资质条件。

根据《建筑法》《行政许可法》《建设工程质量管理条例》《建设工程安全生产管理条例》等法律、行政法规,《建筑业企业资质管理规定》中规定,企业应当按照其拥有的资产、主要人员、已完成的工程业绩和技术装备等条件申请建筑业企业资质,经审查合格,取得建筑业企业资质证书后,方可在资质许可的范围内从事建筑施工活动。

(一)有符合规定的净资产

企业资产是指企业拥有或控制的能以货币计量的经济资源,包括各种财产、债权和其他权利。企业净资产是指企业的资产总额减去负债以后的净额。净资产是属于企业所有并可以自由支配的资产,即所有者权益。相对于注册资本而言,它能够更准确地体现企业的经济实力。所有建筑业企业都必须具备基本的责任承担能力。这是法律上权利与义务相一致、利益与风险相一致原则的体现,是维护债权人利益的需要。显然,对净资产要求的全面提高意味着对企业资信要求的提高。2015 年 11 月住房和城乡建设部颁发的《关于调整建筑业企业资质标准中净资产指标考核有关问题的通知》规定,企业净资产以企业申请资质前一年度或当期合法的财务报表中净资产指标为准考核。以建筑工程施工总承包企业为例,《建筑业企业资质标准》中规定,一级企业净资产 1 亿元以上;二级企业净资产 4 000 万元以上;三级企业净资产 800 万元以上。

(二)有符合规定的主要人员

工程建设施工活动是一种专业性、技术性很强的活动。因此,建筑业企业必须拥有注册建造师及其他注册人员、工程技术人员、施工现场管理人员和技术工人。

以建筑工程施工总承包企业为例,《建筑业企业资质标准》中规定,一级企业:(1)建筑工程、机电工程专业一级注册建造师合计不少于 12 人,其中建筑工程专业一级注册建造师不少于 9 人;(2)技术负责人具有 10 年以上从事工程施工技术管理工作经历,且具有结构专业高级职称;建筑工程相关专业中级以上职称人员不少于 30 人,且结构、给排水、暖通、电气等专业齐全;(3)持有岗位证书的施工现场管理人员不少于 50 人,且施工员、质量员、安全员、机械员、造价员、劳务员等人员齐全;(4)经考核或培训合格的中级工以上技术工人不少于 150 人。

二级企业:(1)建筑工程、机电工程专业注册建造师合计不少于 12 人,其中建筑工程专业注册建造师不少于 9 人;(2)技术负责人具有 8 年以上从事工程施工技术管理工作经历,且具有结构专业高级职称或建筑工程专业一级注册建造师执业资格;建筑工程相关专业中级以上职称人员不少于 15 人,且结构、给排水、暖通、电气等专业齐全;(3)持有岗位证书的施工现场管理人员不少于 30 人,且施工员、质量员、安全员、机械员、造价员、劳务员等人员齐全;(4)经考核或培训合格的中级工以上技术工人不少于 75 人。

三级企业:(1)建筑工程、机电工程专业注册建造师合计不少于 5 人,其中建筑工程专业注册建造师不少于 4 人。(2)技术负责人具有 5 年以上从事工程施工技术管理工作经历,且具有结构专业中级以上职称或建筑工程专业注册建造师执业资格;建筑工程相关专业中级以上职称人员不少于 6 人,且结构、给排水、电气等专业齐全。(3)持有岗位证书的施工现场管理人员不少于 15 人,且施工员、质量员、安全员、机械员、造价员、劳务员等人员齐全。(4)经考核或培训合格的中级工以上技术工人不少于 30 人。(5)技术负责人(或注册建造师)主持完成过本类别资质二级以上标准要求的工程业绩不少于 2 项。

(三)有符合规定的已完成工程业绩

工程建设施工活动是一项重要的实践活动。有无承担过相应工程的经验及其业绩好坏,是衡量其实际能力和水平的一项重要标准。以房屋建筑工程施工总承包企业为例,其业绩要求如下。

一级企业:近 5 年承担过下列 4 类中的 2 类工程的施工总承包或主体工程承包,工程质量合格。(1)地上 25 层以上的民用建筑工程 1 项或地上 18 ~ 24 层的民用建筑工程 2 项;(2)高度 100 m 以上的构筑物工程 1 项或高度 80 ~ 100 m(不含)的构筑物工程 2 项;(3)建筑面积 30 000 m^2 以上的单体工业、民用建筑工程 1 项或建筑面积 20 000 ~ 30 000 m^2(不含)的单体工业、民用建筑工程 2 项;(4)钢筋混凝土结构单跨 30 m 以上(或钢结构单跨 36 m 以上)的建筑工程 1 项或钢筋混凝土结构单跨 27 ~ 30 m(不含)(或钢结构单跨 30 ~ 36 m(不含))的建筑工程 2 项。

二级企业:近 5 年承担过下列 4 类中的 2 类工程的施工总承包或主体工程承包,工程质量合格。(1)地上 12 层以上的民用建筑工程 1 项或地上 8 ~ 11 层的民用建筑工程 2 项;(2)高度 50 m 以上的构筑物工程 1 项或高度 35 ~ 50 m(不含)的构筑物工程 2 项;(3)建筑面积 1 万 m^2 以上的单体工业、民用建筑工程 1 项或建筑面积 0.6 万 ~ 1 万 m^2(不含)的单体工业、民用建筑工程 2 项;(4)钢筋混凝土结构单跨 21 m 以上(或钢结构单跨 24m 以上)的建筑工程 1 项或钢筋混凝土结构单跨 18 ~ 21 m(不含)(或钢结构单跨 21 ~ 24m(不含))的建筑工程 2 项。

三级企业不再要求已完成的工程业绩。

(四)有符合规定的技术装备

随着工程建设机械化程度的不断提高,大跨度、超高层、结构复杂的建设工程越来越多,施工单位必须使用与其从事施工活动相适应的技术装备。同时,为提高机械设备的使用率和降低施工成本,我国的机械租赁市场发展也很快,许多大中型机械设备都可以采用租赁或融资租赁的方式取得。因此目前的企业资质标准对技术装备的要求并不多,主要是企业应具有与其承包工程范围相适应的施工机械和质量检测设备。

二、施工企业的资质序列、类别和等级

1.施工企业的资质序列

《建筑业企业资质管理规定》中规定,建筑业企业资质分为施工总承包资质、专业承包资质、施工劳务资质三个序列。

2.施工企业的资质类别和等级

施工总承包资质、专业承包资质按照工程性质和技术特点分别划分为若干资质类别,

各资质类别按照规定的条件划分为若干资质等级。施工劳务资质不分类别与等级。

《建筑业企业资质等级标准》中规定:施工总承包资质序列设有 12 个类别,分别是建筑工程施工总承包、公路工程施工总承包、铁路工程施工总承包、港口与航道工程施工总承包、水利水电工程施工总承包、电力工程施工总承包、矿山工程施工总承包、冶金工程施工总承包、石油化工工程施工总承包、市政公用工程施工总承包、通信工程施工总承包、机电工程施工总承包。施工总承包资质一般分为 4 个等级,即特级、一级、二级和三级。

专业承包序列设有 36 个类别,分别是地基基础工程专业承包、起重设备安装工程专业承包、预拌混凝土专业承包、电子与智能化工程专业承包、消防设施工程专业承包、防水防腐保温工程专业承包、桥梁工程专业承包资质、隧道工程专业承包、钢结构工程专业承包、模板脚手架专业承包、建筑装修装饰工程专业承包、建筑机电安装工程专业承包、建筑幕墙工程专业承包、古建筑工程专业承包、城市及道路照明工程专业承包、公路路面工程专业承包、公路路基工程专业承包、公路交通工程专业承包、铁路电务工程专业承包、铁路铺轨架梁工程专业承包、铁路电气化工程专业承包、机场场道工程专业承包、民航空管工程及机场弱电系统工程专业承包、机场目视助航工程专业承包、港口与海岸工程专业承包、航道工程专业承包、通航建筑物工程专业承包、港航设备安装及水上交管工程专业承包、水工金属结构制作与安装工程专业承包、水利水电机电安装工程专业承包、河湖整治工程专业承包、输变电工程专业承包、核工程专业承包、海洋石油工程专业承包、环保工程专业承包、特种工程专业承包。

三、施工企业的资质许可

我国对建筑业企业的资质管理,实行分级实施与有关部门相配合的管理模式。

(一)施工企业资质管理体制

《建筑业企业资质管理规定》中规定,国务院住房城乡建设主管部门负责全国建筑业企业资质的统一监督管理。国务院交通运输、水利、工业信息化等有关部门配合国务院住房城乡建设主管部门实施相关资质类别建筑业企业资质的管理工作。

省、自治区、直辖市人民政府住房城乡建设主管部门负责本行政区域内建筑业企业资质的统一监督管理。省、自治区、直辖市人民政府交通运输、水利、通信等有关部门配合同级住房城乡建设主管部门实施本行政区域内相关资质类别建筑业企业资质的管理工作。

企业违法从事建筑活动的,违法行为发生地的县级以上地方人民政府住房城乡建设主管部门或者其他有关部门应当依法查处,并将违法事实、处理结果或者处理建议及时告知该建筑业企业资质的许可机关。

(二)施工企业资质的许可权限

1.下列建筑业企业资质,由国务院住房城乡建设主管部门许可:(1)施工总承包资质序列特级资质、一级资质及铁路工程施工总承包二级资质;(2)专业承包资质序列公路、水运、水利、铁路、民航方面的专业承包一级资质及铁路、民航方面的专业承包二级资质;(3)涉及多个专业的专业承包一级资质。

2.下列建筑业企业资质,由企业工商注册所在地省、自治区、直辖市人民政府住房城乡建设主管部门许可:(1)施工总承包资质序列二级资质及铁路、通信工程施工总承包三级资质;(2)专业承包资质序列一级资质(不含公路、水运、水利、铁路、民航方面的专业承包一级资质及涉及多个专业的专业承包一级资质);(3)专业承包资质序列二级资质(不含铁路、民航方面的专业承包二级资质);铁路方面专业承包三级资质;特种工程专业承包资质。

3.下列建筑业企业资质,由企业工商注册所在地设区的市人民政府住房城乡建设主管部门许可:(1)施工总承包资质序列主级资质(不含铁路、通信工程施工总承包三级资质);(2)专业承包资质序列三级资质(不含铁路方面专业承包资质)及预拌混凝土、模板脚手架专业承包资质;(3)施工劳务资质;(4)燃气燃烧器具安装、维修企业资质。

四、施工企业资质证书的申请、延续和变更

(一)企业资质的申请

《建筑业企业资质管理规定》中规定,建筑业企业可以申请一项或多项建筑业企业资质;企业首次申请或增项申请资质,应当申请最低等级资质。

企业申请建筑业企业资质,应当提交以下材料:(1)建筑业企业资质申请表及相应的电子文档;(2)企业营业执照正副本复印件;(3)企业章程复印件;(4)企业资产证明文件复印件;(5)企业主要人员证明文件复印件;(6)企业资质标准要求的技术装备的相应证明文件复印件;(7)企业安全生产条件有关材料复印件;(8)按照国家有关规定应提交的其他材料。

(二)企业资质证书的延续

资质证书有效期为5年。建筑业企业资质证书有效期届满,企业继续从事建筑施工活动的,应当于资质证书有效期届满3个月前,向原资质许可机关提出延续申请。

资质许可机关应当在建筑业企业资质证书有效期届满前做出是否准予延续的决定;逾期未做出决定的,视为准予延续。

(三)企业资质证书的变更

1.办理企业资质证书变更手续的程序

在资质证书有效期内,企业名称、地址、注册资本、法定代表人等发生变更的,应当在工商部门办理变更手续后1个月内办理资质证书变更手续。

由国务院住房城乡建设主管部门颁发的建筑业企业资质证书的变更,企业应当向企业工商注册所在地省、自治区、直辖市人民政府住房城乡建设主管部门提出变更申请,省、自治区、直辖市人民政府住房城乡建设主管部门应当自受理申请之日起2日内将有关变更证明材料报国务院住房城乡建设主管部门,由国务院住房城乡建设主管部门在2日内办理变更手续。

前款规定以外的资质证书的变更,由企业工商注册所在地的省、自治区、直辖市人民政府住房城乡建设主管部门或者设区的市人民政府住房城乡建设主管部门依法另行规定。变更结果应当在资质证书变更后15日内,报国务院住房城乡建设主管部门备案。

涉及公路、水运、水利、通信、铁路、民航等方面的建筑业企业资质证书的变更,办理变更手续的住房城乡建设主管部门应当将建筑业企业资质证书变更情况告知同级有关部门。

2.企业更换、遗失补办建筑业企业资质证书

企业需更换、遗失补办建筑业企业资质证书的,应当持建筑业企业资质证书更换、遗失

补办申请等材料向资质许可机关申请办理。资质许可机关应当在2个工作日内办理企业遗失建筑业企业资质证书的,在申请补办前应当在公众媒体上刊登遗失声明。

3. 企业发生合并、分立、改制的资质办理

企业发生合并、分立、重组及改制等事项,需承继原建筑业企业资质的,应当申请重新核定建筑业企业资质等级。

(四)不予批准企业资质升级申请和增项申请的规定

企业申请建筑业企业资质升级、资质增项,在申请之日起前1年至资质许可决定做出前,有下列情形之一的,资质许可机关不予批准其建筑业企业资质升级申请和增项申请。(1)超越本企业资质等级或以其他企业的名义承揽工程,或允许其他企业或个人以本企业的名义承揽工程的;(2)与建设单位或企业之间相互串通投标,或以行贿等不正当手段谋取中标的;(3)未取得施工许可证擅自施工的;(4)将承包的工程转包或违法分包的;(5)违反国家工程建设强制性标准施工的;(6)恶意拖欠分包企业工程款或者劳务人员工资的;(7)隐瞒或谎报、拖延报告工程质量安全事故,破坏事故现场、阻碍对事故调查的;(8)按照国家法律、法规和标准规定需要持证上岗的现场管理人员和技术工种作业人员未取得证书上岗的;(9)未依法履行工程质量保修义务或拖延履行保修义务的;(10)伪造、变造、倒卖、出租、出借或者以其他形式非法转让建筑业企业资质证书的;(11)发生过较大以上质量安全事故或者发生过两起以上一般质量安全事故的;(12)其他违反法律、法规的行为。

(五)企业资质证书的撤回、撤销和注销

1. 撤回

取得建筑业企业资质证书的企业,应当保持资产、主要人员、技术装备等方面满足相应建筑业企业资质标准要求的条件。企业不再符合相应建筑业企业资质标准要求条件的,县级以上地方人民政府住房城乡建设主管部门、其他有关部门,应当责令其限期改正并向社会公告,整改期限最长不超过3个月;企业整改期间不得申请建筑业企业资质的升级、增项,不能承揽新的工程;逾期仍未达到建筑业企业资质标准要求条件的,资质许可机关可以撤回其建筑业企业资质证书。

被撤回建筑业企业资质证书的企业,可以在资质被撤回后3个月内,向资质许可机关提出核定低于原等级同类别资质的申请。

2. 撤销

有下列情形之一的,资质许可机关应当撤销建筑业企业资质:(1)资质许可机关工作人员滥用职权、玩忽职守准予资质许可的;(2)超越法定职权准予资质许可的;(3)违反法定程序准予资质许可的;(4)对不符合资质标准条件的申请企业准予资质许可的;(5)依法可以撤销资质许可的其他情形。

以欺骗、贿赂等不正当手段取得资质许可的,应当予以撤销。

3. 注销

有下列情形之一的,资质许可机关应当依法注销建筑业企业资质,并向社会公布其建筑业企业资质证书作废,企业应当及时将建筑业企业资质证书交回资质许可机关:(1)资质证书有效期届满,未依法申请延续的;(2)企业依法终止的;(3)资质证书依法被撤回、撤销或吊销的;(4)企业提出注销申请的;(5)法律、法规规定的应当注销建筑业企业资质的其他情形。

第四节　建设工程发承包法律制度

建设工程发包,是建设工程的建设单位(或总承包单位)将建设工程任务通过招标发包或直接发包的方式,交付给具有法定从业资格的单位完成,并按照合同约定支付报酬的行为。建设工程承包,则是具有法定从业资格的单位依法承揽建设工程任务,通过签订合同确立双方的权利与义务,按照合同约定取得相应报酬,并完成建设工程任务的行为。

一、建设工程招标的范围

建设工程招标投标,是建设单位对拟建的建设工程项目通过法定的程序和方式吸引承包单位进行公平竞争,并从中选择条件优越者来完成建设工程任务的行为。这是在市场经济条件下常用的一种建设工程项目交易方式。

1. 建设工程必须招标的范围

1999年8月公布的《中华人民共和国招标投标法》(以下简称《招标投标法》)规定,在中华人民共和国境内进行下列工程建设项目包括项目的勘察、设计、施工、监理以及与工程建设有关的重要设备、材料等的采购,必须进行招标:(1)大型基础设施、公用事业等关系社会公共利益、公众安全的项目;(2)全部或者部分使用国有资金投资或者国家融资的项目;(3)使用国际组织或者外国政府贷款、援助资金的项目。

2011年12月公布的《中华人民共和国招标投标法实施条例》,(以下简称《招标投标法实施条例》)指出,工程建设项目是指工程以及与工程建设有关的货物、服务。工程是指建设工程,包括建筑物和构筑物的新建、改建、扩建及其相关的装修、拆除、修缮等;与工程建设有关的货物,是指构成工程不可分割的组成部分,且为实现工程基本功能所必需的设备、材料等;与工程建设有关的服务,是指为完成工程所需的勘察、设计、监理等服务。

2000年5月经国务院批准、国家发展计划委员会发布的《工程建设项目招标范围和规模标准规定》进一步规定,关系社会公共利益、公众安全的基础设施项目的范围包括:(1)煤炭、石油、天然气、电力、新能源等能源项目;(2)铁路、公路、管道、水运、航空以及其他交通运输业等交通运输项目;(3)邮政、电信枢纽、通信、信息网络等邮电通信项目;(4)防洪、灌溉、排涝、引(供)水、滩涂治理、水土保持、水利枢纽等水利项目;(5)道路、桥梁、地铁和轻轨交通、污水排放及处理、垃圾处理、地下管道、公共停车场等城市设施项目;(6)生态环境保护项目;(7)其他基础设施项目。

关系社会公共利益、公众安全的公用事业项目的范围包括:(1)供水、供电、供气、供热等市政工程项目;(2)科技、教育、文化等项目;(3)体育、旅游等项目;(4)卫生、社会福利等项目;(5)商品住宅,包括经济适用住房;(6)其他公用事业项目。

使用国有资金投资项目的范围包括:(1)使用各级财政预算资金的项目;(2)使用纳入财政管理的各种政府性专项建设基金的项目;(3)使用国有企业事业单位自有资金,并且国有资产投资者实际拥有控制权的项目。

国家融资项目的范围包括:(1)使用国家发行债券所筹资金的项目;(2)使用国家对外借款或者担保所筹资金的项目;(3)使用国家政策性贷款的项目;(4)国家授权投资主体融资的项目。

使用国际组织或者外国政府贷款、援助资金的项目包括:(1)使用世界银行、亚洲开发银行等国际组织贷款资金的项目;(2)使用外国政府及其机构贷款资金的项目;(3)使用国际组织或者外国政府援助资金的项目。

2.建设工程必须招标的规模标准

按照《工程建设项目招标范围和规模标准规定》,必须招标范围内的各类工程建设项目,达到下列标准之一的,必须进行招标:(1)施工单项合同估算价在人民币200万元以上的;(2)重要设备、材料等货物的采购,单项合同估算价在人民币100万元以上的;(3)勘察、设计、监理等服务的采购,单项合同估算价在人民币50万元以上的;(4)单项合同估算价低于第(1)(2)(3)项规定的标准,但项目总投资额在人民币3 000万元以上的。

《招标投标法》规定,依法必须进行招标的项目,其招标投标活动不受地区或者部门的限制。任何单位和个人不得违法限制或者排斥本地区、本系统以外的法人或者其他组织参加投标,不得以任何方式非法干涉招标投标活动。

3.可以不进行招标的建设工程项目

《招标投标法》规定,涉及国家安全、国家秘密、抢险救灾或者属于利用扶贫资金实行以工代赈、需要使用农民工等特殊情况,不适宜进行招标的项目,按照国家有关规定可以不进行招标。

《招标投标法实施条例》还规定,除《招标投标法》规定可以不进行招标的特殊情况外,有下列情形之一的,可以不进行招标:(1)需要采用不可替代的专利或者专有技术;(2)采购人依法能够自行建设、生产或者提供;(3)已通过招标方式选定的特许经营项目投资人依法能够自行建设、生产或者提供的需要向原中标人采购主程、货物或者服务,否则将影响施工或者功能配套要求;(5)国家规定的其他特殊情形。

2014年8月经修改后公布的《中华人民共和国政府采购法》规定,政府采购工程进行招标投标的,适用招标投标法。2015年1月颁布的《中华人民共和国政府采购法实施条例》进一步规定,政府采购工程依法不进行招标的,应当依照政府采购法和本条例规定的竞争性谈判或者单一来源采购方式采购。

2013年12月财政部颁发的《政府采购非招标采购方式管理办法》进一步规定,竞争性谈判是指谈判小组与符合资格条件的供应商就采购货物、工程和服务事宜进行谈判供应商按照谈判文件的要求提交响应文件和最后报价,采购人从谈判小组提出的成交候选人中确定成交供应商的采购方式。单一来源采购是指采购人从某一特定供应商处采购货物、工程和服务的采购方式。

二、建设工程招标方式

1.公开招标和邀请招标

《招标投标法》规定,招标分为公开招标和邀请招标。

公开招标,是指招标人以招标公告的方式邀请不特定的法人或者其他组织投标。依法必须进行招标的项目的招标公告,应当通过国家指定的报刊、信息网络或者其他媒介发布。《招标投标法实施条例》明确规定,国有资金占控股或者主导地位的依法必须进行招标的项目,应当公开招标。

邀请招标,是指招标人以投标邀请书的方式邀请特定的法人或者其他组织投标。《招标投标法》规定,招标人采用邀请招标方式的,应当向三个以上具备承担招标项目的能力、资信良好的特定的法人或者其他组织发出投标邀请书。国务院发展计划部门确定的国家重点项目和省、自治区、直辖市人民政府确定的地方重点项目不适宜公开招标的,经国务院发展计划部门或者省、自治区、直辖市人民政府批准,可以进行邀请招标。

《招标投标法实施条例》进一步规定,国有资金占控股或者主导地位的依法必须进行招标的项目,应当公开招标;但有下列情形之一的,可以邀请招标:(1)技术复杂、有特殊要求或者受自然环境限制,只有少量潜在投标人可供选择;(2)采用公开招标方式的费用占项目合同金额的比例过大。

2.总承包招标和两阶段招标

《招标投标法实施条例》规定,招标人可以依法对工程以及与工程建设有关的货物、服全部或者部分实行总承包招标。以暂估价形式包括在总承包范围内的工程、货物、服务属于依法必须进行招标的项目范围且达到国家规定规模标准的,应当依法进行招标。以上所称暂估价,是指总承包招标时不能确定价格而由招标人在招标文件中暂时估定的工程、货物、服务的金额。

对技术复杂或者无法精确拟定技术规格的项目,招标人可以分两阶段进行招标。第一阶段,投标人按照招标公告或者投标邀请书的要求提交不带报价的技术建议,招标人根据投标人提交的技术建议确定技术标准和要求,编制招标文件。第二阶段,招标人向在第一阶段提交技术建议的投标人提供招标文件,投标人按照招标文件的要求提交包括最终技术方案和投标报价的投标文件。

3.建设工程招标投标交易场所

《招标投标法实施条例》规定,设区的市级以上地方人民政府可以根据实际需要,建立统一规范的招标投标交易场所,为招标投标活动提供服务。招标投标交易场所不得与行政监督部门存在隶属关系,不得以营利为目的。国家鼓励利用信息网络进行电子招标投标。

2013年2月国家发展和改革委员会、工业和信息化部、监察部、住房和城乡建设部、交通运输部、铁道部、水利部、商务部联合发布的《电子招标投标办法》规定,电子招标投标活动是指以数据电文形式,依托电子招标投标系统完成的全部或者部分招标投标交易、公共服务和行政监督活动。数据电文形式与纸质形式的招标投标活动具有同等法律效力。

国家鼓励电子招标投标交易平台平等竞争。电子招标投标交易平台运营机构不得以任何手段限制或者排斥潜在投标人,不得泄露依法应当保密的信息,不得弄虚作假、串通投标或者为弄虚作假、串通投标提供便利。

招标人或者其委托的招标代理机构应当在资格预审公告、招标公告或者投标邀请书中载明潜在投标人访问电子招标投标交易平台的网络地址和方法。依法必须进行公开招标项目的上述相关公告应当在电子招标投标交易平台和国家指定的招标公告媒介同步发布。投标人应当在投标截止时间前完成投标文件的传输递交,并可以补充、修改或者撤回投标文件。投标截止时间前未完成投标文件传输的,视为撤回投标文件。投标截止时间后送达的投标文件,电子招标投标交易平台应当拒收。

电子招标投标活动及相关主体应当自觉接受行政监督部门、监察机关依法实施的监督、监察。投标人或者其他利害关系人认为电子招标投标活动不符合有关规定的,通过相关行政监督平台进行投诉。

三、招标基本程序

《招标投标法》规定,招标投标活动应当遵循公开、公平、公正和诚实信用的原则。

建设工程招标的基本程序主要包括:履行项目审批手续、委托招标代理机构、编制招标文件及标底、发布招标公告或投标邀请书、资格审查、开标、评标、中标和签订合同,以及终止招标等。

1. 履行项目审批手续

《招标投标法》规定,招标项目按照国家有关规定需要履行项目审批手续的,应当先履行审批手续,取得批准。招标人应当有进行招标项目的相应资金或者资金来源已经落实,并应当在招标文件中如实载明。

《招标投标法实施条例》进一步规定,按照国家有关规定需要履行项目审批、核准手续的依法必须进行招标的项目,其招标范围、招标方式、招标组织形式应当报项目审批、核准部门审批、核准。项目审批、核准部门应当及时将审批、核准确定的招标范围、招标方式、招标组织形式通报有关行政监督部门。

2. 委托招标代理机构

《招标投标法》规定,招标人具有编制招标文件和组织评标能力的,可以自行办理招标事宜。任何单位和个人不得强制其委托招标代理机构办理招标事宜。依法必须进行招标的项目,招标人自行办理招标事宜的,应当向有关行政监督部门备案。

《招标投标法实施条例》进一步规定,招标人具有编制招标文件和组织评标能力,是指招标人具有与招标项目规模和复杂程度相适应的技术、经济等方面的专业人员。

招标代理机构是依法设立、从事招标代理业务并提供相关服务的社会中介组织。《招标投标法》规定,招标人有权自行选择招标代理机构,委托其办理招标事宜。招标代理机构应当具备下列条件:(1)有从事招标代理业务的营业场所和相应资金;(2)有能够编制招标文件和组织评标的相应专业力量;(3)有符合该法定条件、可以作为评标委员会成员入选的技术、经济等方面的专家库。《招标投标法》还规定,从事工程建设项目招标代理业务的招标代理机构,其资格由国务院或者省、自治区、直辖市人民政府的建设行政主管部门认定。具体办法由国务院建设行政主管部门会同国务院有关部门制定。据此,原建设部于2000年6月颁布了《工程建设项目招标代理机构资格认定办法》,2015年5月住房和城乡建设部经修改后重新发布。

按照《招标投标法实施条例》的规定,招标代理机构在其资格许可和招标人委托的范围内开展招标代理业务,任何单位和个人不得非法干涉。招标代理机构不得在所代理的招标项目中投标或者代理投标,也不得为所代理的招标项目的投标人提供咨询。

3. 编制招标文件及标底

《招标投标法》规定,招标人应当根据招标项目的特点和需要编制招标文件。招标文件应当包括招标项目的技术要求、对投标人资格审查的标准、投标报价要求和评标标准等所有实质性要求和条件以及拟签订合同的主要条款。国家对招标项目的技术、标准有规定的,招标人应当按照其规定在招标文件中提出相应要求。

招标文件不得要求或者标明特定的生产供应者以及含有倾向或者排斥潜在投标人的其他内容。招标人对已发出的招标文件进行必要的澄清或者修改的。应当在招标文件要求提交投标文件截止时间至少15日前,以书面形式通知所有招标文件收受人。该澄清或者修改的内容为招标文件的组成部分。

招标人应当确定投标人编制投标文件所需要的合理时间;但是,依法必须进行招标的项目,自招标文件开始发出之日起至投标人提交投标文件截止之日止,最短不得少于 20 日。

《招标投标法实施条例》进一步规定,招标人可以对已发出的资格预审文件或者招标文件进行必要的澄清或者修改。澄清或者修改的内容可能影响资格预审申请文件或者投标文件编制的,招标人应当在提交资格预审申请文件截止时间至少 3 日前。或者投标截止时间至少 15 日前,以书面形式通知所有获取资格预审文件或者招标文件的潜在投标人;不足 3 日或者 15 日的,招标人应当顺延提交资格预审申请文件或者投标文件的截止时间。

招标人对招标项目划分标段的,应当遵守招标投标法的有关规定,不得利用划分标段限制或者排斥潜在投标人。依法必须进行招标的项目的招标人不得利用划分标段规避招标。招标人应当在招标文件中载明投标有效期。投标有效期从提交投标文件的截止之日起算。

潜在投标人或者其他利害关系人对招标文件有异议的,应当在投标截止时间 10 日前提出。招标人应当自收到异议之日起 3 日内做出答复;做出答复前,应当暂停招标投标活动。招标人编制招标文件的内容违反法律、行政法规的强制性规定,违反公开、公平、公正和诚实信用原则,影响潜在投标人投标的,依法必须进行招标的项目的招标人应当在修改招标文件后重新招标。

招标人可以自行决定是否编制标底。一个招标项目只能有一个标底。标底必须保密。接受委托编制标底的中介机构不得参加受托编制标底项目的投标,也不得为该项目的投标人编制投标文件或者提供咨询。招标人设有最高投标限价的,应当在招标文件中明确最高投标限价或者最高投标限价的计算方法。招标人不得规定最低投标限价。

住房和城乡建设部 2013 年 12 月发布的《建筑工程施工发包与承包计价管理办法》中规定,国有资金投资的建筑工程招标的,应当设有最高投标限价;非国有资金投资的建筑工程招标的,可以设有最高投标限价或者招标标底。最高投标限价应当依据工程量清单、工程计价有关规定和市场价格信息等编制。招标人设有最高投标限价的,应当在招标时公布最高投标限价的总价,以及各单位工程的分部分项工程费、措施项目费、其他项目费、规费和税金。招标标底应当依据工程计价有关规定和市场价格信息等编制。

全部使用国有资金投资或者以国有资金投资为主的建筑工程,应当采用工程量清单计价;非国有资金投资的建筑工程,鼓励采用工程量清单计价。工程量清单应当依据国家制定的工程量清单计价规范、工程量计算规范等编制。工程量清单应当作为招标文件的组成部分。

4. 发布招标公告或投标邀请书

《招标投标法》规定,招标人采用公开招标方式的,应当发布招标公告。招标公告应当载明招标人的名称和地址、招标项目的性质、数量、实施地点和时间以及获取招标文件的办法等事项。

招标人采用邀请招标方式的,应当向三个以上具备承担招标项目的能力、资信良好的特定的法人或者其他组织发出投标邀请书。投标邀请书也应当载明招标人的名称和地址、招标项目的性质、数量、实施地点和时间以及获取招标文件的办法等事项。

招标人可以根据招标项目本身的要求,在招标公告或者投标邀请书中,要求潜在投标人提供有关资质证明文件和业绩情况,并对潜在投标人进行资格审查。招标人不得以不合理的条件限制或者排斥潜在投标人,不得对潜在投标人实行歧视待遇。

招标人不得向他人透露已获取招标文件的潜在投标人的名称、数量以及可能影响公平竞争的有关招标投标的其他情况。招标人设有标底的,标底必须保密。招标人根据招标项目的具体情况,可以组织潜在投标人踏勘项目现场。

《招标投标法实施条例》进一步规定,招标人应当按照资格预审公告、招标公告或者投标邀请书规定的时间、地点发售资格预审文件或者招标文件。资格预审文件或者招标文件的发售期不得少于5日。招标人发售资格预审文件、招标文件收取的费用应当限于补偿印刷、邮寄的成本支出,不得以营利为目的。

5. 资格审查

资格审查分为资格预审和资格后审。

《招标投标法实施条例》规定,招标人采用资格预审办法对潜在投标人进行资格审查的,应当发布资格预审公告、编制资格预审文件。招标人应当合理确定提交资格预审申请文件的时间。依法必须进行招标的项目提交资格预审申请文件的时间,自资格预审文件停止发售之日起不得少于5日。

资格预审应当按照资格预审文件载明的标准和方法进行。国有资金占控股或者主导地位的依法必须进行招标的项目,招标人应当组建资格审查委员会审查资格预审申请文件。资格审查委员会及其成员应当遵守招标投标法和本条例有关评标委员会及其成员的规定。资格预审结束后,招标人应当及时向资格预审申请人发出资格预审结果通知书。未通过资格预审的申请人不具有投标资格。通过资格预审的申请人少于3个的,应当重新招标。潜在投标人或者其他利害关系人对资格预审文件有异议的,应当在提交资格预审申请文件截止时间2日前提出。招标人应当自收到异议之日起3日内做出答复;做出答复前,应当暂停招标投标活动。招标人编制资格预审文件的内容违反法律、行政法规的强制性规定,违反公开、公平、公正和诚实信用原则,影响资格预审结果的,依法必须进行招标的项目的招标人应当在修改资格预审文件后重新招标。

招标人采用资格后审办法对投标人进行资格审查的,应当在开标后由评标委员会按照招标文件规定的标准和方法对投标人的资格进行审查。

6. 开标

《招标投标法》规定,开标应当在招标文件确定的提交投标文件截止时间的同一时间公开进行;开标地点应当为招标文件中预先确定的地点。

开标由招标人主持,邀请所有投标人参加。开标时,由投标人或者其推选的代表检查投标文件的密封情况,也可以由招标人委托的公证机构检查并公证;经确认无误后,由工作人员当众拆封,宣读投标人名称、投标价格和投标文件的其他主要内容。招标人在招标文件要求提交投标文件的截止时间前收到的所有投标文件,开标时都应当当众予以拆封、宣读。开标过程应当记录,并存档备查。

《招标投标法实施条例》进一步规定,招标人应当按照招标文件规定的时间、地点开标。投标人少于3个的,不得开标;招标人应当重新招标。投标人对开标有异议的,应当在开标现场提出,招标人应当当场做出答复,并制作记录。

7. 评标

《招标投标法》规定,评标由招标人依法组建的评标委员会负责。招标人应当采取必要的措施,保证评标在严格保密的情况下进行。任何单位和个人不得非法干预、影响评标的过程和结果。

依法必须进行招标的项目,其评标委员会由招标人的代表和有关技术、经济等方面的专家组成,成员人数为 5 人以上单数,其中技术、经济等方面的专家不得少于成员总数的三分之二。与投标人有利害关系的人不得进入相关项目的评标委员会;已经进入的应当更换。评标委员会成员的名单在中标结果确定前应当保密。

评标委员会可以要求投标人对投标文件中含义不明确的内容做必要的澄清或者说明,但是澄清或者说明不得超出投标文件的范围或者改变投标文件的实质性内容。评标委员会应当按照招标文件确定的评标标准和方法,对投标文件进行评审和比较;设有标底的,应当参考标底。评标委员会完成评标后,应当向招标人提出书面评标报告,并推荐合格的中标候选人。评标委员会经评审,认为所有投标都不符合招标文件要求的,可以否决所有投标。依法必须进行招标的项目的所有投标被否决的,招标人应当依法重新招标。

《招标投标法实施条例》进一步规定,评标委员会成员应当依照招标投标法和本条例的规定,按照招标文件规定的评标标准和方法,客观、公正地对投标文件提出评审意见。招标文件没有规定的评标标准和方法不得作为评标的依据。评标委员会成员不得私下接触投标人,不得收受投标人给予的财物或者其他好处,不得向招标人征询确定中标人的意向,不得接受任何单位或者个人明示或者暗示提出的倾向或者排斥特定投标人的要求,不得有其他不客观、不公正履行职务的行为。

招标项目设有标底的,招标人应当在开标时公布。标底只能作为评标的参考,不得以投标报价是否接近标底作为中标条件,也不得以投标报价超过标底上下浮动范围作为否决投标的条件。有下列情形之一的,评标委员会应当否决其投标:(1)投标文件未经投标单位盖章和单位负责人签字;(2)投标联合体没有提交共同投标协议;(3)投标人不符合国家或者招标文件规定的资格条件;(4)同一投标人提交两个以上不同的投标文件或者投标报价,但招标文件要求提交备选投标的除外;(5)投标报价低于成本或者高于招标文件设定的最高投标限价;(6)投标文件没有对招标文件的实质性要求和条件做出响应;(7)投标人有串通投标、弄虚作假、行贿等违法行为。

投标文件中有含义不明确的内容、明显文字或者计算错误,评标委员会认为需要投标人做出必要澄清、说明的,应当书面通知该投标人。投标人的澄清、说明应当采用书面形式,并不得超出投标文件的范围或者改变投标文件的实质性内容。评标委员会不得暗示或者诱导投标人做出澄清、说明,不得接受投标人主动提出的澄清、说明。

评标完成后,评标委员会应当向招标人提交书面评标报告和中标候选人名单。中标候选人应当不超过 3 个,并标明排序。评标报告应当由评标委员会全体成员签字。对评标结果有不同意见的评标委员会成员应当以书面形式说明其不同意见和理由,评标报告应当注明该不同意见。评标委员会成员拒绝在评标报告上签字又不书面说明其不同意见和理由的,视为同意评标结果。

8. 中标和签订合同

《招标投标法》规定,招标人根据评标委员会提出的书面评标报告和推荐的中标候选人确定中标人。招标人也可以授权评标委员会直接确定中标人。

招标人和中标人应当自中标通知书发出之日起 30 日内,按照招标文件和中标人的投标文件订立书面合同。招标人和中标人不得再行订立背离合同实质性内容的其他协议。

《招标投标法实施条例》进一步规定,招标人和中标人应当依照招标投标法和本条例的规定签订书面合同,合同的标的、价款、质量、履行期限等主要条款应当与招标文件和中标人的投标文件的内容一致。

2004年10月发布的《最高人民法院关于审理建设工程施工合同纠纷案件适用法律问题的解释》第21条规定"当事人就同一建设工程另行订立的建设工程施工合同与经过备案的中标合同实质性内容不一致的,应当以备案的中标合同作为结算工程价款的根据。"因此招标人与中标人另行签订合同的行为属违法行为,所签订的合同是无效合同。

9.终止招标

《招标投标法实施条例》规定,招标人终止招标的,应当及时发布公告,或者以书面形式通知被邀请的或者已经获取资格预审文件、招标文件的潜在投标人。已经发售资格预审文件、招标文件或者已经收取投标保证金的,招标人应当及时退还所收取的资格预审文件、招标文件的费用,以及所收取的投标保证金及银行同期存款利息。

四、投标要求

1.投标人

《招标投标法》规定,投标人是响应招标、参加投标竞争的法人或者其他组织。投标人应当具备承担招标项目的能力;国家有关规定对投标人资格条件或者招标文件对投标人资格条件有规定的,投标人应当具备规定的资格条件。

《招标投标法实施条例》进一步规定,投标人参加依法必须进行招标的项目的投标,不受地区或者部门的限制,任何单位和个人不得非法干涉。

与招标人存在利害关系可能影响招标公正性的法人、其他组织或者个人,不得参加投标。单位负责人为同一人或者存在控股、管理关系的不同单位,不得参加同一标段投标或者未划分标段的同一招标项目投标。违反以上规定的,相关投标均无效。

投标人发生合并、分立、破产等重大变化的,应当及时书面告知招标人。投标人不再具备资格预审文件、招标文件规定的资格条件或者其投标影响招标公正性的,其投标无效。

2.投标文件

(1)投标文件的内容要求

《招标投标法》规定,投标人应当按照招标文件的要求编制投标文件。投标文件应当对招标文件提出的实质性要求和条件做出响应。招标项目属于建设施工项目的,投标文件的内容应当包括拟派出的项目负责人与主要技术人员的简历、业绩和拟用于完成招标项目的机械设备等。

2013年3月国家发展和改革委员会、财政部、住房和城乡建设部等9部门经修改后发布的《〈标准施工招标资格预审文件〉和〈标准施工招标文件〉暂行规定》中进一步明确,投标文件应包括下列内容:(1)投标函及投标函附录;(2)法定代表人身份证明或附有法定代表人身份证明的授权委托书;(3)联合体协议书;(4)投标保证金;(5)已标价工程量清单;(6)施工组织设计;(7)项目管理机构;(8)拟分包项目情况表;(9)资格审查资料;(10)投标人须知前附表规定的其他材料。但是,投标人须知前附表规定不接受联合体投标的,或投标人没有组成联合体的,投标文件不包括联合体协议书。

《建筑工程施工发包与承包计价管理办法》中规定,投标报价不得低于工程成本,不得高于最高投标限价。投标报价应当依据工程量清单、工程计价有关规定、企业定额和市场价格信息等编制。

（2）投标文件的修改与撤回

《招标投标法》规定，投标人在招标文件要求提交投标文件的截止时间前，可以补充、修改或者撤回已提交的投标文件，并书面通知招标人。补充、修改的内容为投标文件的组成部分。《招标投标法实施条例》进一步规定，投标人撤回已提交的投标文件，应当在投标截止时间前书面通知招标人。

（3）投标文件的送达与签收

《招标投标法》规定，投标人应当在招标文件要求提交投标文件的截止时间前，将投标文件送达投标地点。招标人收到投标文件后，应当签收保存，不得开启。投标人少于3个的，招标人应当依法重新招标。在招标文件要求提交投标文件的截止时间后送达的投标文件，招标人应当拒收。

《招标投标法实施条例》进一步规定，未通过资格预审的申请人提交的投标文件，以及逾期送达或者不按照招标文件要求密封的投标文件，招标人应当拒收。招标人应当如实记载投标文件的送达时间和密封情况，并存档备查。

3. 投标保证金

投标保证金是指投标人按照招标文件的要求向招标人出具的，以一定金额表示的投标责任担保。其实质是为了避免因投标人在投标有效期内随意撤销投标或中标后不能提交履约保证金和签署合同等行为而给招标人造成损失。

《招标投标法实施条例》规定，招标人在招标文件中要求投标人提交投标保证金的，投标保证金不得超过招标项目估算价的2%。投标保证金有效期应当与投标有效期一致。依法必须进行招标的项目的境内投标单位，以现金或者支票形式提交的投标保证金应当从其基本账户转出。招标人不得挪用投标保证金。

2013年经修改后发布的《工程建设项目施工招标投标办法》进一步规定，投标保证金不得超过项目估算价的2%，但最高不得超过80万元人民币。投标人应当按照招标文件要求的方式和金额，将投标保证金随投标文件提交给招标人或其委托的招标代理机构。

实行两阶段招标的，招标人要求投标人提交投标保证金的，应当在第二阶段提出。招标人终止招标，已经收投标保证金的，招标人应当及时退还所收取的投标保证金及银行同期存款利息。投标人撤回已提交的投标文件，招标人已收取投标保证金的，应当自收到投标人书面撤回通知之日起5日内退还。投标截止后投标人撤销投标文件的，招标人可以不退还投标保证金。

招标人最迟应当在书面合同签订后5日内向中标人和未中标的投标人退还投标保证金及银行同期存款利息。

五、禁止不正当竞争行为的规定

1. 禁止肢解发包的规定

肢解发包是指建市设单位将本应由一个承包单位整体承建完成的建设工程肢解成若干部分，分别发包给不同承包单位的行为。在实践中，由于一些发包单位肢解发包工程，使施工现场缺乏应有的组织协调，不仅承建单位之间容易出现推诿扯皮与掣肘，还会造成施工现场秩序混一乱、责任不清，工期拖延，成本增加，甚至发生严重的建设工程质量和安全问题。肢解发包还往往与发包单位有关人员徇私舞弊、收受贿赂、索拿回扣等违法行为有关。

为此,《招标投标法》规定,招标项目需要划分标段、确定工期的,招标人应当合理划分标段、确定工期,并在招标文件中载明。《建筑法》还规定,提倡对建筑工程实行总承包,禁止将建筑工程肢解发包。建筑工程的发包单位可以将建筑工程的勘察、设计、施工、设备采购一并发包给一个工程总承包单位,也可以将建筑工程的勘察、设计、施工、设备采购的一项或者多项发包给一个工程总承包单位;但是,不得将应当由一个承包单位完成的建筑工程肢解成若干部分发包给几个承包单位。

《建设工程质量管理条例》进一步规定,建设单位不得将建设工程肢解发包。建设单位将建设工程肢解发包的,责令改正,处工程合同价款0.5%以上1%以下的罚款;对全部或者部分使用国有资金的项目,并可以暂停项目执行或者暂停资金拨付。

2. 禁止限制、排斥投标人的规定

《招标投标法》规定,依法必须进行招标的项目,其招标投标活动不受地区或者部门的限制。任何单位和个人不得违法限制或者排斥本地区、本系统以外的法人或者其他组织参加投标,不得以任何方式非法干涉招标投标活动。

《招标投标法实施条例》进一步规定,招标人不得以不合理的条件限制、排斥潜在投标人或者投标人。招标人有下列行为之一的,属于以不合理条件限制、排斥潜在投标人或者投标人:(1)就同一招标项目向潜在投标人或者投标人提供有差别的项目信息;(2)设定的资格、技术、商务条件与招标项目的具体特点和实际需要不相适应或者与合同履行无关;(3)依法必须进行招标的项目以特定行政区域或者特定行业的业绩、奖项作为加分条件或者中标条件;(4)对潜在投标人或者投标人采取不同的资格审查或者评标标准;(5)限定或者指定特定的专利、商标、品牌、原产地或者供应商;(6)依法必须进行招标的项目非法限定潜在投标人或者投标人的所有制形式或者组织形式;(7)以其他不合理条件限制、排斥潜在投标人或者投标人。

招标人不得组织单个或者部分潜在投标人踏勘项目现场。

3. 禁止串通投标

1993年9月颁布的《中华人民共和国反不正当竞争法》(以下简称《反不正当竞争法》)规定,本法所称的不正当竞争,是指经营者违反本法规定,损害其他经营者的合法权益,扰乱社会经济秩序的行为。

在建设工程招标投标活动中,投标人的不正当竞争行为主要是:投标人相互串通投标、招标人与投标人串通投标、投标人以行贿手段谋取中标、投标人以低于成本的报价竞标、投标人以他人名义投标或者以其他方式弄虚作假骗取中标。

《反不正当竞争法》规定,投标者不得串通投标,抬高标价或者压低标价。《招标投标法》也规定,投标人不得相互串通投标报价,不得排挤其他投标人的公平竞争,损害招标人或者其他投标人的合法权益。

《招标投标法实施条例》进一步规定,禁止投标人相互串通投标。有下列情形之一的,属于投标人相互串通投标:(1)投标人之间协商投标报价等投标文件的实质性内容;(2)投标人之间约定中标人;(3)投标人之间约定部分投标人放弃投标或者中标;(4)属于同一集团、协会、商会等组织成员的投标人按照该组织要求协同投标;(5)投标人之间为谋取中标或者排斥特定投标人而采取的其他联合行动。

有下列情形之一的,视为投标人相互串通投标:(1)不同投标人的投标文件由同一单位或者个人编制;(2)不同投标人委托同一单位或者个人办理投标事宜;(3)不同投标人的投标文件载明的项目管理成员为同一人；(4)不同投标人的投标文件异常一致或者投标报价呈规律性差异；(5)不同投标人的投标文件相互混装；(6)不同投标人的投标保证金从同一单位或者个人的账户转出。

4.禁止招标人与投标人串通投标

《反不正当竞争法》规定，投标者和招标者不得相互勾结，以排挤竞争对手的公平竞争。《招标投标法》也规定，投标人不得与招标人串通投标，损害国家利益、社会公共利益或者他人的合法权益。

《招标投标法实施条例》进一步规定，禁止招标人与投标人串通投标。有下列情形之一的，属于招标人与投标人串通投标：(1)招标人在开标前开启投标文件并将有关信息泄露给其他投标人；(2)招标人直接或者间接向投标人泄露标底、评标委员会成员等信息；(3)招标人明示或者暗示投标人压低或者抬高投标报价；(4)招标人授意投标人撤换、修改投标文件；(5)招标人明示或者暗示投标人为特定投标人中标提供方便；(6)招标人与投标人为谋求特定投标人中标而采取的其他串通行为。

5.禁止投标人以行贿手段谋取中标

《反不正当竞争法》规定，经营者不得采用财物或者其他手段进行贿赂以销售或者购买商品。在账外暗中给予对方单位或者个人回扣的，以行贿论处；对方单位或者个人在账外暗中收受回扣的，以受贿论处。《招标投标法》也规定，禁止投标人以向招标人或者评标委员会成员行贿的手段谋取中标。

投标人以行贿手段谋取中标是一种严重的违法行为，其法律后果是中标无效，有关责任人和单位要承担相应的行政责任或刑事责任，给他人造成损失的还应承担民事赔偿责任。

6.投标人不得以低于成本的报价竞标

低于成本的报价竞标不仅属不正当竞争行为，还易导致中标后的偷工减料，影响建设工程质量。《反不正当竞争法》规定，经营者不得以排挤竞争对手为目的，以低于成本的价格销售商品。《招标投标法》则规定，投标人不得以低于成本的报价竞标。中标人的投标应当符合下列条件之一……但是投标价格低于成本的除外。

《建筑工程施工发包与承包计价管理办法》中规定，投标报价低于工程成本或者高于最高投标限价总价的，评标委员会应当否决投标人的投标。

7.投标人不得以他人名义投标或以其他方式弄虚作假骗取中标

《反不正当竞争法》规定，经营者不得采用下列不正当手段从事市场交易，损害竞争对手：(1)假冒他人的注册商标；(2)擅自使用知名商品特有的名称、包装、装潢，或者使用与知名商品近似的名称、包装、装潢，造成和他人的知名商品相混淆，使购买者误认为是该知名商品；(3)擅自使用他人的企业名称或者姓名，引人误认为是他人的商品；(4)在商品上伪造或者冒用认证标志、名优标志等质量标志，伪造产地，对商品质量作引人误解的虚假表示。

《招标投标法》规定，投标人"不得以他人名义投标或者以其他方式弄虚作假，骗取中标"。《招标投标法实施条例》进一步规定，使用通过受让或者租借等方式获取的资格、资质证书投标的，属于招标投标法第33条规定的以他人名义投标。投标人有下列情形之一的，属于招标投标法第33条规定的以其他方式弄虚作假的行为：(1)使用伪造、变造的许可证件；(2)提供虚假的财务状况或者业绩；(3)提供虚假的项目负责人或者主要技术人员简历、劳动关系证明；(4)提供虚假的信用状况；(5)其他弄虚作假的行为。

第五节　建设工程合同制度

建设工程合同是承包人进行工程建设,发包人支付价款的合同。建设工程合同可分为建设工程勘察合同、建设工程设计合同、建设工程施工合同等。

建设工程合同的订立,应当遵循平等原则、自愿原则、公平原则、诚实信用原则、合法原则等。

一、建设工程施工合同的法定形式和内容

建设工程施工合同是建设工程合同中的重要部分,是指施工人(承包人)根据发包人的委托,完成建设工程项目的施工工作,发包人接受工作成果并支付报酬的合同。

(一)建设工程施工合同的法定形式

《合同法》规定,当事人订立合同,有书面形式、口头形式和其他形式。法律、行政法规规定采用书面形式的,应当采用书面形式。当事人约定采用书面形式的,应当采用书面形式。

书面形式合同的内容明确,有据可查,对于防止和解决争议有积极意义。口头形式合同具有直接、简便、快速的特点,但缺乏凭证,一旦发生争议,难以取证,且不易分清责任。其他形式合同,可以根据当事人的行为或者特定情形推定合同的成立,也可以称之为默示合同。

《合同法》明确规定,建设工程合同应当采用书面形式。

(二)合同的内容

合同的内容,即合同当事人的权利、义务,除法律规定的以外,主要由合同的条款确定。合同的内容由当事人约定,一般包括以下条款:(1)当事人的名称或者姓名和住所;(2)标的,如有形财产、无形财产、劳务、工作成果等;(3)数量,应选择使用共同接受的计量单位、计量方法和计划工具;(4)质量,国家有强制性标准的,必须按照强制性标准执行,并可约定质量检验方法、质量责任期限与条件、对质量提出异议的条件与期限等;(5)价款或者报酬,应规定清楚计算价款或者报酬的方法;(6)履行期限、地点和方式;(7)违约责任,可在合同中约定定金、违约金、赔偿金额以及赔偿金的计算方法等;(8)解决争议的方法。

当事人在合同中特别约定的条款,也作为合同的主要条款。

(三)建设工程施工合同的内容

《合同法》规定,施工合同的内容包括工程范围、建设工期、中间交工工程的开工和竣工时间、工程质量、工程造价、技术资料交付时间、材料和设备供应责任、拨款和结算、竣工验收、质量保修范围和质量保证期、双方相互协作等条款。

1. 工程范围

工程范围是指施工的界区,是施工人进行施工的工作范围。

2. 建设工期

建设工期是指施工人完成施工任务的期限。实践中,有的发包人常常要求缩短工期,施工人为了赶进度,往往导致严重的工程质量问题,因此为了保证工程质量,双方当事人应当在施工合同中确定合理的建设工期。

3. 中间交工工程的开工和竣工时间

中间交工工程是指施工过程中的阶段性工程。为了保证工程各阶段的交接,顺利完成工程建设,当事人应当明确中间交工工程的开工和竣工时间。

4. 工程质量

工程质量条款是明确施工人施工要求,确定施工人责任的依据。施工人必须按照工程设计图纸和施工技术标准施工,不得擅自修改工程设计,不得偷工减料。发包人也不得明示或者暗示施工人违反工程建设强制性标准,降低建设工程质量。

5. 工程造价

工程造价是指进行工程建设所需的全部费用,包括人工费、材料费、施工机械使用费、措施费等。在实践中,有的发包人为了获得更多的利益,往往压低工程造价,而施工人为了盈利或不亏本,不得不偷工减料、以次充好,结果导致工程质量不合格,甚至造成严重的工程质量事故因此为了保证工程质量,双方当事人应当合理确定工程造价。

6. 技术资料交付时间

技术资料主要是指勘察、设计文件以及其他施工人据以施工所必需的基础资料。当事人应当在施工合同中明确技术资料的交付时间。

7. 材料和设备供应责任

材料和设备供应责任,是指由哪一方当事人提供工程所需材料设备及其应承担的责任。材料和设备可以由发包人负责提供,也可以由施工人负责采购。如果按照合同约定由发包人负责采购建筑材料、构配件和设备的,发包人应当保证建筑材料、构配件和设备符合设计文件和合同要求。施工人则须按照工程设计要求、施工技术标准和合同约定,对建筑材料、构配件和设备进行检验。

8. 拨款和结算

拨款是指工程款的拨付。结算是指施工人按照合同约定和已完工程量向发包人办理工程款的清算。拨款和结算条款是施工人请求发包人支付工程款和报酬的依据。

9. 竣工验收

竣工验收条款一般应当包括验收范围与内容、验收标准与依据、验收人员组成、验收方式和日期等内容。

10. 质量保修范围和质量保证期

建设工程质量保修范围和质量保证期,应当按照《建设工程质量管理条例》的规定执行。

11. 双方相互协作条款

双方相互协作条款一般包括双方当事人在施工前的准备工作,施工人及时向发包人提出开工通知书、施工进度报告书、对发包人的监督检查提供必要协助等。

（四）建设工程施工合同发承包双方的主要义务

1. 发包人的主要义务

（1）不得违法发包

《合同法》规定，发包人不得将应当由一个承包人完成的建设工程肢解成若干部分发包给几个承包人。

（2）提供必要施工条件

发包人未按照约定的时间和要求提供原材料、设备、场地、资金、技术资料的，承包人可以顺延工程日期，并有权要求赔偿停工、窝工等损失。

（3）及时检查隐蔽工程

隐蔽工程在隐蔽以前，承包人应当通知发包人检查。发包人没有及时检查的，承包人可以顺延工程日期，并有权要求赔偿停工、窝工等损失。

（4）及时验收工程

建设工程竣工后，发包人应当根据施工图纸及说明书、国家颁发的施工验收规范和质量检验标准及时进行验收。

（5）支付工程价款

发包人应当按照合同约定的时间、地点和方式等，向承包人支付工程价款。

2. 承包人的主要义务

（1）不得转包和违法分包工程

承包人不得将其承包的全部建设工程转包给第三人，不得将其承包的全部建设工程肢解以后以分包的名义分别转包给第三人。禁止承包人将工程分包给不具备相应资质条件的单位。禁止分包单位将其承包的工程再分包。

（2）自行完成建设工程主体结构施工

建设工程主体结构的施工必须由承包人自行完成。承包人将建设工程主体结构的施工分包给第三人的，该分包合同无效。

（3）接受发包人有关检查

发包人在不妨碍承包人正常作业的情况下，可以随时对作业进度、质量进行检查。隐蔽工程在隐蔽以前，承包人应当通知发包人检查。

（4）交付竣工验收合格的建设工程

建设工程竣工经验收合格后，方可交付使用；未经验收或者验收不合格的，不得交付使用。

（5）建设工程质量不符合约定的无偿修理

因施工人的原因致使建设工程质量不符合约定的，发包人有权要求施工人在合理期限内无偿修理或者返工、改建。经过修理或者返工、改建后，造成逾期交付的，施工人应当承担违约责任。

二、建设工程工期和支付价款的规定

（一）建设工程工期

2013年4月住房和城乡建设部、国家工商行政管理总局经修改后发布的《建设工程施

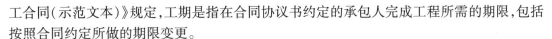

工合同(示范文本)》规定,工期是指在合同协议书约定的承包人完成工程所需的期限,包括按照合同约定所做的期限变更。

1. 开工日期

开工日期是指发包人、承包人在协议书中约定,承包人开始施工的绝对或相对的日期。

开工日期包括计划开工日期和实际开工日期。计划开工日期,是指合同协议书约定的开工日期。实际开工日期,是指监理人按照约定发出的符合法律规定的开工通知中载明的开工日期。

经发包人同意后,监理人发出的开工通知应符合法律规定。监理人应在计划开工日期7天前向承包人发出开工通知,工期自开工通知中载明的开工日期起算。

2. 暂停施工

暂停施工包括发包人或承包人原因引起的暂停施工、指示暂停施工和紧急情况下的暂停施工。

因发包人原因引起暂停施工的,监理人经发包人同意后,应及时下达暂停施工指示。情况紧急且监理人未及时下达暂停施工指示的,按照紧急情况下的暂停施工执行。因发包人原因引起的暂停施工,发包人应承担由此增加的费用和(或)延误的工期,并支付承包人合理的利润。

因承包人原因引起的暂停施工,承包人应承担由此增加的费用和(或)延误的工期,且承包人在收到监理人复工指示后84天内仍未复工的,视为"承包人明确表示或者以其行为表明不履行合同主要义务的"承包人违约的情形。

指示暂停施工。监理人认为有必要时,并经发包人批准后,可向承包人做出暂停施工的指示,承包人应按监理人指示暂停施工。

因紧急情况需暂停施工,且监理人未及时下达暂停施工指示的,承包人可先暂停施工,并及时通知监理人。监理人应在接到通知后24小时内发出指示,逾期未发出指示,视为同意承包人暂停施工。监理人不同意承包人暂停施工的,应说明理由,承包人对监理人的答复有异议,按照争议解决的约定处理。

3. 工期顺延

因发包人原因未按计划开工日期开工的,发包人应按实际开工日期顺延竣工日期,确保实际工期不低于合同约定的工期总日历天数。因发包人原因导致工期延误需要修订施工进度计划的,按照施工进度计划修订的约定执行。

因承包人原因造成工期延误的,可以在专用合同条款中约定逾期竣工违约金的计算方法和逾期竣工违约金的上限。承包人支付逾期竣工违约金后,不免除承包人继续完成工程及修补缺陷的义务。

4. 竣工日期

竣工日期是指发包人、承包人在协议书中约定,承包人完成承包范围内工程的绝对或相对的日期。

竣工日期包括计划竣工日期和实际竣工日期。

计划竣工日期是指合同协议书约定的竣工日期。实际竣工日期是指工程经竣工验收合格的,以承包人提交竣工验收申请报告之日为实际竣工日期,并在工程接收证书中载明;因发包人原因,未在监理人收到承包人提交的竣工验收申请报告42天内完成竣工验收,或完成竣工验收不予签发工程接收证书的,以提交竣工验收申请报告的日期为实际竣工日期;工程未经竣工验收,发包人擅自使用的,以转移占有工程之日为实际竣工日期。

2004年10月发布的《最高人民法院关于审理建设工程施工合同纠纷案件适用法律问题的解释》规定,当事人对建设工程实际竣工日期有争议的,按照以下情形分别处理:(1)建设工程经竣工验收合格的,以竣工验收合格之日为竣工日期;(2)承包人已经提交竣工验收报告,发包人拖延验收的,以承包人提交验收报告之日为竣工日期;(3)建设工程未经竣工验收,发包人擅自使用的,以转移占有建设工程之日为竣工日期。

(二)工程价款的支付

按照合同约定的时间、金额和支付条件支付工程价款,是发包人的主要合同义务,也是承包人的主要合同权利。

《合同法》规定,合同生效后,当事人就质量、价款或者报酬、履行地点等内容没有约定或者约定不明确的,可以协议补充;不能达成补充协议的,按照合同有关条款或者交易习惯确定。

如果按照合同有关条款或者交易习惯仍不能确定的,《合同法》规定,价款或者报酬不明确的,按照订立合同时履行地的市场价格履行;依法应当执行政府定价或者政府指导价的,按照规定履行;履行期限不明确的,债务人可以随时履行,债权人也可以随时要求履行,但应当给对方必要的准备时间。

1. 合同价款的确定

招标工程的合同价款由发包人、承包人依据中标通知书中的中标价格在协议书内约定。非招标工程的合同价款由发包人、承包人依据工程预算书在协议书内约定。合同价款在协议书内约定后,任何一方不得擅自改变。

合同价款的确定方式有固定价格合同、可调价格合同、成本加酬金合同,双方可在专用条款内约定采用其中一种。

住房和城乡建设部2013年12月发布的《建筑工程施工发包与承包计价管理办法》规定,招标人与中标人应当根据中标价订立合同。不实行招标投标的工程由发承包双方协商订立合同。合同价款的有关事项由发承包双方约定,一般包括合同价款约定方式,预付工程款、工程进度款、工程竣工价款的支付和结算方式,以及合同价款的调整情形等。

发承包双方在确定合同价款时,应当考虑市场环境和生产要素价格变化对合同价款的影响。实行工程量清单计价的建筑工程,鼓励发承包双方采用单价方式确定合同价款。建设规模较小、技术难度较低、工期较短的建筑工程,发承包双方可以采用总价方式确定合同价款。紧急抢险、救灾以及施工技术特别复杂的建筑工程,发承包双方可以采用成本加酬金方式确定合同价款。

对于"黑白合同"的纠纷,《最高人民法院关于审理建设工程施工合同纠纷案件适用法律问题的解释》第21条规定:当事人就同一建设工程另行订立的建设工程施工合同与经过备案的中标合同实质性内容不一致的,应当以备案的中标合同作为结算工程价款的根据。

2. 工程价款的支付和竣工结算

《合同法》规定,验收合格的,发包人应当按照约定支付价款,并接收该建设工程。《建筑工程施工发包与承包计价管理办法》进一步规定,预付工程款按照合同价款或者年度工程计划额度的一定比例确定和支付,并在工程进度款中予以抵扣。承包方应当按照合同约定向发包方提交已完成工程量报告。发包方收到工程量报告后,应当按照合同约定及时核对并确认。发承包双方应当按照合同约定,定期或者按照工程进度分段进行工程款结算和支付。

工程完工后,应当按照下列规定进行竣工结算:(1)承包方应当在工程完工后的约定期限内提交竣工结算文件。(2)国有资金投资建筑工程的发包方,应当委托具有相应资质的工程造价咨询企业对竣工结算文件进行审核,并在收到竣工结算文件后的约定期限内向承包方提出由工程造价咨询企业出具的竣工结算文件审核意见;逾期未答复的,按照合同约定处理,合同没有约定的,竣工结算文件视为已被认可。非国有资金投资的建筑工程发包方,应当在收到竣工结算文件后的约定期限内予以答复,逾期未答复的,按照合同约定处理,合同没有约定的,竣工结算文件视为已被认可;发包方对竣工结算文件有异议的,应当在答复期内向承包方提出,并可以在提出异议之日起的约定期限内与承包方协商;发包方在协商期内未与承包方协商或者经协商未能与承包方达成协议的,应当委托工程造价咨询企业进行竣工结算审核,并在协商期满后的约定期限内向承包方提出由工程造价咨询企业出具的竣工结算文件审核意见。(3)承包方对发包方提出的工程造价咨询企业竣工结算审核意见有异议的,在接到该审核意见后1个月内,可以向有关工程造价管理机构或者有关行业组织申请调解,调解不成的,可以依法申请仲裁或者向人民法院提起诉讼。发承包双方在合同中对本条第(1)项、第(2)项的期限没有明确约定的,应当按照国家有关规定执行;国家没有规定的,可认为其约定期限均为28日。

工程竣工结算文件经发承包双方签字确认的,应当作为工程决算的依据,未经对方同意,另一方不得就已生效的竣工结算文件委托工程造价咨询企业重复审核。发包方应当按照竣工结算文件及时支付竣工结算款。

3. 合同价款的调整

《建筑工程施工发包与承包计价管理办法》中规定,发承包双方应当在合同中约定,发生下列情形时合同价款的调整方法:(1)法律、法规、规章或者国家有关政策变化影响合同价款的;(2)工程造价管理机构发布价格调整信息的;(3)经批准变更设计的;(4)发包方更改经审定批准的施工组织设计造成费用增加的;(5)双方约定的其他因素。

4. 解决工程价款结算争议的规定

(1)视为发包人认可承包人的单方结算价

《最高人民法院关于审理建设工程施工合同纠纷案件适用法律问题的解释》规定,当事人约定,发包人收到竣工结算文件后,在约定期限内不予答复,视为认可竣工结算文件的,按照约定处理。承包人请求按照竣工结算文件结算工程价款的,应予支持。

(2)对工程量有争议的工程款结算

《最高人民法院关于审理建设工程施工合同纠纷案件适用法律问题的解释》规定,当事人对工程量有争议的,按照施工过程中形成的签证等书面文件确认。承包人能够证明发包人同意其施工,但未能提供签证文件证明工程量发生的,可以按照当事人提供的其他证据确认实际发生的工程量。

(3)欠付工程款的利息支付

发包人拖欠承包人工程款,不仅应当支付工程款本金,还应当支付工程款利息。

《最高人民法院关于审理建设工程施工合同纠纷案件适用法律问题的解释》规定,当事人对欠付工程价款利息计付标准有约定的,按照约定处理;没有约定的,按照中国人民银行发布的同期同类贷款利率计息。

利息从应付工程价款之日计付。当事人对付款时间没有约定或者约定不明的,下列时间视为应付款时间:(1)建设工程已实际交付的,为交付之日;(2)建设工程没有交付的,为提交竣工结算文件之日;(3)建设工程未交付,工程价款也未结算的,为当事人起诉之日。

(4)工程垫资的处理

《最高人民法院关于审理建设工程施工合同纠纷案件适用法律问题的解释》规定,当事人对垫资和垫资利息有约定,承包人请求按照约定返还垫资及其利息的,应予支持,但是约定的利息计算标准高于中国人民银行发布的同期同类贷款利率的部分除外。

当事人对垫资没有约定的,按照工程欠款处理。当事人对垫资利息没有约定,承包人请求支付利息的,不予支持。

三、无效合同和效力待定合同的规定

(一)无效合同

无效合同,是指合同内容或者形式违反了法律、行政法规的强制性规定和社会公共利益,因而不能产生法律约束力,不受到法律保护的合同。

无效合同的特征:(1)具有违法性;(2)具有不可履行性;(3)自订立之时就不具有法律效力。

1. 无效合同的类型

《合同法》规定,有下列情形之一的,合同无效。(1)一方以欺诈、胁迫的手段订立合同,损害国家利益;(2)恶意串通,损害国家、集体或者第三人利益;(3)以合法形式掩盖非法目的;(4)损害社会公共利益;(5)违反法律、行政法规的强制性规定。

(1)一方以欺诈、胁迫的手段订立合同,损害国家利益

所谓欺诈,是指故意隐瞒真实情况或者故意告知对方虚假的情况,欺骗对方,诱使对方做出错误的意思表示而与之订立合同。所谓胁迫,是指行为人以将要发生的损害或者以直接实施损害相威胁,使对方当事人产生恐惧而与之订立合同。

(2)恶意串通,损害国家、集体或者第三人利益

所谓恶意串通,是指合同双方当事人非法勾结,为牟取私利而共同订立的损害国家、集体或者第三人利益的合同。在实践中,常见的还有代理人与第三人勾结,订立合同,损害被代理人利益的行为。

(3)以合法形式掩盖非法目的

又称伪装合同,即行为人为达到非法目的以迂回的方法避开法律或者行政法规的强制性规定。

(4)损害社会公共利益

损害社会公共利益的合同,实质上是违反了社会主义的公共道德,破坏了社会经济秩序和生活秩序。例如,与他人签订合同出租赌博场所。

(5)违反法律、行政法规的强制性规定

法律、行政法规中包含强制性规定和任意性规定。强制性规定排除了合同当事人的意思、自由,即当事人在合同中不得协议排除法律、行政法规的强制性规定,否则将构成无效合同;对于任意性规定,当事人可以约定排除,如当事人可以约定商品的价格等。

需要明确的是,法律是指全国人大及其常委会颁布的法律,行政法规是指由国务院颁

布的法规。

2. 无效的免责条款

免责条款，是指当事人在合同中约定免除或者限制其未来责任的合同条款；免责条款无效，是指没有法律约束力的免责条款。

《合同法》规定，合同中的下列免责条款无效：（1）造成对方人身伤害的；（2）因故意或者重大过失造成对方财产损失的。

造成对方人身伤害就侵犯了对方的人身权，造成对方财产损失就侵犯了对方的财产权。人身权和财产权是法律赋予的权利，如果合同中的条款对此予以侵犯，该条款就是违法条款，这样的免责条款是无效的。

3. 建设工程无效施工合同的主要情形

《最高人民法院关于审理建设工程施工合同纠纷案件适用法律问题的解释》规定，建设工程施工合同具有下列情形之一的，应当根据《合同法》第 52 条第 5 项的规定（即违反法律、行政法规的强制性规定），认定无效：（1）承包人未取得建筑施工企业资质或者超越资质等级的；（2）没有资质的实际施工人借用有资质的建筑施工企业名义的；（3）建设工程必须进行招标而未招标或者中标无效的。

承包人非法转包、违法分包建设工程或者没有资质的实际施工人借用有资质的建筑施工企业名义与他人签订建设工程施工合同的行为无效。

4. 无效合同的法律后果

《合同法》规定，无效的合同或者被撤销的合同自始没有法律约束力。合同部分无效，不影响其他部分效力的，其他部分仍然有效。

合同无效、被撤销或者终止的，不影响合同中独立存在的有关解决争议方法的条款的效力。

合同无效或者被撤销后，因该合同取得的财产，应当予以返还；不能返还或者没有必要返还的，应当折价补偿。有过错的一方应当赔偿对方因此所受到的损失，双方都有过错的，应当各自承担相应的责任。

5. 无效施工合同的工程款结算

《最高人民法院关于审理建设工程施工合同纠纷案件适用法律问题的解释》规定，建设工程施工合同无效，但建设工程经竣工验收合格，承包人请求参照合同约定支付工程价款的，应予支持。

建设工程施工合同无效，且建设工程经竣工验收不合格的，按照以下情形分别处理：

（1）修复后的建设工程经竣工验收合格，发包人请求承包人承担修复费用的，应予支持；

（2）修复后的建设工程经竣工验收不合格，承包人请求支付工程价款的，不予支持。

（二）效力待定合同

效力待定合同是指合同虽然已经成立，但因其不完全符合有关生效要件的规定，其合同效力能否发生尚未确定，一般须经有权人表示承认才能生效。

《合同法》规定的效力待定合同有三种，即限制行为能力人订立的合同，无权代理人订立的合同，无处分权人处分他人的财产订立的合同。

1. 限制行为能力人订立的合同

《合同法》规定,限制民事行为能力人订立的合同,经法定代理人追认后,该合同有效,但纯获利益的合同或者与其年龄、智力、精神健康状况相适应而订立的合同,不必经法定代理人追认。

相对人可以催告法定代理人在1个月内予以追认。法定代理人未做表示的,视为拒绝追认。合同被追认之前,善意相对人有撤销的权利。撤销应当以通知的方式做出。

2. 无权代理人订立的合同

行为人没有代理权、超越代理权或者代理权终止后以被代理人名义订立的合同,未经被代理人追认,对被代理人不发生效力,由行为人承担责任。

相对人可以催告被代理人在1个月内予以追认。被代理人未做表示的,视为拒绝追认。合同被追认之前,善意相对人有撤销的权利。撤销应当以通知的方式做出。

3. 无权处分行为

无处分权的人处分他人财产,经权利人追认或者无处分权的人订立合同后取得处分权的,该合同有效。

四、合同的履行、变更、转让、撤销和终止

(一)合同的履行

《合同法》规定,当事人应当按照约定全面履行自己的义务。当事人应当遵循诚实信用原则,根据合同的性质、目的和交易习惯履行通知、协助、保密等义务。

合同生效后,当事人不得因姓名、名称的变更或者法定代表人、负责人、承办人的变动而不履行合同义务。

(二)合同的变更

当事人协商一致,可以变更合同。法律、行政法规规定变更合同应当办理批准、登记等手续的,依照其规定。当事人对合同变更的内容约定不明确的,推定为未变更。

1. 合同的变更须经当事人双方协商一致

如果双方当事人就变更事项达成一致意见,则变更后的内容取代原合同的内容,当事人应当按照变更后的内容履行合同。如果一方当事人未经对方同意就改变合同的内容,不仅变更的内容对另一方没有约束力,其做法还是一种违约行为,应当承担违约责任。

2. 合同变更须遵循法定的程序

法律、行政法规规定变更合同事项应当办理批准、登记手续的,应当依法办理相应手续。如果没有履行法定程序,即使当事人已协议变更了合同,其变更内容也不发生法律效力。

3. 对合同变更内容约定不明确的推定

合同变更的内容必须明确约定。如果当事人对于合同变更的内容约定不明确,则将被推定为未变更。任何一方不得要求对方履行约定不明确的变更内容。

（三）合同权利义务的转让

1. 合同权利的转让

（1）合同权利的转让范围《合同法》规定，债权人可以将合同的权利全部或者部分转让给第三人，但有下列情形之一的除外。

①根据合同性质不得转让的权利，主要是指合同是基于特定当事人的身份关系订立的，如果合同权利转让给第三人，会使合同的内容发生变化，违反当事人订立合同的目的，使当事人的合法利益得不到应有的保护。

②按照当事人约定不得转让的权利。当事人订立合同时可以对权利的转让做出特别约定，禁止债权人将权利转让给第三人。这种约定只要是当事人真实意思的表示，同时不违反法律禁止性规定，即对当事人产生法律的效力。债权人如果将权利转让给他人，其行为将构成违约。

③依照法律规定不得转让的权利。我国一些法律中对某些权利的转让做出了禁止性规定。如《担保法》第 61 条规定，"最高额抵押的主合同债权不得转让"。对于这些规定，当事人应当严格遵守，不得擅自转让法律禁止转让的权利。

（2）合同权利的转让应当通知债务人

《合同法》规定，债权人转让权利的，应当通知债务人。未经通知，该转让对债务人不发生效力。债权人转让权利的通知不得撤销，但经受让人同意的除外。

需要说明的是，债权人转让权利应当通知债务人，未经通知的转让行为对债务人不发生效力。这一方面是尊重债权人对其权利的行使，另一方面也防止债权人滥用权利损害债务人的利益。当债务人接到权利转让的通知后，权利转让即行生效，原债权人被新的债权人替代，或者新债权人的加入使原债权人不再完全享有原债权。

（3）债务人对让与人的抗辩

《合同法》规定，债务人接到债权转让通知后，债务人对让与人的抗辩，可以向受让人主张。

抗辩权是指债权人行使债权时，债务人根据法定事向对抗债权人行使请求权的权利。债务人的抗辩权是其固有的一项权利，并不随权利的转让而消灭。在权利转让的情况下，债务人可以向新债权人行使该权利。受让人不得以任何理由拒绝债务人权利的行使。

（4）从权利随同主权利转让

《合同法》规定，债权人转让权利的，受让人取得与债权有关的从权利，但该从权利专属于债权人自身的除外。

2. 合同义务的转让

《合同法》规定，债务人将合同的义务全部或者部分转移给第三人的，应当经债权人同意。

合同义务转移分为两种情况，一种情况是合同义务的全部转移，在这种情况下，新的债务人完全取代了旧的债务人，新的债务人负责全面履行合同义务；另一种情况是合同义务的部分转移，即新的债务人加入到原债务中，与原债务人一起向债权人履行义务。无论是转移全部义务还是部分义务，债务人都需要征得债权人同意。未经债权人同意，债务人转移合同义务的行为对债权人不发生效力。

3. 合同中权利和义务的一并转让

《合同法》规定,当事人一方经对方同意,可以将自己在合同中的权利和义务一并转让给第三人。

权利和义务一并转让,是指合同一方当事人将其权利和义务一并转移给第三人,由第三人全部承受这些权利和义务。权利义务一并转让的后果,导致原合同关系的消灭,第三人取代了转让方的地位,产生出一种新的合同关系。只有经对方当事人同意,才能将合同的权利和义务一并转让。如果未经对方同意,一方当事人擅自一并转让权利和义务的,其转让行为无效,对方有权就转让行为对自己造成的损害,追究转让方的违约责任。

(四)可撤销合同

所谓可撤销合同,是指因意思表示不真实,通过有撤销权的机构行使撤销权,使已经生效的意思表示归于无效的合同。

1. 可撤销合同的种类《合同法》规定,下列合同,当事人一方有权请求人民法院或者仲裁机构变更或者撤销。(1)因重大误解订立的。(2)在订立合同时显失公平的。(3)一方以欺诈、胁迫的手段或者乘人之危,使对方在违背真实意思的情况下订立的合同,受损害方有权请求人民法院或者仲裁机构变更或者撤销。当事人请求变更的,人民法院或者仲裁机构不得撤销。

(1)因重大误解订立的合同

所谓重大误解,是指误解者做出意思表示时,对涉及合同法律效果的重要事项存在着认识上的显著缺陷,其后果是使误解者的利益受到较大的损失,或者达不到误解者订立合同的目的。这种情况的出现,并不是由于行为人受到对方的欺诈、胁迫或者对方乘人之危而被迫订立的合同,而是由于行为人自己的大意、缺乏经验或者信息不通而造成的。

(2)在订立合同时显失公平的合同

所谓显失公平的合同,就是一方当事人在紧迫或者缺乏经验的情况下订立的使当事人之间享有的权利和承担的义务严重不对等的合同。如标的物的价值与价款过于悬殊,承担责任或风险显然不合理的合同,都可称为显失公平的合同。

(3)以欺诈、胁迫的手段或者乘人之危订立的合同

一方以欺诈、胁迫的手段订立合同,如果损害国家利益的,按照《合同法》的规定属无效合同。如果未损害国家利益,则受欺诈、胁迫的一方可以自主决定该合同有效或者请求撤销。

2. 合同撤销权的行使

《合同法》规定,有下列情形之一的,撤销权消灭:(1)具有撤销权的当事人自知道或者应当知道撤销事由之日起一年内没有行使撤销权;(2)具有撤销权的当事人知道撤销事由后明确表示或者以自己的行为放弃撤销权。

需要注意的是,行使撤销权应当在知道或者应当知道撤销事由之日起一年内行使,并应当向人民法院或者仲裁机构申请。

3. 被撤销合同的法律后果

《合同法》规定,无效的合同或者被撤销的合同自始没有法律约束力。合同部分无效,不影响其他部分效力的,其他部分仍然有效。合同无效、被撤销或者终止的,不影响合同中独立存在的有关解决争议方法的条款的效力。

（五）合同的终止

合同的终止，是指依法生效的合同，因具备法定的或当事人约定的情形，合同的债权、债务归于消灭，债权人不再享有合同的权利，债务人也不必再履行合同的义务。《合同法》规定，有下列情形之一的，合同的权利义务终止。(1)债务已经按照约定履行；(2)合同解除；(3)债务相互抵消；(4)债务人依法将标的物提存；(5)债权人免除债务；(6)债权债务同归于一人；(7)法律规定或者当事人约定终止的其他情形。

1. 合同解除的特征

合同的解除，是指合同有效成立后，当具备法律规定的合同解除条件时，因当事人一方或双方的意思表示而使合同关系归于消灭的行为。

合同解除具有如下特征：(1)合同的解除适用于合法有效的合同，而无效合同、可撤销合同不发生合同解除。(2)合同解除须具备法律规定的条件。非依照法律规定，当事人不得随意解除合同。(3)合同解除须有解除的行为。无论哪一方当事人享有解除合同的权利，其必须向对方提出解除合同的意思表示，才能达到合同解除的法律后果。(4)合同解除使合同关系自始消灭或者向将来消灭，可视为当事人之间未发生合同关系，或者合同尚存的权利义务不再履行。

2. 合同解除的种类

合同的解除分为约定解除和法定解除两大类。

(1)约定解除合同。《合同法》规定，当事人协商一致，可以解除合同。当事人可以约定一方解除合同的条件。解除合同的条件成就时，解除权人可以解除合同。

(2)法定解除合同。《合同法》规定，有下列情形之一的，当事人可以解除合同。①因不可抗力致使不能实现合同目的；②在履行期限届满之前，当事人一方明确表示或者以自己的行为表明不履行主要债务；③当事人一方延迟履行主要债务，经催告后在合理期限内仍未履行；④当事人一方延迟履行债务或者有其他违约行为致使不能实现合同目的；⑤法律规定的其他情形。

法定解除是法律直接规定解除合同的条件，当条件具备时，解除权人可直接行使解除权；约定解除则是双方的法律行为，单方行为不能导致合同的解除。

3. 解除合同的程序

《合同法》规定，当事人一方依照本法第93条第2款、第94条的规定主张解除合同的，应当通知对方。合同自通知到达对方时解除。对方有异议的，可以请求人民法院或者仲裁机构确认解除合同的效力。法律、行政法规规定解除合同应当办理批准、登记等手续的，依照其规定。

当事人对异议期限有约定的依照约定，没有约定的，最长期3个月。

4. 施工合同的解除

(1)发包人解除施工合同

《最高人民法院关于审理建设工程施工合同纠纷案件适用法律问题的解释》规定，承包人具有下列情形之一，发包人请求解除建设工程施工合同的，应予支持。①明确表示或者以行为表明不履行合同主要义务的；②合同约定的期限内没有完工，且在发包人催告的合理期限内仍未完工的；③已经完成的建设工程质量不合格，并拒绝修复的；④将承包的建设工程非法转包、违法分包的。

(2)承包人解除施工合同

《最高人民法院关于审理建设工程施工合同纠纷案件适用法律问题的解释》规定,发包人具有下列情形之一,致使承包人无法施工,且在催告的合理期限内仍未履行相应义务,承包人请求解除建设工程施工合同的,应予支持:①未按约定支付工程价款的;②提供的主要建筑材料、建筑构配件和设备不符合强制性标准的;③不履行合同约定的协助义务的。

(3)施工合同解除的法律后果

《最高人民法院关于审理建设工程施工合同纠纷案件适用法律问题的解释》规定,建设工程施工合同解除后,已经完成的建设工程质量合格的,发包人应当按照约定支付相应的工程价款;已经完成的建设工程质量不合格的,参照本解释第3条规定处理。因一方违约导致合同解除的,违约方应当赔偿因此而给对方造成的损失。

该《解释》第3条规定,建设工程施工合同无效,且建设工程经竣工验收不合格的,按照以下情形分别处理:①修复后的建设工程经竣工验收合格,发包人请求承包人承担修复费用的,应予支持;②修复后的建设工程经竣工验收不合格,承包人请求支付工程价款的,不予支持。

五、违约责任政违约责任的免除

(一)违约责任的概念和特征

违约责任,是指合同当事人因违反合同义务所承担的责任。

《合同法》规定,当事人一方不履行合同义务或者履行合同义务不符合约定的,应当承担继续履行、采取补救措施或者赔偿损失等违约责任。

违约责任具有如下特征:(1)违约责任的产生是以合同当事人不履行合同义务为条件的;(2)违约责任具有相对性;(3)违约责任主要具有补偿性,即旨在弥补或补偿因违约行为造成的损害后果;(4)违约责任可以由合同当事人约定,但约定不符合法律要求的,将会被宣告无效或被撤销;(5)违约责任是民事责任的一种形式。

(二)当事人承担违约责任应具备的条件

《合同法》规定,当事人一方明确表示或者以自己的行为表明不履行合同义务的,对方可以在履行期限届满之前要求其承担违约责任。

承担违约责任,首先是合同当事人发生了违约行为,即有违反合同义务的行为;其次,非违约方只需证明违约方的行为不符合合同约定,便可以要求其承担违约责任,而不需要证明其主观上是否具有过错;第三,违约方若想免于承担违约责任,必须举证证明其存在法定的或约定的免责事由,而法定免责事由主要限于不可抗力,约定的免责事由主要是合同中的免责条款。

(三)承担违约责任的种类

合同当事人违反合同义务,承担违约责任的种类主要有继续履行、采取补救措施、停止违约行为、赔偿损失、支付违约金或定金等。

守约方可以要求违约方停止违约行为,采取补救措施,继续履行合同约定;可以按照合同约定,要求违约方支付违约金或没收定金。如果守约方发生的经济损失大于违约金或定金的,守约方可以主张违约方按照实际损失予以赔偿。

1. 继续履行

《合同法》规定,当事人一方不履行合同义务或者履行合同义务不符合约定的,应当承担继续履行、采取补救措施或者赔偿损失等违约责任。

继续履行是一种违约后的补救方式,是否要求违约方继续履行是非违约方的一项权利。继续履行可以与违约金、定金、赔偿损失并用,但不能与解除合同的方式并用。

2. 违约金和定金违约金有法定违约金和约定违约金两种:由法律规定的违约金为法定违约金;由当事人约定的违约金为约定违约金。

《合同法》规定,当事人可以约定一方违约时应当根据违约情况向对方支付一定数额的违约金,也可以约定因违约产生的损失赔偿额的计算方法。

约定的违约金低于造成的损失的,当事人可以请求人民法院或者仲裁机构予以增加;约定的违约金过分高于造成的损失的,当事人可以请求人民法院或者仲裁机构予以适当减少。当事人可以依照《担保法》约定一方向对方给付定金作为债权的担保。债务人履行债务后,定金应当抵作价款或者收回。给付定金的方不履行约定的债务的,无权要求返还定金;收受定金的一方不履行约定的债务的,应当双倍返还定金。

当事人既约定违约金,又约定定金的,一方违约时,对方可以选择适用违约金或者定金条款。

(四)违约责任的免除

在合同履行过程中,如果出现法定的免责条件或合同约定的免责事由,违约人将免于承担违约责任。我国的《合同法》仅承认不可抗力为法定的免责事由。

《合同法》规定,因不可抗力不能履行合同的,根据不可抗力的影响,部分或者全部免除责任,但法律另有规定的除外。当事人迟延履行后发生不可抗力的,不能免除责任。本法所称不可抗力,是指不能预见、不能避免并不能克服的客观情况。

当事人一方因不可抗力不能履行合同的,应当及时通知对方,以减轻可能给对方造成的损失,并应当在合理期限内提供证明。

六、建设工程合同示范文本的性质与作用

《合同法》规定,当事人可以参照各类合同的示范文本订立合同。

(一)合同示范文本的作用

合同示范文本,是指由规定的国家机关事先拟定的对当事人订立合同起示范作用的合同文本。多年的实践表明,如果缺乏合同示范文本,一些当事人签订的合同不规范,条款不完备,漏洞较多,将给合同履行带来很大困难,不仅影响合同履约率,还导致合同纠纷增多,解决纠纷的难度增大。

1990年3月《国务院办公厅转发国家工商行政管理局关于在全国逐步推行经济合同示范文本制度请示的通知》中指出,在全国逐步推行经济合同示范文本制度,即对各类经济合同的主要条款、式样等制定出规范的、指导性的文本,在全国范围内积极提倡、宣传,逐步引导当事人在签订经济合同时采用,以实现经济合同签订的规范化。

推行这一制度,有助于当事人了解、掌握有关法律法规,使合同的签订合法规范,避免

缺款少项和当事人意思表示不真实、不确切,防止出现显失公平和违法条款;也便于合同管理机关加强监督检查,有利于仲裁机构和人民法院及时解决合同纠纷,保护当事人合法权益,保障国家和社会公共利益。

(二)建设工程合同示范文本

国务院建设行政主管部门和国务院工商行政管理部门,相继制定了《建设工程勘察合同(示范文本)》《建设工程设计合同(示范文本)》《建设工程委托监理合同(示范文本)》《建设工程施工合同(示范文本)》《建设工程施工专业分包合同(示范文本)》《建设工程施工劳务分包合同(示范文本)》。

《建设工程施工合同(示范文本)》由合同协议书、通用合同条款、专用合同条款三部分组成。

(三)合同示范文本的法律地位

合同示范文本对当事人订立合同起参考作用,但不要求当事人必须采用合同示范文本,即合同的成立与生效同当事人是否采用合同示范文本无直接关系。合同示范文本具有引导性、参考性,但无法律强制性,为非强制性使用文本。

第六节　解决建设工程纠纷法律制度

所谓法律纠纷,是指公民、法人、其他组织之间因人身、财产或其他法律关系所发生的对抗冲突(或者争议),主要包括民事纠纷、行政纠纷、刑事纠纷。民事纠纷是平等主体间的有关人身、财产权的纠纷;行政纠纷是行政机关之间或行政机关同公民、法人和其他组织之间由于行政行为而产生的纠纷;刑事纠纷是因犯罪而产生的纠纷。

一、建设工程纠纷的主要种类

建设工程项目通常具有投资大、建造周期长、技术要求高、协作关系复杂和政府监管严格等特点,因而在建设工程领域里常见的是民事纠纷和行政纠纷。

(一)建设工程民事纠纷

建设工程民事纠纷,是在建设工程活动中平等主体之间发生的以民事权利义务法律关系为内容的争议。民事纠纷作为法律纠纷的一种,一般来说,是因为违反了民事法律规范而引起的。民事纠纷可分为两大类:一类是财产关系方面的民事纠纷,如合同纠纷、损害赔偿纠纷等;另一类是人身关系的民事纠纷,如名誉权纠纷、继承权纠纷等。

民事纠纷的特点有三:(1)民事纠纷主体之间的法律地位平等;(2)民事纠纷的内容是对民事权利义务的争议;(3)民事纠纷的可处分性。这主要是针对有关财产关系的民事纠纷,而有关人身关系的民事纠纷多具有不可处分性。在建设工程领域,较为普遍和重要的民事纠纷主要是合同纠纷、侵权纠纷。

合同纠纷,是指因合同的生效、解释、履行、变更、终止等行为而引起的合同当事人之间的所有争议。合同纠纷的内容,主要表现在争议主体对于导致合同法律关系产生、变更与消灭的法律事实以及法律关系的内容有着不同的观点与看法。合同纠纷的范围涵盖了建一项合同从成立到终止的整个过程。在建设工程领域,合同纠纷主要有工程总承包合同纠纷、工程勘察合同纠纷、工程设计合同纠纷、工程施工合同纠纷、工程监理合同纠纷、工程分包合同纠纷、材料设备采购合同纠纷以及劳动合同纠纷等。

侵权纠纷,是指一方当事人对另一方侵权而产生的纠纷。在建设工程领域也易发生侵权纠纷,如施工单位在施工中未采取相应防范措施造成对他方损害而产生的侵权纠纷,未经许可使用他方的专利、工法等而造成的知识产权侵权纠纷等。

发包人和承包人就有关工期、质量、造价等产生的建设工程合同争议,是建设工程领域最常见的民事纠纷。

(二)建设工程行政纠纷

建设工程行政纠纷,是在建设工程活动中行政机关之间或行政机关同公民、法人和其他组织之间由于行政行为而引起的纠纷,包括行政争议和行政案件。在行政法律关系中,行政机关对公民、法人和其他组织行使行政管理职权,应当依法行政;公民、法人和其他组织也应当依法约束自己的行为,做到自觉守法。在各种行政纠纷中,既有因行政机关超越职权、滥用职权、行政不作为、违反法定程序、事实认定错误、适用法律错误等所引起的纠纷,也有公民、法人或其他组织逃避监督管理、非法抗拒监督管理或误解法律规定等而产生的纠纷。行政机关的行政行为具有以下特征:(1)行政行为是执行法律的行为。任何行政行为均须有法律根据,具有从属法律性,没有法律的明确规定或授权,行政主体不得做出任何行政行为。(2)行政行为具有一定的裁量性。这是由立法技术本身的局限性和行政管理的广泛性、变动性、应变性所决定的。(3)行政主体在实施行政行为时具有单方意志性,不必与行政相对方协商或征得其同意,便可依法自主做出。(4)行政行为是以国家强制力保障实施的,带有强制性。行政相对方必须服从并配合行政行为,否则行政主体将予以制裁或强制执行。(5)行政行为以无偿为原则,以有偿为例外。只有当特定行政相对人承担了特别公共负担,或者分享了特殊公共利益时,方可为有偿的。

在建设工程领域,易引发行政纠纷的具体行政行为主要有如下几种。

1.行政许可

即行政机关根据公民、法人或者其他组织的申请,经依法审查,准予其从事特定活动的行政管理行为,如施工许可、专业人员执业资格注册、企业资质等级核准、安全生产许可等。行政许可易引发的行政纠纷通常是行政机关的行政不作为、违反法定程序等。

2.行政处罚

即行政机关或其他行政主体依照法定职权、程序对于违法但尚未构成犯罪的相对人给予行政制裁的具体行政行为。常见的行政处罚为警告、罚款、没收违法所得、取消投标资格、责令停止施工、责令停业整顿、降低资质等级、吊销资质证书等。行政处罚易导致的行政纠纷,通常是行政处罚超越职权、滥用职权、违反法定程序、事实认定错误、适用法律错误等。

3.行政强制

包括行政强制措施和行政强制执行。行政强制措施是指行政机关在行政管理过程中,为制止违法行为、防止证据损毁、避免危害发生、控制危险扩大等情形,依法对公民的人身自由实施暂时性限制,或者对公民、法人或者其他组织的财物实施暂时性控制的行政行为。行政强制执行是指行政机关或者行政机关申请人民法院,对不履行行政决定的公民、法人或者其他组织,依法强制履行义务的行政行为。行政强制易导致的行政纠纷,通常是行建政强制超越职权、滥用职权、违反法定程序、事实认定错误、适用法律错误等。

4.行政裁决

即行政机关或法定授权的组织,依照法律授权,对平等主体之间发生的与行政管理活动密切相关的、特定的民事纠纷(争议)进行审查,并做出裁决的具体行政行为,如对特定的侵权纠纷、损害赔偿纠纷、权属纠纷、国有资产产权纠纷以及劳动工资、经济补偿纠纷等的裁决。行政裁决易引发的行政纠纷,通常是行政裁决违反法定程序、事实认定错误、适用法律错误等。

二、民事纠纷的法律解决途径

民事纠纷的法律解决途径主要有四种:和解、调解、仲裁、诉讼。如1999年3月颁布的《中华人民共和国合同法》(以下简称《合同法》)规定,当事人可以通过和解或者调解解决合同争议。当事人不愿和解、调解或者和解、调解不成的,可以根据仲裁协议向仲裁机构申请仲裁。涉外合同的当事人可以根据仲裁协议向中国仲裁机构或者其他仲裁机构申请仲裁。当事人没有订立仲裁协议或者仲裁协议无效的,可以向人民法院起诉。当事人应当履行发生法律效力的判决、仲裁裁决、调解书;拒不履行的,对方可以请求人民法院执行。

(一)和解

和解是民事纠纷的当事人在自愿互谅的基础上,就已经发生的争议进行协商、妥协与让步并达成协议,自行(无第三方参与劝说)解决争议的一种方式。通常它不仅从形式上消除当事人之间的对抗,还从心理上消除对抗。

和解可以在民事纠纷的任何阶段进行,无论是否已经进入诉讼或仲裁程序。例如,诉讼当事人之间为处理和结束诉讼而达成了解决争议问题的妥协或协议,其结果是撤回起诉或中止诉讼而无须判决。和解也可与仲裁、诉讼程序相结合:当事人达成和解协议的,已提请仲裁的,可以请求仲裁庭根据和解协议做出裁决书或调解书;已提起诉讼的,可以请求法庭在和解协议基础上制作调解书,或者由当事人双方达成和解协议,由法院记录在卷。

需要注意的是,和解达成的协议不具有强制执行力,在性质上仍属于当事人之间的约定。如果一方当事人不按照和解协议执行,另一方当事人不可以请求法院强制执行,但可要求对方就不执行该和解协议承担违约责任。

(二)调解

调解是指双方当事人以外的第三方应纠纷当事人的请求,以法律、法规和政策或合同约定以及社会公德为依据,对纠纷双方进行疏导、劝说,促使他们相互谅解,进行协商,自愿达成协议,解决纠纷的活动。

在我国,调解的主要方式是人民调解、行政调解、仲裁调解、司法调解、行业调解以及专业机构调解。

(三)仲裁

仲裁是当事人根据在纠纷发生前或纠纷发生后达成的协议,自愿将纠纷提交第三方(仲裁机构)做出裁决,纠纷各方都有义务执行该裁决的一种解决纠纷的方式。仲裁机构和法院不同。法院行使国家所赋予的审判权,向法院起诉不需要双方当事人在诉讼前达成协议,只要一方当事人向有审判管辖权的法院起诉,经法院受理后,另一方必须应诉。仲裁机构通常是民间团体的性质,其受理案件的管辖权来自双方协议,没有协议就无权受理仲裁。但是,有效的仲裁协议可以排除法院的管辖权;纠纷发生后,一方当事人提起仲裁的,另一方应当通过仲裁程序解决纠纷。

根据 1994 年 8 月颁布的《中华人民共和国仲裁法》(以下简称《仲裁法》)规定,该法的调整范围仅限于民商事仲裁,即"平等主体的公民、法人和其他组织之间发生的合同纠纷和其他财产权纠纷";劳动争议仲裁和农业集体经济组织内部的农业承包合同纠纷的仲裁不受《仲裁法》的调整,依法应当由行政机关处理的行政争议等不能仲裁。仲裁的基本特点如下。

1. 自愿性

当事人的自愿性是仲裁最突出的特点。仲裁是最能充分体现当事人意思自治原则的争议解决方式。仲裁以当事人的自愿为前提,即是否将纠纷提交仲裁,向哪个仲裁委员会申请仲裁,仲裁庭如何组成,仲裁员的选择,以及仲裁的审理方式、开庭形式等,都是在当事人自愿的基础上,由当事人协商确定的。

2. 专业性

专家裁案,是民商事仲裁的重要特点之一。民商事仲裁往往涉及不同行业的专业知识,如建设工程纠纷的处理不仅涉及与工程建设有关的法律法规,还常常需要运用大量的工程造价、工程质量方面的专业知识,以及熟悉建筑业自身特有的交易习惯和行业惯例。仲裁机构的仲裁员是来自各行业具有一定专业水平的专家,精通专业知识、熟悉行业规则,对公正高效处理纠纷,确保仲裁结果公正,发挥着关键作用。

3. 独立性

《仲裁法》规定,仲裁委员会独立于行政机关,与行政机关没有隶属关系。仲裁委员会之间也没有隶属关系。

在仲裁过程中,仲裁庭独立进行仲裁,不受任何行政机关、社会团体和个人的干涉,也不受其他仲裁机构的干涉,具有独立性。

4. 保密性

仲裁以不公开审理为原则。同时,当事人及其代理人、证人、翻译、仲裁员、仲裁庭咨询的专家和指定的鉴定人、仲裁委员会有关工作人员也要遵守保密义务,不得对外界透露案件实体和程序的有关的情况,因此可以有效地保护当事的商业秘密和商业信誉。

5. 快捷性

仲裁实行一裁终局制度,仲裁裁决一经做出即发生法律效力。仲裁裁决不能上诉,这使得当事人之间的纠纷能够迅速得以解决。

6. 裁决在国际上得到承认和执行

根据《承认和执行外国仲裁裁决公约》(也简称《纽约公约》),仲裁裁决可以在其缔约国得到承认和执行。该公约已于 1987 年 4 月 22 日对中国生效。

(四)诉讼

民事诉讼是指人民法院在当事人和其他诉讼参与人的参加下,以审理、裁判、执行等方式解决民事纠纷的活动,以及由此产生的各种诉讼关系的总和。诉讼参与人包括原告、被告、第三人、证人、鉴定人、勘验人等。

在我国,2012年8月经修改后公布的《中华人民共和国民事诉讼法》(以下简称《民事诉讼法》)是调整和规范法院及诉讼参与人的各种民事诉讼活动的基本法律。民事诉讼的基本特征如下。

1. 公权性

民事诉讼是由人民法院代表国家意志行使司法审判权,通过司法手段解决平等民事主体之间的纠纷。在法院主导下,诉讼参与人围绕民事纠纷的解决,进行着能产生法律后果的活动。它既不同于群众自治组织性质的人民调解委员会以调解方式解决纠纷,也不同于由民间性质的仲裁委员会以仲裁方式解决纠纷。

民事诉讼主要是法院与纠纷当事人之间的关系,但也涉及其他诉讼参与人,包括证人、鉴定人、翻译人员、专家辅助人员、协助执行人等;在诉讼和解时还表现为纠纷当事人之间的关系。

2. 程序性

民事诉讼是依照法定程序进行的诉讼活动,无论是法院还是当事人和其他诉讼参与人,都需要严格按照法律规定的程序和方式实施诉讼行为,违反诉讼程序常常会引起一定的法律后果或者达不到诉讼目的,如法院的裁判被上级法院撤销,当事人失去为某种诉讼行为的权利等。

民事诉讼分为一审程序、二审程序和执行程序三大诉讼阶段。并非每个案件都要经过这三个阶段,有的案件一审就终结,有的经过二审终结,有的不需要启动执行程序。但如果案件要经历诉讼全过程,就要按照上述顺序依次进行。

3. 强制性

强制性是公权力的重要属性。民事诉讼的强制性既表现在案件的受理上,又反映在裁判的执行上。调解、仲裁均建立在当事人自愿的基础上,只要有一方当事人不愿意进行调解、仲裁,则调解和仲裁将不会发生。但民事诉讼不同,只要原告的起诉符合法定条件,无论被告是否愿意,诉讼都会发生。此外,和解、调解协议的履行依靠当事人的自觉,不具有强制执行的效力,但法院的裁判则具有强制执行的效力,一方当事人不履行生效判决或裁定,另一方当事人可以申请法院强制执行。

除上述四种民事纠纷解决方式外,由于建设工程活动及其纠纷的专业性、复杂性,我国在建设工程法律实践中还在探索其他解决纠纷的新方式,如争议评审机制。

三、行政纠纷的法律解决途径

行政纠纷的法律解决途径主要有两种,即行政复议和行政诉讼。

(一)行政复议

行政复议是公民、法人或其他组织(作为行政相对人)认为行政机关的具体行政行为侵犯其合法权益,依法请求法定的行政复议机关审查该具体行政行为的合法性、适当性,该复议机关依照法定程序对该具体行政行为进行审查,并作出行政复议决定的法律制度。这是公民、法人或其他组织通过行政救济途径解决行政争议的一种方法。

行政复议的基本特点:(1)提出行政复议的,必须是认为行政机关行使职权的行为侵犯其合法权益的公民、法人和其他组织;(2)当事人提出行政复议,必须是在行政机关已经做出行政决定之后,如果行政机关尚未做出决定,则不存在复议问题。复议的任务是解决行政争议,而不是解决民事或其他争议;(3)当事人对行政机关的行政决定不服,只能按照法律规定向有行政复议权的行政机关申请复议;(4)行政复议以书面审查为主,以不调解为原则。行政复议的结论做出后,即具有法律效力。只要法律未规定复议决定为终局裁决的,当事人对复议决定不服的,仍可以按《行政诉讼法》的规定,向人民法院提请诉讼。

(二)行政诉讼

行政诉讼是公民、法人或其他组织依法请求法院对行政机关行政行为的合法性进行审查并依法裁判的法律制度。2014 年 11 月经修改后公布的《中华人民共和国行政诉讼法》(以下简称《行政诉讼法》)规定,公民、法人或者其他组织认为行政机关和行政机关工作人员的行政行为侵犯其合法权益,有权依照本法向人民法院提起诉讼。

行政诉讼的主要特征:(1)行政诉讼是法院解决行政机关实施行政行为时与公民、法人或其他组织发生的争议;(2)行政诉讼为公民、法人或其他组织提供法律救济的同时,具有监督行政机关依法行政的功能;(3)行政诉讼的被告与原告是恒定的,即被告只能是行政机关,原告则是作为行政行为相对人的公民、法人或其他组织,而不可能互易诉讼身份。除法律、法规规定必须先申请行政复议的以外,行政纠纷当事人可以自主选择申请行政复议还是提起行政诉讼。行政纠纷当事人对行政复议决定不服的,除法律规定行政复议决定为最终裁决的以外,可以依照《行政诉讼法》的规定向人民法院提起行政诉讼。

练习与思考题

1. 我国法律体系的基本框架是什么?
2. 我国法律的形式分为哪几种类型,分别是由哪些部门制定的?
3. 建设工程的法律责任包括哪些种?
4. 不需要办理施工许可证的项目有哪些?
5. 企业应当按照哪些条件申请建筑业企业资质?
6. 建筑业企业资质分为哪些?
7. 必须招标的工程有哪些?
8. 建设工程必须招标的规模标准是什么?
9. 可以不进行招标的项目有哪些?
10. 招标的方式有哪些?
11. 投标文件包括哪些内容?
12. 投标保证金应该缴纳多少?
13. 合同包括哪些内容?
14. 民事纠纷的法律解决途径有哪几种办法?

第三章　流水施工组织

第一节　流水施工基本原理

一、建筑安装工程施工组织方式

在组织多幢房屋或将一幢房屋分成若干个施工区段以及多台设备同时安装进行施工的时候，可采用依次施工、平行施工和流水施工三种组织方式。这三种施工组织方式的概念、特点分述如下。

（一）依次施工

依次施工也称顺序施工，就是按照施工组织先后顺序或施工对象工艺先后以及一台设备施工过程的先后顺序，由施工班组一个施工过程接一个施工过程连续进行施工的一种方式。它是一种最原始、最古老的作业方式，也是最基本的作业方式，它是由生产的客观情况决定的。任何施工生产都必须按照客观要求的顺序，有步骤地进行。没有前一施工过程创造的条件，后面的施工过程就无法继续进行。依次施工通常有以下两种安排方式。

1. 按设备（或施工段）依次施工

这种方式是在一台设备各施工过程完成后，再依次完成其他设备各施工过程的组织方式。例如4台型号、规格完全相同的设备需要安装，每台设备可划分为二次搬运、现场组对、安装就位和调试运行4个施工过程。每个施工过程所需班组人数和工作持续时间为二次搬运10人4天；现场组对8人4天；安装就位10人4天；调试运行5人4天。其施工进度安排如图3-1所示。图3-1中进度表下面的曲线称为劳动力消耗曲线，其纵坐标为每天施工人数，横坐标为施工进度（天）。

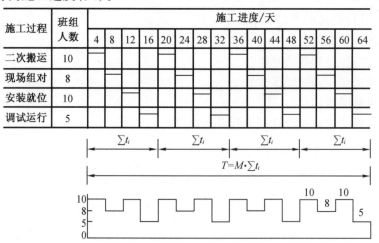

图 3-1　按设备（或施工段）依次施工

若用 t_i 表示完成一台设备某施工过程所需工作持续时间,则完成该台设备各施工过程所需时间为 $\sum t_i$,则完成 M 台设备所需时间为

$$T = M \cdot \sum t_i$$

2. 按施工过程依次施工

这种方式是在完成每台设备的第一个施工过程后,再开始第二个施工过程的施工,直至完成最后一个施工过程的组织方式。仍按前例,其施工进度安装如图 3 - 2 所示。这种方式完成 M 台设备所需时间与前一种相同,但每天所需的劳动力消耗不同。

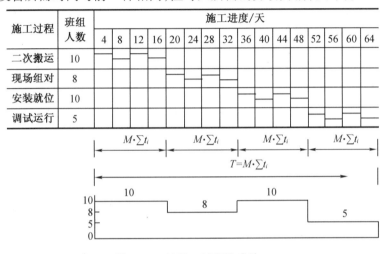

图 3 - 2　按施工过程依次施工

从图 3 - 1 和图 3 - 2 中可以看出:依次施工的最大优点是每天投入劳动力较少,机具、设备和材料供应单一,施工现场管理简单,便于组织和安排。当工程规模较小时,施工工作面又有限时,依次施工是适用的,也是常见的。

依次施工的缺点也很明显:按设备依次施工虽然能较早地完成一台设备的安装任务,但各班组施工及材料供应无法保持连续和均衡,工人有窝工现象。按施工过程依次施工时,各班组虽然能连续施工,但不能充分利用工作面,完成每台设备的时间较长。由此可见,采用依次施工工期较长,不能充分利用时间和空间,在组织安排上不尽合理,效率较低,不利于提高工程质量和提高劳动生产率。

(二)平行施工

平行施工是指所有工程对象同时开工,同时竣工。在施工中,同工种的 M 班组同时在各个施工段上进行着相同的施工过程。按前例的条件,其施工进度安排和劳动力消耗曲线如图 3 - 3 所示。

从图 3 - 3 可知,完成 4 台设备所需时间等于完成一台设备的时间,即

$$T = \sum t_i$$

平行施工的优点是能充分利用工作面,施工工期最短。但由于施工班组数成倍增加,机具设备、材料供应集中,临时设施相应增加,施工现场的组织管理比较复杂,各施工班组完成施工任务后,可能出现窝工现象,不能连续施工。平行施工一般适用于工期较紧、大规

模建筑群及分期分批组织施工的工程任务。这种施工只有在各方面的资源供应有保障的前提下,才是合理的。

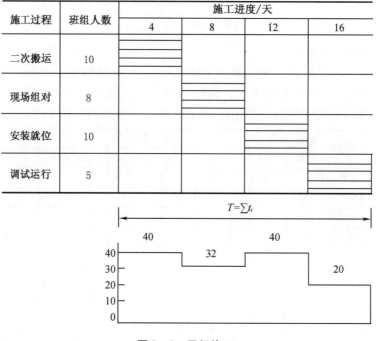

图 3-3 平行施工

(三)流水施工

流水施工是将安装工程划分为工程量相等或大致相等的若干个施工段,然后根据施工工艺的要求将各施工段上的工作划分成若干个施工过程,组建相应专业的施工队组(班组),相邻两个施工队组按施工顺序相继投入施工,在开工时间上最大限度地、合理地搭接起来的施工组织方式。每个专业队组完成一个施工段上的施工任务后,依次地连续地进入下一个施工段,完成相同的施工任务,保证施工在时间上和空间上有节奏地、均衡地、连续地进行下去。

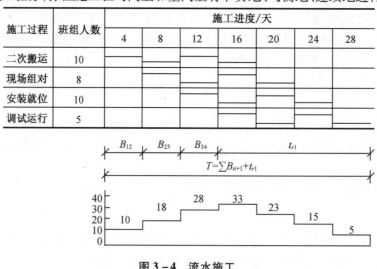

图 3-4 流水施工

图 3-4 为前例采用流水施工的进度安排和劳动力消耗曲线。从图 3-4 中可以看出流水施工所需总时间比依次施工短,各施工过程投入的劳动力比平行施工少,各施工班组能连续地、均衡地施工,前后施工过程尽可能平行搭接施工,比较充分利用了工作面。它吸收了依次施工和平行施工的优点,克服了两者的缺点。它是在依次施工和平行施工的基础上产生的,是一种以分工为基础的协作。

二、流水施工的技术经济效果

流水施工是在依次施工和平行施工的基础上产生的,它既克服了依次施工、平行施工的缺点,又具有它们两者的优点,流水施工是一种先进的、科学的施工组织方式,其显著的技术、经济效果,可以归纳为以下几点。

1. 施工工期短,能早日发挥基本建设投资效益

流水施工能够合理地、充分地利用施工工作面,加快工程进度,从而有利于缩短工期,可使拟建工程项目尽早竣工,交付使用或投产,发挥工程效益和社会效益。

2. 提高工人的技术水平,提高劳动生产率

流水施工使施工队组实现了专业化生产。工人连续作业,操作熟练,有利于不断改进操作方法和机具,有利于技术革新和技术革命,从而使工人的技术水平和生产率不断提高。

3. 提高工程质量,延长建筑安装产品的使用寿命

由于实现了专业化生产,工人技术水平高,各专业队之间搭接作业,互相监督,可提高工程质量,延长使用寿命,减少使用过程中的维修费用。

4. 有利于机械设备的充分利用和提高劳动力和生产效率

各专业队组按预定时间完成各个施工段上的任务。施工组织合理,没有频繁调动的窝工现象。在有节奏的、连续的流水施工中,施工机械和劳动力的生产效率都得以充分发挥。

5. 降低工程成本,提高经济效益

流水施工资源消耗均衡,便于组织供应,储存合理、利用充分,减少不必要的损耗,减少高峰期的人数,减少临时设施费和施工管理费。降低工程成本,提高施工企业的经济效益。

三、组织流水施工的条件与步骤

(一)组织流水施工的条件

1. 划分分部分项工程

首先将拟建工程,根据工程特点及施工要求,划分为若干个分部工程;其次按照工艺要求、工程量大小和施工队组的情况,将各分部工程划分为若干个施工过程(分项工程)。

2. 划分工程量(或劳动量)相等或大致相等的若干个施工空间(区段)

根据组织流水施工的需要,将拟建工程在平面上或空间上,划分为工程量大致相等的若干个施工段。

3. 各个施工过程组织独立的施工队组进行施工

在一个流水施工中,每个施工过程尽可能组织独立的施工队组,其形式可以是专业队组,也可以是混合队组。这样可使每个施工队组按施工顺序,依次地、连续地、均衡地从一个施工段转移到另一个施工段进行相同的操作。

4.安排主要施工过程进行连续、均衡地施工

对工程量较大、施工时间较长的施工过程,必须组织连续、均衡施工;对其他次要施工过程,可考虑与相邻的施工过程合并。如不能合并,为缩短工期,可安排间断施工。

5.不同的施工过程按施工工艺要求,尽可能组织平行搭接施工。

根据施工顺序,不同的施工过程,在有工作面的条件下,除必要的技术和组织间歇时间外,应尽可能组织平行搭接施工。

(二)组织流水施工步骤

1.选择流水施工的工程对象,划分施工段。

2.划分施工过程,组建专业队组。

3.确定安装工程的先后顺序。

4.计算流水施工参数。

5.绘制施工进度图表。

四、流水施工的分级和表达形式

(一)流水施工的分级

根据流水施工的组织范围划分。

1.分项工程流水施工

分项工程流水施工也称为细部流水施工。它是指组织一个施工过程的流水施工,是组织工程流水施工中范围最小的流水施工。

2.分部工程流水施工

分部工程流水施工也称为专业流水施工。它是一个分部工程内各施工过程流水的工艺组合,是组织单位工程流水施工的基础。

3.单位工程流水施工

单位工程流水施工也称为综合流水施工。它是分部工程流水的扩大的组合,是建立在分部工程流水的基础上的。

4.群体工程流水施工

群体工程流水施工也称为大流水施工。它是单位工程流水施工的扩大,是建立在单位工程流水施工的基础之上。

(二)流水施工的表达形式

1.横道图

流水施工常用横道图表示,横道图也叫作甘特图,如图3-4所示。其左边列出各施工过程的名称及班组人数,右边用水平线段在时间坐标下画出施工进度。

2.斜线图

图3-5所示为图3-4所示流水施工的斜线图表达形式,这与横道图表达的内容是一致的。在斜线图中,左边列出各施工段,右边用斜线在时间坐标下画出施工进度,每条斜线表示一个施工过程。

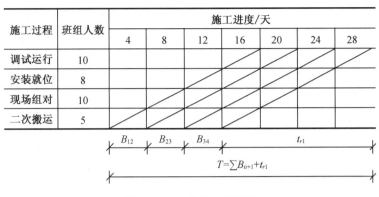

图 3 - 5　流水施工斜线图

3．网络图

网络图的表达方式，详见第四章。

第二节　流水施工的基本参数

一、空间参数

空间参数就是以表达流水施工在空间布置上所处状态的参数。空间参数主要有施工段和工作面两种。

（一）工作面 A（工作前线 L）

工作面是指供给专业工人或机械进行作业的活动空间，也称为工作前线。根据施工过程不同，它可以用不同的计量单位表示。例如管、线安装按延长米（m）计量，机电设备安装按平方米（m^2）等计量。施工对象工作面的大小，表明安置作业的人数或机械台数的多少。每个作业的人或每台机械所需工作面的大小是根据相应工种单位时间内的产量定额、建筑安装操作规程和安全规程等的要求来确定的。通常前一施工过程结束，就为后一施工过程提供了工作面。工作面确定的合理与否，将直接影响到专业队组的生产效率，因此必须满足其合理工作面的规定。有关工种的工作面见表 3 - 1。

表 3 - 1　主要工种工作面参考数据表

工作项目	每个技工的工作面	说　明
钢筋混凝土柱	2.45 m^3/人	现浇、机拌、机捣
钢筋混凝土梁	3.20 m^3/人	现浇、机拌、机捣
钢筋混凝土墙	5 m^3/人	现浇、机拌、机捣
钢筋混凝土楼板	5.3 m^3/人	现浇、机拌、机捣
混凝土设备基础	7 m^3/人	现浇、机拌、机捣
混凝土基础	8 m^3/人	现浇、机拌、机捣

表 3 - 1(续)

工作项目	每个技工的工作面	说　明
混凝土地平及面层	40 m²/人	现浇、机拌、机捣
门窗安装	11 m²/人	
砖基础	7.6 m/人	以 36 墙计,2 砖乘以 0.8,3 砖乘以 0.55
砌砖墙	8.5 m/人	以 24 墙计,36 砖乘以 0.71,2 砖乘以 0.57
毛石基础	3 m/人	以 600 mm 厚
毛石墙	3.3 m/人	以 400 mm 厚
外墙抹灰	16 m²/人	
内墙抹灰	18.5 m²/人	

（二）施工段 m

在组织流水施工时,通常把施工对象在平面上或空间上划分成若干个劳动量大致相等的区段,称为施工段。一般用 m 表示施工段的数目。

划分施工段的目的是为了组织流水施工。在保证工程质量的前提下,为专业工作队确定合理的空间或平面活动范围,使其按流水施工的原理,集中人力、物力,迅速地、依次地、连续地完成各施工段的任务,为相邻专业工作队尽早地提供工作面,达到缩短工期的目的。避免出现等待、停歇现象,互不干扰。一般情况下,一个施工段在同一时间内,只能容纳一个专业班组施工。

施工段的划分,在不同的分部工程中,可以采用相同或不同的划分方法。在一般情况下,同一分部工程中,最好采用统一段数。为了使施工段划分得更科学、合理,通常应遵循以下原则。

1. 各施工段的工程量（或劳动量）要大致相等,其相差幅度不宜超过 10% ~ 15% ,以保证各施工队组连续、均衡地施工。

2. 施工段的划分界限应与施工对象的结构界限或空间位置（单台设备、生产线、车间、管线单元体系等）相一致,以保证施工质量和不违反操作规程要求为前提。

3. 各施工段应有足够的工作面,以利于达到较高的劳动生产率。

4. 施工段的数目要满足合理流水施工组织的要求。施工段数目过多,会减慢施工速度,延长工期;施工段过少,不利于充分利用工作面。当分层施工时施工段数 m 与各施工段的施工过程数 n 满足: $m \geq n$ 。

二、工艺参数

工艺参数是指在组织流水施工时,用以表达流水施工在施工工艺上开展顺序及其特征的参数;也就是将拟建工程项目的整个建造过程分解为施工过程的种类、性质和数目的总称。通常,工艺参数包括施工过程数和流水强度两种。

（一）施工过程数 n

1. 施工过程的分类

（1）制备类施工过程

为了提高建筑产品的装配化、工厂化、机械化和生产能力而形成的施工过程称为制备类施工过程。它一般不占施工对象的空间,不影响项目总工期,因此在项目施工进度表上不表示;只有当其占有施工对象的空间并影响项目总工期时,在项目施工进度表上才列入。如砂浆、混凝土、构配件、门窗框扇等的制备过程。

(2)运输类施工过程

将建筑材料、构配件、(半)成品、制品和设备等运到项目工地仓库或现场操作使用地点而形成的施工过程称为运输类施工过程。它一般不占施工对象的空间,不影响项目总工期,通常不列入施工进度计划中;只有当其占有施工对象的空间并影响项目总工期时,才被列入进度计划中。

(3)安装砌筑类施工过程

在施工对象空间上直接进行加工,最终形成建筑产品的施工过程称为安装砌筑类施工过程。它占有施工空间,同时影响项目总工期,必须列入施工进度计划中。

安装砌筑类施工过程按其在项目生产中的作用不同可分为主导施工过程和穿插施工过程;按其工艺性质不同可分为连续施工过程和间断施工过程;按其复杂程度可分为简单施工过程和复杂施工过程。

2. 施工过程划分的影响因素

施工过程是对建筑安装施工从开工到竣工整个建造过程的统称。组织流水施工时,首先应将施工对象划分为若干个施工过程。施工过程所包含的施工内容可繁可简。可以是单项工程、单位工程,也可以是分部工程、分项工程。在指导单位工程流水施工时,一般工过程指分项工程,其名称和工作内容与现行的有关定额相一致。施工过程划分的数目多少、粗细程度一般与下列因素有关。

(1)施工进度计划的性质和作用

对工程施工控制性计划、长期计划,其施工过程划分粗些,综合性大些,一般划分至单位工程或分部工程。对中小型单位工程进度计划、短期计划,其施工过程可划分得细些、具体些。例如安装一台设备可作为一个施工过程,也可以划分为二次搬运、现场组装、安装就位和调试运行四个施工过程。其中二次搬运还可以分成搬运机械设备、仓库检验、吊装、平面运输、卸车等施工过程。

(2)施工方案及工程结构

施工方案及工程结构的不同,施工过程的划分也不同。如安装高塔设备,采用空中组对焊接或地面组焊整体吊装的施工方法不同,施工过程的先后顺序、数目和内容也不同。

(3)劳动组织及劳动量大小

施工过程的划分与施工队组及施工习惯有关。如除锈、刷漆施工,可合也可分,因有些班组是混合班组,有些班组是单一工种班组,凡是同一时期由同一施工队进行施工的施工过程可能合并在一起,否则就应分列。如设备的二次搬运,虽有几个施工过程,但都在同一时期,并且都由起重、搬运队组来进行的,就可以合并为一个施工过程。进行塔罐设备的现场组对,如果涉及焊接、保温、油漆等施工过程,而这些施工过程分别由不同的施工队组来完成时,应该把这些施工过程分别列出,以便在施工组织中真实地反映这些专业队组之间的搭接关系。施工过程的划分还与劳动量的大小有关。劳动量小的施工过程,组织流水施工有困难,可与其他施工过程合并。这样可使各个施工过程的劳动量大致相等,便于组织流水施工。

(4)劳动内容和范围

施工过程的划分与其劳动内容和范围有关。如直接在施工现场的工程对象上进行的劳动过程,可以划入流水施工过程,如安装砌筑类施工过程;而场外劳动内容,如预制加工、运输等,可以不划入流水施工过程。一般小型设备安装,施工过程 n 可限 5 个左右,没有必要把施工过程分得太细、太多,给计算增添麻烦,使施工班组不便组织;也不能太少、过粗,那样将过于笼统,失去指导作用。施工过程数 n 与施工段数 m 是互相联系的,也是相互制约的,决定时应统筹考虑。

(二)流水强度 V

流水强度又称流水能力与生产能力。它表示某一施工过程在单位时间内所完成的工程量。它主要与选择的机械或参加作业的人数有关。

1. 机械施工过程的流水强度

$$V_i = \sum_{j=1}^{x} R_{ij} \cdot S_{ij} \quad (i = 1,2,3,\cdots,n)$$

式中　R_{ij}——投入施工过程 i 的某种施工机械台数;

　　　S_{ij}——投入施工过程 i 的某种施工机械产量定额;

　　　x——投入施工过程 i 的施工机械种类数。

2. 人工施工过程的流水强度

$$V_i = R_i \cdot S_i$$

式中　R_i——投入施工过程 i 的专业工作队工人数(应小于工作面上允许容纳的最多人数);

　　　S_i——投入施工过程 i 的专业工作队平均产量定额(每个工人每班产量定额)。

已知施工过程的工程量和流水强度就可以计算施工过程的持续时间;或者已知施工过程的工程量和计划完成的时间,就可以计算出流水强度,为参加流水施工的施工队组装备施工机械和配备工人人数提供依据。

【例 3 - 1】 某安装工程,有运输工程量 27 200 t·km。施工组织时,按四个施工段组织流水施工,每个施工段的运输工程量大致相等。使用解放牌汽车、黄河牌汽车和平板拖车 10 天内完成每一施工段上的二次搬运任务。已知解放牌汽车、黄河牌汽车及平板拖车的台班生产率分别为 $S_1 = 40$ t·km,$S_2 = 64$ t·km,$S_3 = 240$ t·km,并已知该施工单位有黄河牌汽车 5 台、平板拖车 1 台可用于施工,问尚需解放牌汽车多少台?

【解】 因为此工程划分为四个施工段组织流水施工,每一段上的运输工程量为

$$Q = 27\ 200 \div 4 = 6\ 800 \text{ t·km}$$

流水强度为　　　　　　　$V = 6\ 800 \div 10 = 680 \text{ t·km/d}$

设需要用解放牌汽车 R_1 台,则

$$V_i = \sum_{i=1}^{x} R_i \cdot S_i = R_1 \cdot S_1 + R_2 \cdot S_2 + R_3 \cdot S_3$$

$$680 = R_1 \times 40 + 5 \times 64 + 1 \times 240$$

$$R_1 = 3 \text{ 台}$$

所以根据以上施工组织,该施工单位尚需配备 3 台解放牌汽车。

三、时间参数

时间参数是流水施工中反映施工过程在时间排列上所处状态的参数,一般有流水节拍、流水步距、平行搭接时间、工艺间歇时间、组织间歇时间和工期等。

(一)流水节拍

流水节拍是指从事某一施工过程的施工班组在一个施工段上完成施工任务所需的时间,用符号 K_i 来表示($i = 1, 2, \cdots, n$)。流水节拍的大小直接关系着投入劳动力、机械和材料的多少,决定着施工速度和节奏,因此合理确定流水节拍,对组织流水施工具有十分重要的意义。

1. 影响流水节拍的大小的主要因素

(1)任何施工,对操作人数组合都有一定限制。流水节拍大时,所需专业队(组)人数要少,但操作人数不能小于工序组合的最少人数。

(2)每个施工段为各施工过程提供的工作面是有限的。当流水节拍小时,所需专业队(组)人数要多,而专业队组的人数多少是受工作面限制的,所以流水节拍确定,要考虑各专业队组有一定操作面,以便充分发挥专业队组的劳动效率。

(3)在建筑安装工程中,有些施工工艺受技术与组织间歇时间的限制。如设备涂刷底漆后,必须经过一定的干燥时间,才能涂面漆,等待干燥的时间称为工艺间歇时间。再如一些隐蔽工程检验,焊接检验所需的停顿时间,称为组织间歇时间,因此流水节拍的长短与技术、组织间歇时间有关。

(4)材料、构件的储存与供应,施工机械的运输与起重能力等,均对流水节拍有影响。

(5)确定一个分部工程各施工过程的流水节拍时,首先应考虑主要的、工程量大的施工过程的节拍,其次确定其他施工过程的节拍值。

(6)节拍一般取整数,必要时可保留 0.5 天的(台班)的小数值。

总之,确定流水节拍是一项复杂工作,它与施工段数、专业队数、工期时间等因素有关,在这些因素中,应全面综合、权衡,以解决主要矛盾为中心,力求确定一个较为合理的流水节拍。

2. 流水节拍的计算方法

$$K_i = \frac{P_i}{(R_i \cdot b)} = \frac{Q_i}{(S_i \cdot R_i \cdot b)}$$

或

$$K_i = \frac{P_i}{(R_i \cdot b)} = \frac{Q_i \cdot H_i}{(R_i \cdot b)}$$

式中　K_i——某施工过程的流水节拍;

P_i——在一个施工阶段上完成某施工过程所需的劳动量(工日数)或机械台班量(台班数);

R_i——某施工过程的施工班组人数或机械台数;

b——每天工作班数;

Q_i——某施工过程在某施工段上的工程量;

S_i——某施工过程的每工日(或每台班)产量定额;

H_i——某施工过程采用的时间定额。

上式是根据工地现有施工班组人数或机械台数以及能够达到的定额水平来确定流水节拍的,在工期规定的情况下,也可以根据工期要求先确定流水节拍,然后应用上式求出所需的施工班组人数或机械台数。显然,在一个施工段上工程量不变的情况下,流水节拍越小,则所需施工班组人数和机械台数就越多。

在确定施工队班组人数或机械台数时,必须检查劳动力、机械和材料供应的可能性,必须核实工作面是否足够等。如果工期紧,大型施工机械或工作面受限时,就应考虑增加工作班次,即由一班工作改为两班或三班工作,以解决机械和工作面的有效利用问题。

(二)流水步距

流水步距是指两个相邻的施工过程(或施工队组)先后进入同一施工段施工的时间间隔。一般以 $B_{i,i+1}$ 表示。它是流水施工的基本参数之一,流水步距的大小,对工期有着较大的影响。在施工段不变的条件下,流水步距越大,工期越长;流水步距越小,工期越短。流水步距与前后两个相邻施工段的流水节拍的大小、施工工艺技术要求、是否有工艺和组织间歇时间、施工段数、流水施工组织方式等有关。确定流水步距的原则如下:

1. 主要施工队联系施工的需要。流水步距的最小长度,必须使主要施工专业队组进场以后,不发生停工、窝工现象。

2. 施工工艺的要求。保证每个施工段的正常作业程序,不发生前一个施工过程尚未全部完成,而后一施工过程提前介入的现象。

3. 最大限度搭接的要求。流水步距要保证相连两个专业队在开工时间上最大限度地、合理地搭接。

4. 要保证工程质量,满足安全生产、成品能保护的要求。

确定流水步距的方法如下:

1. 根据专业工作队在各施工段上的流水节拍,求累加数列。

2. 根据施工顺序,对所求相邻的两累加数列,错位相减。

3. 根据错位相减的结果,确定相邻专业工作队之间的流水布距,即相减结果中数值最大者。

【例3-2】 某项目有四个施工过程组成,分别由四个专业工作队完成,在平面上划分成四个施工段,每个专业工作队在各施工段上的流水节拍如表3-2所示。试确定相邻专业工作队之间的流水布距。

表3-2 各施工段上的流水节拍

工作队 \ 施工段	1	2	3	4
A	4	2	3	2
B	3	4	3	4
C	3	2	2	3
D	2	2	1	2

【解】

(1)求个专业工作对的累加数列

A:4,6,9,11

B:3,7,10,14

C:3,5,7,10

D:2,4,5,7

(2)错位相减

A 与 B：

```
        4,  6,   9,   11
    -       3,   7,   10,   14
    ─────────────────────────
        4,  3,   2,   1,  -14
```

B 与 C：

```
        3,  7,  10,  14
    -       3,   5,   7,   10
    ─────────────────────────
        3   4   5   7   -10
```

C 与 D：

```
        3,  5,   7,  10
    -       2,   4,   5,    7
    ─────────────────────────
        3   3   3   5   -7
```

(3)求流水布距

因流水布距等于错位相减所得结果中数值最大者,故有

$$K_{A,B} = \max\{4,3,2,1,-14\} = 4 \text{ 天}$$

$$K_{B,C} = \max\{3,4,5,7,-10\} = 7 \text{ 天}$$

$$K_{C,D} = \max\{3,3,3,5,-7\} = 5 \text{ 天}$$

（三）平行搭接时间

在组织流水施工时,有时为了缩短工期,在工作面允许的条件下,如果前一个专业工作队完成部分施工任务后,能够提前为后一个专业工作队提供工作面,使后者提前进入前一个施工段,两者在同一施工段上平行搭接施工,这个搭接的时间称为平行搭接时间,通常用 $C_{i,i+1}$ 表示。

（四）工艺间歇时间

工艺间歇时间是指流水施工中某些施工过程完成后需要有合理的工艺间歇(等待)时间。工艺间歇时间与材料的性质和施工方法有关。如设备基础,在浇筑混凝土后,必须经过一定的养护时间,使基础达到一定强度后才能进行设备安装;又如设备涂刷底漆后,必须经过一定的干燥时间,才能涂面漆等。工艺间歇时间通常用 $G_{i,i+1}$ 表示。

(五)组织间歇时间

组织间歇时间是指流水施工中某些施工过程完成后要有必要的检查验收或施工过程准备时间。如一些隐蔽工程的检查、焊缝检验等。通常用 $Z_{i,i+1}$ 表示。

工艺间歇时间和组织间歇时间,在流水施工设计时,可以分别考虑,也可以一并考虑,或考虑在流水节拍及流水步距之中,但它们是不同的概念,其内容和作用也是不一样的,灵活运用工艺间歇时间和组织间歇时间,对简化流水施工组织有特殊的作用。

(六)工期

工期是指完成一项工程任务或一个流水组施工所需的时间。一般用下式计算

$$T = \sum B_{i,i+1} + t_n + \sum G_{i,i+1} + \sum Z_{i,i+1} - \sum C_{i,i+1}$$

式中 T——流水施工工期;

$\sum B_{i,i+1}$ ——流水施工中各流水步距的总和;

t_n——最后一个施工过程在各个施工段上持续时间的总和,$t_n = K_{n1} + K_{n2} + \cdots + K_{nm}$,$m$ 为施工段数;

$\sum C_{i,i+1}$ ——流水施工中所有平行搭接时间的总和;

$\sum G_{i,i+1}$ ——流水施工中所有工艺间歇时间的总和;

$\sum Z_{i,i+1}$ ——流水施工中所有组织间歇时间的总和。

第三节 流水施工组织及计算

在流水施工中,流水节拍的规律不同,流水施工的步距、施工工期的计算方法也不同,有时甚至影响各个施工过程成立专业队组的数目。流水施工中要求有一定的节拍,才能步调和谐,配合得当。流水施工的节奏是由流水节拍所决定的。由于安装工程的多样性,各分部分项工程量差异较大,要使所有的流水施工都组织统一的流水节拍是很有困难的。在多数情况下,各施工过程的流水节拍不一定相等,甚至一个施工过程本身在各施工段上的流水节拍也不相等,因此形成了不同节奏特征的流水施工。

在节奏性流水施工中,根据各施工过程之间流水节拍的特征不同,流水施工分类如图3-6所示。

流水施工分为无节奏流水施工和有节奏流水施工两大类。

有节奏流水施工是指在组织流水施工时,每一项施工过程在各个施工段上的流水节拍都各自相等,又可分为等节奏流水施工和异节奏流水施工。

等节奏流水施工是指有节奏流水施工中,各施工过程之间的流水节拍都各自相等,也称为固定节拍流水施工或全等节拍流水施工。

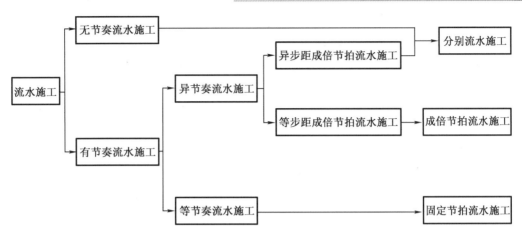

图 3 - 6　流水施工按流水节拍和流水步距的分类图

异节奏流水施工是指有节奏流水施工中,各施工过程的流水节拍各自相等而不同施工过程之间的流水节拍不尽相等。通常存在两种组织方式,即异步距成倍节拍流水施工和等步距成倍节拍流水施工。等步距成倍节拍流水施工是按各施工过程流水节拍之间的比例关系,成立相应数量的专业施工队,进行流水施工,也称为成倍节拍流水施工。当异节奏流水施工,各施工过程的流水步距不尽相同时,其组织方式属于分别流水施工组织的范畴,与无节奏流水施工相同。

无节奏流水施工是指在组织流水施工时,全部或部分施工过程在各个施工段上的流水节拍各不相等。

在建筑工程流水施工中,常见的、基本的组织方式归纳为固定节拍流水施工、成倍节拍流水施工和分别流水施工。

一、固定节拍流水施工

固定节拍流水施工是指各个施工过程在各施工段上的流水节拍全部相等的一种流水施工,也称全等节拍流水施工。它用于各种建筑安装工程的施工组织,特别是安装多台相同设备或管、线施工时,用这种组织施工效果较好。

(一)流水特征

1.各施工过程的流水节拍相等,如果有 $i = 1,2,3,\cdots,n$ 个施工过程,在 $j = 1,2,3,\cdots,m$ 个施工段上开展流水施工,则

$$K_{11} = K_{12} = \cdots = K_{ij} = K_{mn} = K$$

式中　K_{11}——第 1 个施工过程在第 1 个施工段上的流水节拍;

K_{12}——第 1 个施工过程在第 2 个施工段上的流水节拍;

K_{ij}——第 i 个施工过程在第 j 个施工段上的流水节拍;

K_{nm}——第 n 个施工过程在第 m 个施工段上的流水节拍;

K——常数。

2.流水步距相等。由于各施工过程流水节拍相等,相邻两个施工过程的流水步距就等于一个流水节拍,即

$$B_{1,2} = B_{2,3} = \cdots = B_{i,i+1} = B_{n-1,n} = K$$
$$B_{12} = B_{23} = \cdots = B_{i,j} = B_{mn} = K$$

3.施工专业队组数等于施工过程数,即每一个施工过程成立一个专业队组,完成所有施工段的施工任务。

4.各施工过程的施工速度相等。

5.施工队组连续作业,施工段没有闲置。

固定节拍流水施工,一般只适用于施工对象结构简单,工程规模较小,施工过程数不多的房屋工程或线型工程,如道路工程、管道工程等。由于固定节拍流水施工的流水节拍和流水步距是定值,局限性较大,且建筑工程多数施工较为复杂,因而在实际建筑工程中采用这种组织方式的并不多见,通常只用于一个分部工程的流水施工中。

(二)固定流水节拍主要参数的确定

1.施工段数 m

(1)无层间关系或无施工层时,宜取 $m = n$;

(2)有层间关系或有施工层时,施工段数 m 分下面两种情况确定:

①无技术和组织间歇时,宜取 $m = n$;

②有技术和组织间歇时,为了保证各专业施工队组能连续施工,应取 $m \geq n$。

2.流水施工的工期

因为

$$\sum B_{i,i+1} = (n-1)K + t_n = mK$$

所以

$$T = \sum B_{i,i+1} + t_n + \sum Z_{i,i+1} + \sum G_{i,i+1} - \sum C_{i,i+1}$$
$$= (m+n-1) \cdot K + \sum Z_{i,i+1} + \sum G_{i,i+1} - \sum C_{i,i+1}$$

(三)固定节拍流水施工的组织步骤

1.确定施工顺序,分解施工过程。

2.确定项目施工起点流向,划分施工段。

3.根据固定节拍流水施工要求,计算流水节拍数值。

4.确定流水步距 $B = K$。

5.计算流水施工的工期。

6.绘制流水施工进度表。

(四)固定节拍流水施工组织示例

【例3-3】 无组织和工艺间歇时间的固定节拍流水施工组织:

某分部工程由四个分项工程组成,划分成五个施工段,流水节拍均为4天,无技术、组织间歇时间,试确定流水步距,计算工期,并绘制流水施工进度表。

【解】 由已知条件可知 $K = 4$,$m = 5$,$n = 4$,可得
$$T = (m+n-1) \cdot K = (5+4-1) \times 4 = 32 \text{ 天}$$

若已知工期,施工过程数 n,施工段数 m,则固定节拍流水施工的流水节拍可用下式

计算

$$K = \frac{T}{(m + n - 1)}$$

【例 3 - 4】　有组织和工艺间歇时间的固定节拍流水施工组织:

某设备安装工程划分为六个流水段组织流水施工。各施工过程在各流水段上的持续时间及组织间歇时间以及工艺间歇时间如表 3 - 3 所示。

表 3 - 3

序号	施工过程	班组人数	持续时间/天	备　注
1	二次搬运	12	4	
2	焊接组装	10	4	焊接检验 2 天
3	吊装作业	12	4	工艺间歇 2 天
4	管线施工	10	4	
5	调整试车	8	4	

【解】　由已知条件可知,该施工对象可组织固定节拍流水施工。流水施工参数为 $m = 6, n = 5, K = 4, \sum G = 2, \sum Z = 2$,流水施工工期为

$$T = (m + n - 1) \cdot K + \sum G + \sum Z = (6 + 5 - 1) \times 4 + 2 + 2 = 44$$

如果满足工期要求,可绘制出该工程流水施工进度图表,如图 3 - 7 所示。

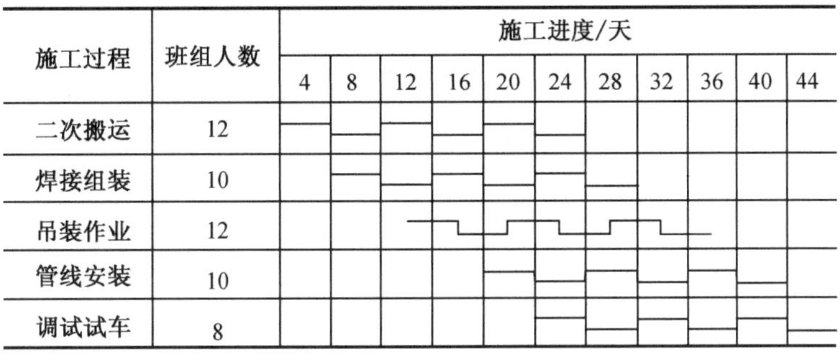

施工过程	班组人数	施工进度/天										
		4	8	12	16	20	24	28	32	36	40	44
二次搬运	12											
焊接组装	10											
吊装作业	12											
管线安装	10											
调试试车	8											

图 3 - 7　固定节拍流水施工

二、成倍节拍流水施工

在进行固定节拍流水施工时,有时由于各施工过程性质、复杂程度不同,将其组织成固定节拍流水施工方式,通常很难做到。由于施工对象的客观原因,往往会遇到各施工过程在各施工段上的工程量不等或工作面差别较大,而出现持续时间不能相等的情况。此时,为了使各施工队组在各施工段上能连续地、均衡地开展施工,在可能的条件下,应尽量使各施工过程的流水节拍互成倍数,而组成成倍节拍流水施工。成倍节拍流水施工适用于安装大小不同的设备或在大小不同的场地上开展施工活动的流水施工组织。

（一）流水特征

1.流水节拍不等,但互成倍数。

2. 流水步距相等,并等于流水节拍的最大公约数。

3. 施工专业队组数 n',大于施工过程数 n。

4. 各施工过程的流水速度相等。

5. 专业队组能连续工作,施工段没有闲置。

成倍节拍流水施工适用于一般房屋建筑施工,也适用于线型工程(如道路、管道)的施工。

(二)成倍节拍流水施工示例

1. 根据工程对象和施工要求,划分若干个施工过程。

2. 根据各施工过程的内容、要求及其劳动量,计算每个施工过程在每个施工段上的劳动量。

3. 根据施工班组人数及组成确定劳动量最少的施工过程的流水节拍。

4. 确定其他劳动量较大的施工过程的流水节拍,用调整班组人数或其他技术组织措施的方法,使它们的节拍值分别等于最小节拍值的整倍数。

为充分利用工作面,加快施工进度,流水节拍大的施工过程应相应增加班组数,每个施工过程所需班组数可由下式确定

$$n_i = \frac{K_i}{K_{min}}$$

式中　n_i——某施工过程所需施工班组数;

　　　K_i——某施工过程的流水节拍;

　　　K_{min}——所有施工过程中的最小流水节拍。

对于成倍节拍流水施工,任何两个相邻班组间的流水步距,均等于所有流水节拍中的最小流水节拍,即

$$B_{i,i+1} = K_{min}$$

成倍节拍流水施工的工期可按下式计算

$$T = (m + n' - 1) \cdot K_{min}$$

式中 n' 为施工班组总数,$n' = \sum n_i$。

(三)成倍节拍流水施工的组织步骤

1. 确定施工顺序,分解施工过程。

2. 确定施工起点流向,划分施工段。

3. 确定流水节拍。

4. 确定流水步距。

5. 确定专业队组数。

6. 确定计划总工期。

7. 绘制流水施工进度图表。

【例3-5】　某安装工程需要对4台设备进行安装,其工程量和复杂程度各不相同,各综合施工过程的持续时间(流水节拍)如表3-4所示。试组织成倍节拍流水施工。

表 3 - 4

施工过程	A	B	C	D
流水节拍/天	$K_1 = 4$	$K_2 = 8$	$K_3 = 8$	$K_4 = 4$

【解】 因

$$K_{min} = 4$$

则

$$n_1 = K_1 / K_{min} = 4/4 = 1 \text{ 个}$$
$$n_2 = K_2 / K_{min} = 8/4 = 2 \text{ 个}$$
$$n_3 = K_3 / K_{min} = 8/4 = 2 \text{ 个}$$
$$n_4 = K_4 / K_{min} = 4/4 = 1 \text{ 个}$$

施工班组总数为

$$n' = \sum n_i = 1 + 2 + 2 + 1 = 6 \text{ 个}$$

流水步距为

$$B' = K_{min} = 4$$

工期为

$$T = (m + n - 1)K_{min} = (4 + 6 - 1) \times 4 = 36 \text{ 天}$$

根据所确定的流水参数绘制施工进度计划,如图 3 - 8 所示。

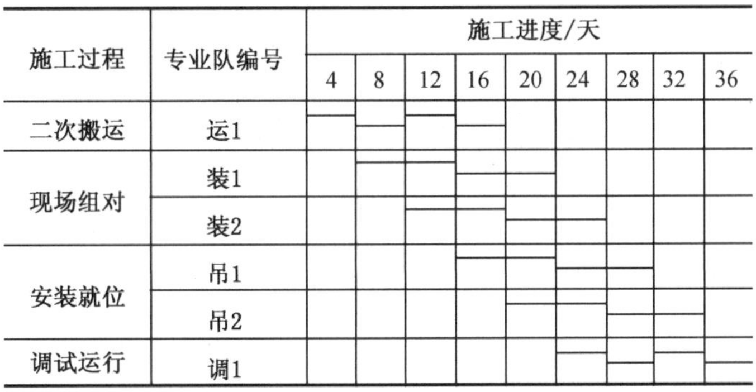

施工过程	专业队编号	施工进度/天								
		4	8	12	16	20	24	28	32	36
二次搬运	运1									
现场组对	装1									
	装2									
安装就位	吊1									
	吊2									
调试运行	调1									

图 3 - 8 成倍节拍流水施工

(四)成倍节拍流水施工的其他组织方式

有时由于各施工过程之间的工程量相差很大,各施工队组的施工人数又有所不同,使不同施工过程在各施工段上的流水节拍无规律。

1. 一般流水组织方式

一般节拍流水是指同一施工过程在各个施工段上的流水节拍相等,不同施工过程之间流水节拍既不相等也不成倍数的流水施工方式。

(1)一般流水施工的主要特点

①同一施工过程在各个施工段上的流水节拍相等,不同施工过程之间的流水节拍不全相等;

②在多数情况下,流水步距彼此不相等而且流水步距与流水节拍二者之间存在着某种函数关系;

③专业队组数等于施工过程数。

（2）一般流水施工主要参数的确定：

流水步距

$$B_{i,i+1} = \begin{cases} K_i & \text{当 } K_i \leqslant K_{i+1} \text{时} \\ mK_i - (m-1)K_{i+1} & \text{当 } K_i > K_{i+1} \text{时} \end{cases}$$

（3）一般流水施工组织步骤

①确定施工顺序,分解施工过程;

②确定施工起点流向,划分施工段;

③确定流水节拍;

④确定流水步距;

⑤确定计划总工期;

⑥绘制流水施工进度图表。

【例3-6】 有6台规格、型号相同的设备需要安装,每台设备可以划分为二次搬运、现场组对、安装就位和调试运行四个施工过程。其节拍各自相等,分别为 $K_1 = 1, K_2 = 3, K_3 = 2, K_4 = 1$,若采用流水施工组织施工,试计算其流水步距及工期,并绘制施工进度计划。

【解】 由一般流水组织方式的计算公式可得

$$B_{1,2} = K_1 = 1$$
$$B_{2,3} = mK_2 - (m-1)K_3 = 6 \times 3 - 5 \times 2 = 8$$
$$B_{3,4} = mK_3 - (m-1)K_4 = 6 \times 2 - 5 \times 1 = 7$$
$$T = \sum B_{i,i+1} = 1 + 8 + 7 + 1 \times 6 = 22 \text{ 天}$$

施工进度图如图3-9所示。

施工过程	施工进度/天
	1 2 3 4 5 6 7 8 9 10 11 12 13 14 15 16 17 18 19 20 21 22
二次搬运	
现场组对	
安装就位	
调试运行	

图3-9 一般流水组织方式

2. 增加专业队组加班流水组织方式

按上例,若工期要求紧,采用增加工作班次,将第2个施工过程用3个专业队组进行三班作业;将第3个施工过程用2个专业队组进行两班作业。其施工进度计划图表如图3-10所示,总工期为9天。

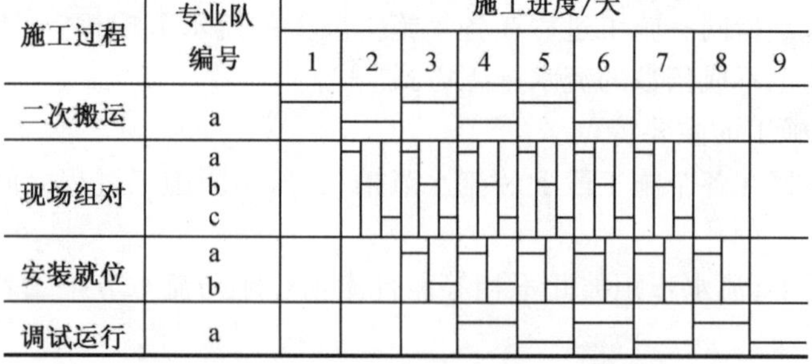

施工过程	专业队编号	施工进度/天
		1 2 3 4 5 6 7 8 9
二次搬运	a	
现场组对	a b c	
安装就位	a b	
调试运行	a	

图3-10 增加专业队组加班流水施工

若采用成倍节拍流水施工,其施工进度计划如图 3 – 11 所示,总工期为 12 天。

施工过程	专业队编号	施工进度/天											
		1	2	3	4	5	6	7	8	9	10	11	12
二次搬运	a												
现场组对	a												
	b												
	c												
安装就位	a												
	b												
调试运行	a												

图 3 – 11　成倍节拍流水施工

三、分别流水施工

分别流水施工是指流水节拍无节奏的流水施工组织方式,是指同一施工过程在各施工段上的流水节拍不完全相等的一种流水施工方式,它是流水施工的普遍形式。

在实际工作中,有节奏流水,尤其是等节拍流水施工和成倍节拍流水施工往往是难以组织的,而无节奏流水则是常见的,组织无节奏流水的基本要求即保证各施工过程的工艺顺序合理和各施工班组尽可能依次在各施工段上连续施工。

(一)分别流水施工的流水特征

1. 各施工过程在各施工段上的流水节拍不尽相等,也无统一规律。

2. 各施工过程的施工速度也不尽相等,因此两个相邻施工过程的流水步距也不尽相等,流水步距与流水节拍的大小与相邻施工过程相应施工段节拍差有关。

3. 施工专业队组数等于流水施工过程数,即 $n' = n$。

4. 施工专业队组连续施工,施工段可能有闲置。

一般来说,固定节拍、成倍节拍流水施工通常只适用于一个分部或分项工程中。对于一个单位工程或大型复杂工程,往往很难要求按照相同的或成倍的时间参数组织流水施工。而分别流水施工的组织方式没有固定约束,允许某些施工过程的施工段闲置,因此能够适应各种结构各异、规模不等、复杂程度不同的工程对象,具有更广泛的应用范围。

(二)分别流水施工主要参数的确定

1. 流水步距 $B_{i,i+1}$

可采用"累加数列法"的计算方法确定。

2. 工期 T

$$T = \sum B_{i,i+1} + t_n + \sum Z_{i,i+1} + \sum G_{i,i+1} - \sum C_{i,i+1}$$

3. 分别流水施工的组织步骤

(1)确定施工顺序,分解施工过程。

(2)确定施工起点流向,划分施工段。

(3)按相应的公式计算各施工过程在各个施工段上的流水节拍。

(4)确定相邻两专业队组之间的流水步距。

(5)确定计划总工期。

(6)绘制流水施工进度图表。

【例3-7】 某工程有 A、B、C 等三个施工过程,施工时在平面上切划分成四个施工段,每个施工过程在各个施工段上的流水节拍如表3-5所示,试计算流水步距和工期,绘制流水施工进度图表。

表3-5 各个施工段上的流水节拍

施工段 施工过程	I	II	III	IV
A	2	4	3	2
B	3	3	2	2
C	4	2	3	2

【解】 1. 流水布距计算

采用累加数列法计算:

(1)求 $B_{A、B}$

$$
\begin{array}{rrrrr}
& 2, & 6, & 9, & 11 & \\
- & & 3, & 6, & 8, & 10 \\
\hline
& 2, & 3, & 3, & 3, & -10
\end{array}
$$

故 $B_{A,B} = 3$ 天

(2)求 $B_{B、C}$

$$
\begin{array}{rrrrr}
& 3, & 6, & 8, & 10 & \\
- & & 4, & 6, & 9, & 11 \\
\hline
& 3, & 2, & 2, & 1, & -11
\end{array}
$$

故 $B_{B,C} = 3$ 天

2. 工期计算

$$T = \sum B_{i,i+1} + t_n + \sum Z_{i,i+1} + \sum G_{i,i+1} - \sum C_{i,i+1}$$

$$= 3 + 3 + 4 + 2 + 3 + 2$$

$$= 17 \text{ 天}$$

施工进度计划如图3-12所示。

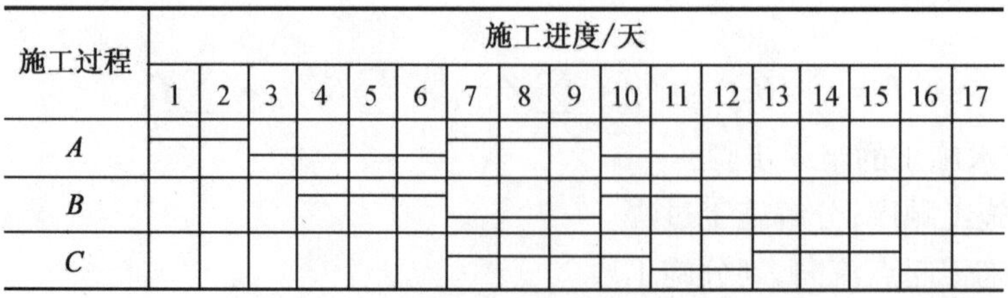

施工过程	施工进度/天																
	1	2	3	4	5	6	7	8	9	10	11	12	13	14	15	16	17
A																	
B																	
C																	

图3-12 分别流水施工

分别流水施工不像等节拍流水施工和成倍节拍流水施工那样有一定的时间约束,在进度安排上比较灵活自由,适用于各种不同结构性质和规模的工程施工组织,实际应用比较广泛。

在上述各种流水施工的基本方式中,固定节拍和成倍节拍流水通常在一个分部或分项工程中,组织流水施工比较容易做到,即比较适用于组织专业流水或细部流水。但对一个单位工程,特别是一个大型的建筑群来说,要求所划分的各分部、分项工程都采用相同的流水参数组织流水施工,往往十分困难,也不容易做到。

因此到底采用哪一种流水施工的组织方式,除要分析流水节拍的特点外,还要考虑工期要求和项目经理部自身的具体施工条件。

任何一种流水施工的组织形式,仅仅是一种组织管理手段,其最终目的是要实现企业目标——工程质量好、工期短、成本低、效益高和安全施工。

练习与思考题

1. 组织建筑安装施工有哪些方式,各自有何优缺点?

2. 流水施工有哪些主要参数?

3. 流水施工按节拍特征不同可分为哪几种方式,各有什么特点?

4. 有 4 台同样的设备需要安装,每台设备可以分为 A、B、C、D 四个施工过程,每个施工过程的流水节拍均为 3,是分别计算依次施工、平行施工及流水施工的工期,并绘制出各自的施工进度计划。

5. 已知某施工任务划分为五个施工过程,分五段组织流水施工,流水节拍均为 4 天,在第二个施工过程结束后有 2 天的技术间歇时间,是计算其工期并绘制施工进度计划。

6. 有一设备安装工程,划分为四个施工过程,分五个施工段组织流水施工。每个施工过程在各段上持续时间为二次搬运 5 天,现场组对 10 天,安装就位 10 天,调试运行 5 天。试分别按成倍节拍流水施工组织方式、一般流水施工组织方式计算流水施工工期,并绘制施工进度图表。

7. 根据表 3-6 所列各施工过程在施工段上的持续时间,计算流水布距和工期,并绘制施工进度图表。

表 3-6

施工过程 施工段	一	二	三	四
1	4	3	2	1
2	2	4	3	4
3	3	3	2	1
4	2	3	1	2

8. 某工程包括 Ⅰ、Ⅱ、Ⅲ、Ⅳ、Ⅴ 五个施工过程,划分为四个施工段组织流水施工,分别由五个专业施工队负责施工,每个施工过程在各个施工段上的工程量,定额与专业施工队人数见表 3-7。按规定,施工过程 Ⅱ 完成后,至少要养护 2 天才能进行下一个过程施工,施工

过程Ⅳ完成后,其相应施工段要留1天的时间做准备工作。为了早日完工,允许施工过程Ⅰ、Ⅱ之间搭接施工1天。试编制流水施工组织方案,并绘制流水施工进度计划表。

表3－7

施工过程	劳动定额	各施工段的工程量					施工队人数
		单位	第一段	第二段	第三段	第四段	
Ⅰ	8 m^2/工日	m^2	238	160	164	315	10
Ⅱ	1.5 m^3/工日	m^3	23	68	118	66	15
Ⅲ	0.4 t/工日	t	6.5	3.3	9.5	16.1	8
Ⅳ	1.3 m^3/工日	m^3	51	27	40	38	10
Ⅴ	5 m^3/工日	m^3	148	203	97	53	10

实践与能力训练

某商场欲进行消防设备的安装,通过招投标选择了一个合适的消防公司。现该公司在施工之前对消防项目进行总体工程进度方案的设计,经过分析、统计、计算,该工程项目工程分3个施工段组织施工,根据施工方案确定共7个施工过程。每个施工过程的持续时间分别为报警线路施工4天,报警控制器回路2天,探测器4天,手动报警按钮、模块接线施工、消防栓管道安装、消防喷淋管道安装四个施工过程的持续时间如下表所示。商场急需设备投入使用,因此要求消防公司务必在35天内完工。根据以上情况,要求学生利用本教学情境所学知识对该项目进行进度方案设计。

施工过程 施工段	手动报警按钮	模块接线施工	消防栓管道安装	消防喷淋管道安装
1	2	2	4	4
2	1	3	2	3
3	3	4	3	3

第四章 网络计划技术

网络计划技术是利用网络计划进行生产管理的一种方法。它是利用向网络图全面反映出整个计划中各工作先后顺序和逻辑关系,通过计算时间参数,找出关键工作和关键线路,按照一定的图示不断改善网络计划,选择最优的方案付诸实施,并在执行过程中进行有效的控制和调整,保证以最小的消耗取得最佳的经济效益和社会效益。因此它是一种有效的科学管理方法,我国著名数学家华罗庚教授把它称为统筹方法。

网络图是由箭杆和节点组成,用来表示工作流程的有向、有序的网络图形。用网络图表达任务构成、工作顺序并加注工作时间参数的进度计划,称为网络计划。

建筑工程施工进度计划是通过施工进度图表来表达建筑产品的施工过程、工艺顺序和相互间搭接逻辑关系的。我国长期以来一直是应用流水施工基本原理,采用横道图表的形式来编制工程项目施工进度计划的。这种表达方式简单明了、直观易懂、容易掌握,便于检查和计算资源需求状况。但它在表现内容上有许多不足,例如不能全面而准确地反映出各项工作之间相互制约、相互依赖、相互影响的关系;不能反映出整个计划(或工程)中的主次部分,即其中的关键工作;难以在有限的资源下合理组织施工、挖掘计划的潜力;不能准确评价计划经济指标;更重要的是不能应用现代计算机技术。网络计划方法的基本原理:首先应用网络图形来表达一项计划(或工程)中各项工作的开展顺序及其相互间的关系;然后通过计算找出计划中的关键工作及关键线路;继而通过不断改进网络计划,寻求最优方案,并付诸实施;最后在执行过程中进行有效的控制和监督。

在建筑施工中,网络计划方法主要是用来编制工程项目施工的进度计划和建筑施工企业的生产计划,并通过对计划的优化、调整和控制,达到缩短工期、提高效率、节约劳力、降低消耗的项目施工管理目标。

第一节 工程网络计划的编制方法

国际上,工程网络计划有许多名称,如 CPM、PERT、CPA、MPM 等。工程网络计划的类型有如下几种不同的划分方法。

1. 工程网络计划按工作持续时间的特点划分

(1)肯定型问题的网络计划。

(2)非肯定型问题的网络计划。

(3)随机网络计划。

2. 工程网络计划按工作和事件在网络图中的表示方法划分

(1)事件网络 以节点表示事件的网络计划。

(2)工作网络

①以箭线表示工作的网络计划(我国《工程网络计划技术规程》JGJ/T121—2015 称为双代号网络计划);

②以节点表示工作的网络计划(我国《工程网络计划技术规程》JGJ/T121—2015称为单代号网络计划)。

3.工程网络计划按计划平面的个数划分

(1)单平面网络计划。

(2)多平面网络计划(多阶网络计划,分级网络计划)。美国较多使用双代号网络计划,欧洲则较多使用单代号搭接网络计划。

我国《工程网络计划技术规程》JGJ/T121—2015推荐的常用的工程网络计划类型:

(1)双代号网络计;

(2)单代号网络计划;

(3)双代号时标网络计划;

(4)单代号搭接网络计划。

一、双代号网络计划

双代号网络图是以箭线及其两端节点的编号表示工作的网络图,如图4-1所示。双代号网络图的基本符号是箭线、节点及线路。

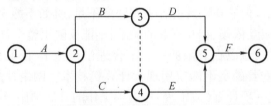

图4-1 双代号网络图

(一)双代号网络计划的基本符号

1.箭线

工作是泛指一项需要消耗人力、物力和时间的具体活动过程,也称工序、活动、作业。双代号网络图中一端带箭头的实线即为箭线,每一条箭线表示一项工作,箭线的箭尾节点 i 表示该工作的开始,箭线的箭头节点 j 表示该工作的完成。工作名称可标注在箭线的上方,完成该项工作所需要的持续时间可标注在箭线的下方,如图4-2所示。箭线表达的内容有以下几个方面。

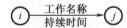

图4-2 双代号网络图

一根箭线表示一项工作或表示一个施工过程,如配管、配线、照明配电箱安装、灯具安装等。根据网络计划的性质和作用的不同,工作既可以是一个简单的施工过程,也可以是一项复杂的工程任务,如何确定一项工作的范围取决于所绘制的网络计划的作用(控制性或指导性)。

一根箭线表示一项工作所消耗的时间和资源,分别用数字标注在箭线的下方和上方。一般而言,每项工作的完成都要消耗一定的时间和资源,这样的工作叫作实工作,如照明配电箱安装、灯具安装;也存在只消耗时间而不消耗资源的工作,这样的工作叫作虚工作,如混凝土养护、砂浆找平层干燥等技术间歇,若单独考虑时,也应作为一项工作对待。如图4-3所示,工作 A、B、C、D、E、F、I 均为实工作,工作 H 为虚工作。

在无时间坐标的网络图中,箭线的长度不代表时间的长短,画图时原则上是任意的,但必须满足网络图的绘制规则。在有时间坐标的网络图中,其箭线的长度必须根据完成该项工作所需时间长短按比例绘制。

箭线的方向表示工作进行的方向和前进的路线,箭尾表示工作的开始,箭头表示工作的结束。

箭线可以画成直线、折线或斜线。必要时,箭线也可以画成曲线,但应以水平直线为主,一般不宜画成垂直线。

在网络图中工作与工作之间先后顺序关系,通常可以分为以下几种类型:

紧前工作:就某一工作而言,紧靠其前的工作称为该工作的紧前工作;

紧后工作:就某一工作而言,紧靠其后的工作称为该工作的紧后工作;

平行工作:就某一工作而言,与之同时平行进行的工作称为该工作的平行工作;

本工作:该工作本身则为本工作;

起点工作:就某一工作而言,没有紧前工作的工作称为起点工作;

终点工作:就某一工作而言,没有紧后工作的工作称为终点工作。

下面以图 4-3 所示双代号网络图为例说明各种工作关系。

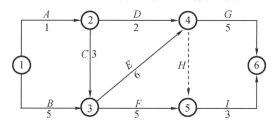

图 4-3　双代号网络图

以工作 F 作为本工作,则工作 F 的紧前工作是在工作 F 开始节点③结束的工作,即工作 B 和 C;工作 F 的紧后工作是在工作 F 结束节点⑤开始的工作,即工作 F 的平行工作是与 F 同一节点开始的工作,即工作 E。以工作 E 作为本工作,则工作 E 的紧前工作是工作 B 和 C;E 的紧后工作很显然有工作 G,由于工作 E 的结束节点④上有一虚箭线,而虚工作是不占用时间的,所以工作 E 的紧后工作还应沿着虚箭线追到其箭头节点⑤上,在节点⑤开始的工作 I 也是 E 的紧后工作。在网络图中工作 A 和工作 B 为起点工作,工作 C 和工作 I 为终点工作。

2. 节点

网络图中箭线端部的圆圈或其他形状的封闭图形就是节点。在双代号网络图中,它表示工作之间的逻辑关系,节点表达的内容有以下几个方面。

(1)节点表示前面工作结束和后面工作开始的瞬间,所以节点不需要消耗时间和资源。

(2)箭线的箭尾节点表示该工作的开始,又称开始节点,箭线的箭头节点表示该工作的结束,又称结束节点。

(3)根据节点在网络图中的位置不同可以分为起点节点、终点节点和中间节点。起点节点是网络图的第一个节点,表示一项任务的开始。终点节点是网络图的最后一个节点,表示一项任务的完成。除起点节点和终点节点以外的节点称为中间节点,中间节点都有双重的含义,既是前面工作的箭头节点,也是后面工作的箭尾节点,如图4－4所示。

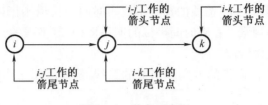

图4－4　节点示意图

(4)节点编号　网络图中的每个节点都有自己的编号,以便赋予每项工作以代号,便于计算网络图的时间参数和检查网络图是否正确。节点编号必须满足两条基本规则,其一,箭头节点编号大于箭尾节点编号,因此节点编号顺序是:箭尾节点编号在前,箭头节点编号在后,凡是箭尾节点没有编号,箭头节点不能编号;其二,在一个网络图中,所有节点不能出现重复编号,编号的号码可以按自然数顺序进行,也可以非连续编号,以便适应网络计划调整中增加工作的需要,编号留有余地。

在网络图中,对一个节点来讲,可能有许多箭线通向该节点。这些箭线就称为"内向工作"(或内向箭线),同样也可能有许多箭线由同一节点出发,这些箭线就称为"外向工作"(或外向箭线),如图4－5所示。

内向工作(内向箭头)　　　　外向工作(外向箭头)

图4－5　内向工作和外向工作

3.线路

从网络图的起点节点到终点节点,沿着箭线的指向所构成若干条"通道",即为线路。一个网络图中,从起点节点到终点节点,一般都存在着许多线路,每条线路都包含若干项工作,这些工作的持续时间之和就是该线路的时间长度,即线路上总的工作持续时间。

在这些线路中每条不同的线路所需的时间之和也往往各不相等,其中时间之和最大者称之为"关键线路",其余的线路称为非关键线路。位于关键线路上的工作称为关键工作,这些工作完成的快慢直接影响整个计划的完成时间。关键工作在网络图中通常用粗线和双线箭线表示。一般来说,一个网络图中至少有一条关键线路。关键线路也不是一成不变的,在一定条件下,关键线路和非关键线路会相互转化。例如当采取技术组织措施,缩短关键工作的持续时间,或者非关键工作持续时间延长时,就有可能使关键线路发生转移。网络计划中,关键工作的比重不宜过大,网络计划愈复杂工作节点就愈多,则关键工作的比重应该越小,这样有利于抓住主要矛盾。

非关键线路都有机动时间(实时差),这意味着工作完成日期容许适当调整而不影响工期。时差的意义就在于可以使非关键工作在时差允许范围内放慢施工进度,将部分人、财、物转移到关键工作上去,以加快关键工作的进程;或者在时差允许范围内改变工作开始和结束时间,以达到均衡施工的目的。

(二)逻辑关系

逻辑关系是指工作或工程进行时,客观上存在的工作之间的相互制约、相互依赖的关系。这种关系可以分为两类,一类是工艺关系,另外一种是组织关系。

1. 工艺关系

工艺关系是指由施工工艺所决定的各个施工过程之间客观存在的先后顺序关系,或者是非生产性工作之间由工作程序决定的先后顺序关系。对于一个具体分部工程来说,当确定了施工方案以后,则该分部工程的施工过程(工作)的先后顺序一般是固定的,有的是绝对不能颠倒的。

2. 组织关系

组织关系是指在不违反施工工艺关系的前提下,在施工组织安排中,考虑劳动力、机具、材料或工期等影响,在各工作之间主观上安排的先后顺序关系。这种关系是不受工程性质决定的,是在保证施工质量、安全和工期等前提下,可以人为安排的顺序关系。

要给出一个正确反映工程实际的施工网络图,首先必须解决每项工作和别的工作所存在的三种逻辑关系:第一,本工作必须在哪些工作之前进行;第二,本工作必须在哪些工作之后进行;第三,本工作可以与哪些工作同时进行。

表4-1列出网络图中常见的一些逻辑关系及其表示方法,并将单代号网络图表示方法和双代号网络图的表示方法对照列出,作为绘图和阅读时的参考。表中的工作编号与名称均以字母来表示。掌握了基本逻辑关系的表示方法,才具有绘制网络图的基本条件。

表4-1　网络图逻辑关系的表示

序号	逻辑关系	在双代号网络图中表示
1	A完成后,B才能开始;或B紧跟A	
2	A完成前,B、C能开始,但B、C可以同时进行;或B、C取决于A	
3	C必须在A、B完成后才能开始,但A、B可以同时进行;或C、取决于A、B	
4	在A、B完成前,C、D不能开始,但A、B和C、D可同时进行	
5	只有当A和B都完成后,C才能开始,但只要B完成后D就可以开始	

表4-1(续)

序号	逻 辑 关 系	在双代号网络图中表示
6	A 和 B 可以同时进行,在 A 完成以前,C 不能开始	
7	A、B 均完成后进行 D;A、B、C 均完成后进行 E;D、E 均完成后进行 F	
8	A、B 均完成后进行 C;B、D 均完成后进行 F	
9	A 完成后进行 C;A、B 均完成后进行 D;B 完成后进行 E	
10	A、B 两项工作;按三个流水段进行流水施工	

(三)绘图规则

1. 双代号网络图必须正确表达已定的逻辑关系,按工作本身的顺序连接箭线。例如已知网络图的逻辑关系如表4-2所示,若绘出网络图如图4-6(a)就是错误的,因 D 的紧前工作没有 A。此时可引入虚工作用横向断路法或竖向断路法将 D 和 A 的联系断开,如图4-6(b)(c)(d)所示。

表4-2 逻辑关系表

工 作	A	B	C	D
紧前工作	——	——	A、B	B

2. 双代号网络图中,严禁出现循环线路。所谓循环线路是指从一个节点出发,顺箭线方向又回到原出发点的循环线路。如图4-7所示,就出现了不允许出现的循环线路2—3—4—5—6—7—2。

3. 在双代号网络图中,不允许出现代号相同的箭线。在图4-8(a)中,A、B、C 三项工作用①—②代号表示是错误的,正确的表达应该如图4-8(b)(c)所示。

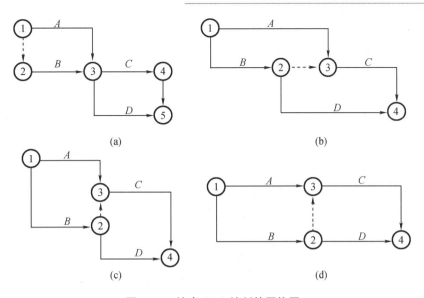

图 4－6 按表 4－2 绘制的网络图

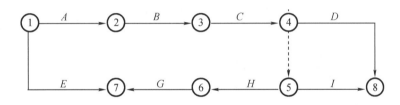

图 4－7 有循环回路的错误网络图

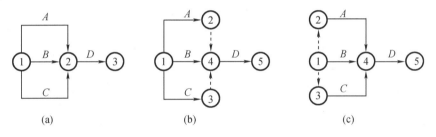

图 4－8 不允许出现相同代号的箭线

4. 在双代号网络图中,在节点之间严禁出现带双向箭头或无箭头的连线,如图 4－9。在图中③—⑤工作无箭头,②—⑤工作有双向箭头,均是错误的。

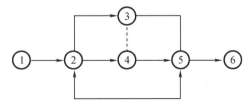

图 4－9 不允许出现双向箭头及无箭头

5. 在一个双代号网络图中,只允许有一个起点节点和一个终点节点。图 4－10 中出现了①②两个起点节点是错误的,出现⑦⑧两个终点节点也是错误的。

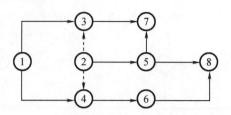

图 4 – 10　只允许有一个起点接点(或终点节点)

6. 双代号网络图中严禁出现没有箭头节点或没有箭尾节点的箭线,如图 4 – 11 所示。图中的箭线(包括虚箭线)宜保持自左向右的方向,不宜出现箭头指向左方的水平箭线或箭头偏向左方的斜向箭线,如图 4 – 12 所示。若遵循这一原则绘制网络图,就不会出现循环线路。

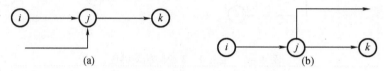

图 4 – 11　没有箭尾和箭头结点的箭线

(a)没有箭尾节点的箭线;(b)没有箭头节点的箭线

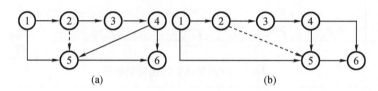

图 4 – 12　双代号网络图的表达

7. 双代号网络图中,一项工作只有唯一的一条箭线和相应的一对节点编号。严禁在箭在线引入或引出箭线,如图 4 – 13 所示。

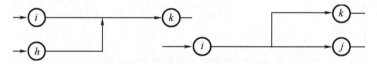

图 4 – 13　在箭在线引入或引出箭线的错误画法

8. 绘制网络图时,尽可能在构图时避免交叉。当交叉不可避免、交叉少时,采用过桥法,当箭线交叉多,使用指向法,如图 4 – 14 所示。采用指向法时应注意节点编号指向的大小问题,保持箭尾节点的编号小于箭头节点编号。为了避免出现箭尾节点的编号大于箭头节点的编号情况,指向法一般只在网络图已编号后采用。

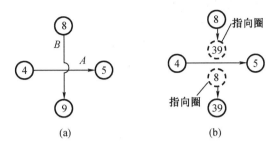

图 4 - 14   箭线交叉的表示方法

（a)过桥法；（b)指向法

(四)双代号网络图的绘制方法

1.节点位置法

为了使所绘制网络图中不出现逆向箭线和竖向实线箭线,在绘制网络图之前,先确定各个节点相对位置,再按节点位置号绘制网络图,如图 4 - 15 所示。

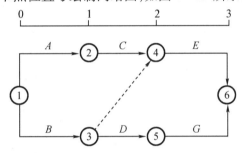

图 4 - 15   网络图与节点位置坐标

(1)节点位置号确定的原则以图 4 - 15 为例,说明节点位置号的确定原则

①无紧前工作的工作的开始节点位置号为零,如工作 A、B 的开始节点位置号为 0。

②有紧前工作的工作的开始节点位置号等于其紧前工作的开始节点位置号的最大值加 1,如 E:紧前工作 B、C 的开始节点位置号分别为 0、1,则其节点位置号为 1 +1 =2。

③有紧后工作的工作的完成节点位置号等于其紧后工作的开始节点位置号的最小值,如 B:紧后工作 D、E 的开始节点位置分别为 1、2,则其节点位置号为 1。

④无紧后工作的工作完成节点号等于有紧后工作的工作完成节点位置号的最大值加 1,如工作 E、C 的完成节点号等于工作 C、D 的完成节点位置号的最大值加 1,为 2 +1 =3。

(2)绘图步骤

①提供逻辑关系表,一般只要提供每项工作的紧前工作;

②用矩阵图确定各工作紧后工作;

③确定各工作开始节点位置号和完成节点位置号;

④根据节点位置号和逻辑关系绘出初始网络图;

⑤检查、修改、调整,绘制正式网络图。

【例 4 - 1】   已知网络图的资料如表 4 - 3 所示,试绘制双代号网络图。

表4-3　网络图资料表

工作	A	B	C	D	E	G
紧前工作	——	——	——	B	B	C、D

【解】

(1)列出关系表,确定出紧后工作和节点位置号,见表4-4。

表4-4　关系表

工作	A	B	C	D	E	G
紧前工作	——	——	——	B	B	C、D
紧后工作	——	D、E	G	G	——	——
开始节点的位置号	0	0	0	1	1	2
完成节点的位置号	3	1	2	2	3	3

(2)绘出网络图,如图4-16所示。

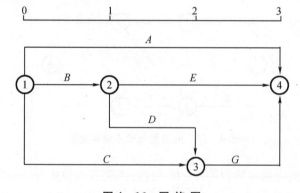

图4-16　网络图

【例4-2】　已知网络图的资料如表4-5所示,试绘制双代号网络图。

表4-5　网络图资料表

工作	A	B	C	D	E	G	H
紧前工作	——	——	——	——	A、B	B、C、D	C、D

【解】

(1)用矩阵图确定紧后工作　其方法是先绘出以各项工作为纵横坐标的矩阵图;再在横坐标方向上,根据网络图资料表,是紧前工作者标注"／";然后再查看纵坐标方向,凡标注有"／"者,即为该工作的紧后工作,如图4-17所示。

	A	B	C	D	E	G	H
A							
B							
C							
D							
E	/	/					
G		/	/	/			
H			/	/			

图 4 - 17　矩 阵 图

（2）列出关系表,确定出节点位置号,如表4－6所示。

表 4 - 6　关 系 表

工　作	A	B	C	D	E	G	H
紧前工作	——	——	——	——	A、B	B、C、D	C、D
紧后工作	E	E、G	G、H	G、H	——	——	——
开始节点的位置号	0	0	0	0	1	1	1
完成节点的位置号	1	1	1	1	2	2	2

（3）绘制初始网络图　根据表4－6所示给定的逻辑关系及节点位置号,绘制出初始网络图,如图4－18所示。

（4）绘制正式网络图　检查、修改并进行结构调整,最后会出正式网络图,如图4－19所示。

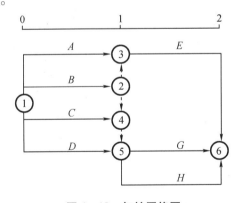

图 4 - 18　初始网络图

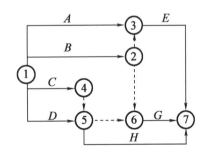

图 4 - 19　正式网络图

2. 逻辑草图法

现根据网络图的逻辑关系,绘制出网络图草图,再结合绘图规则进行调整布局,最后形成正式网络图。当已知每一项工作的紧前工作时,可按下述步骤绘制双代号网络图。

（1）绘制没有紧前工作的工作,使它们具有相同的箭尾节点,即起点节点。

（2）依次绘制其他各项工作。这些工作的绘制条件时将其所有紧前工作都已绘制出来。绘制原则如下。

①绘制没有紧前工作的工作,使它们具有相同的开始节点,即起始节点。

②绘制没有紧后工作的工作,使它们具有相同的结束节点,即终点节点。

③当所绘制的工作只有一个紧前工作时,将该工作直接画在其紧前工作的结束节点之后。

④当所绘制的工作有多个紧前工作时,按以下四种情况分别考虑:

a. 如果在其紧前工作中存在一项只作为本工作紧前工作的工作,则将本工作直接画在该紧前工作结束节点之后;

b. 如果在其紧前工作中存在多项只作为本工作紧前工作的工作,先将这些紧前工作的结束节点合并,再从合并后的节点开始,画出本工作;

c. 如果其所有紧前工作都同时作为其他工作的紧前工作,先将它们的完成节点合并后,再从合并后的节点开始,画出本工作;

d. 如果不存在情况①②③,则将本工作箭线单独画在其紧前工作箭线之后的中部,然后用虚工作将紧前工作与本工作相连。

(3)确认无误,进行节点编号。

【例4-3】 已知网络图的资料如表4-7所示,试绘制双代号网络图。

表4-7 网络图资料表

工 作	A	B	C	D	E	G	H
紧前工作	——	——	——	——	A、B	B、C、D	C、D

【解】

(1)绘制没有紧前工作的工作箭线 A、B、C、D,如图4-22(a)所示;

(2)按前述原则(4)中的情况①绘制工作 E,如图4-22(b)所示;

(3)按前述原则(4)中的情况③绘制工作 H,如图4-22(c)所示;

(4)按前述原则(4)中的情况④绘制工作 G,并将工作 E、G、H 合并,如图4-22(d)所示。

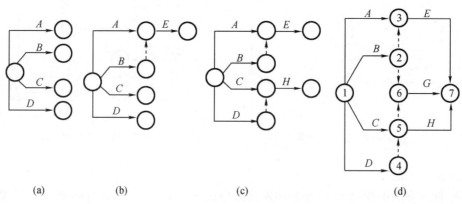

图4-20 双代号网络图绘图

二、双代号时标网络计划

1. 双代号时标网络计划的定义

双代号时标网络计划是以时间坐标为尺度编制的网络计划,如图 4－21 所示。时标网络计划中应以实箭线表示工作,以虚箭线表示虚工作,以波形线表示工作的自由时差。

2. 双代号时标网络计划的特点

双代号时标网络计划是以水平时间坐标为尺度编制的双代号网络计划,其主要特点如下:

(1)时标网络计划兼有网络计划与横道计划的优点,它能够清楚地表明计划的时间进程,使用方便;

(2)时标网络计划能在图上直接显示出各项工作的开始与完成时间、工作的自由时差及关键线路;

(3)在时标网络计划中可以统计每一个单位时间对资源的需要量,以便进行资源优化和调整;

(4)由于箭线受到时间坐标的限制,当情况发生变化时,对网络计划的修改比较麻烦,往往要重新绘图。但在使用计算机以后,这一问题已较容易解决。

3. 双代号时标网络计划的一般规定

(1)双代号时标网络计划必须以水平时间坐标为尺度表示工作时间。时标的时间单位应根据需要在编制网络计划之前确定,可为时、天、周、月或季。

(2)时标网络计划中所有符号在时间坐标上的水平投影位置,都必须与其时间参数相对应。节点中心必须对准相应的时标位置。

(3)时标网络计划中虚工作必须以垂直方向的虚箭线表示,有自由时差时加波形线表示。

4. 时标网络计划的编制

时标网络计划宜按各个工作的最早开始时间编制。在编制时标网络计划之前,应先按已确定的时间单位绘制出时标计划表,见表 4－8。

表 4－8　时标计划表

日　历																	
(时间单位)	1	2	3	4	5	6	7	8	9	10	11	12	13	14	15	16	17
网络计划																	
(时间单位)	1	2	3	4	5	6	7	8	9	10	11	12	13	14	15	16	17

双代号时标网络计划的编制方法有以下两种:

(1)间接法绘制

先绘制出时标网络计划,计算各工作的最早时间参数,再根据最早时间参数在时标计划表上确定节点位置,连线完成,某些工作箭线长度不足以到达该工作的完成节点时,用波形线补足。

（2）直接法绘制

根据网络计划中工作之间的逻辑关系及各工作的持续时间,直接在时标计划表上绘制时标网络计划。绘制步骤如下

①将起点节点定位在时标计划表的起始刻度线上;

②按工作持续时间在时标计划表上绘制起点节点的外向箭线;

③其他工作的开始节点必须在其所有紧前工作都绘出以后,定位在这些紧前工作最早完成时间最大值的时间刻度上,某些工作的箭线长度不足以到达该节点时,用波形线补足,箭头画在波形线与节点连接处;

④用上述方法从左至右依次确定其他节点位置,直至网络计划终点节点定位,绘图完成。

【例4】 已知网络计划的资料见表4-9,试用直接法绘制双代号时标网络计划。

表4-9 某网络计划工作逻辑关系及持续时间表

工作	紧前工作	紧后工作	持续时间/d
A_1	—	A_2、B_1	2
A_2	A_1	A_3、B_2	2
A_3	A_2	B_3	2
B_1	A_1	B_2、C_1	3
B_2	A_2、B_1	B_3、C_2	3
B_3	A_3、B_2	D、C_3	3
C_1	B_1	C_2	2
C_2	B_2、C_1	C_3	4
C_3	B_3、C_2	E、F	2
D	B_3	G	2
E	C_3	G	1
F	C_3	I	2
G	D、E	H、I	4
H	G	—	3
I	F、G	—	3

【解】

1. 将起始节点①定位在时标计划表的起始刻度线上,如图4-21所示。

2. 按工作的持续时间绘制①节点的外向箭线①～②,即按 A_1 工作的持续时间,画出无紧前工作的工作,确定节点②的位置。

3. 自左至右依次确定其余各节点的位置。如②③④⑥⑨⑩节点之前只有一条内向箭线,则在其内向箭线绘制完成后即可在其末端将上述节点绘出。⑤⑦⑧⑩⑫⑬⑭⑮节点则必须待其前面的两条内向箭线都绘制完成后才能定位在这些内向箭线中最晚完成的时刻处。其中,⑤⑦⑧⑩⑫⑭各节点均有长度不足以达到该节点的内向实箭线,故用波形线

补足。

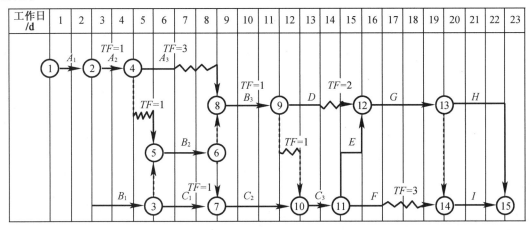

图 4-21 时标网络计划

4.用上述方法自左至右依次确定其他节点位置,直至画出全部工作,确定终点节点的位置,该时标网络计划即绘制完成。

三、单代号网络图

单代号网络图是以节点及其编号表示工作,以箭线表示工作之间逻辑关系的网络图,并在节点中加注工作代号、名称和持续时间,以形成单代号网络计划,如图 4-22 所示。

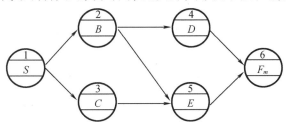

图 4-22 单代号网络图

(一)单代号网络图的特点

单代号网络图与双代号网络图相比,具有以下特点:

(1)工作之间的逻辑关系容易表达,且不用虚箭线,故绘图较简单;

(2)网络图便于检查和修改;

(3)由于工作持续时间表示在节点之中,没有长度,故不够直观;

(4)表示工作之间逻辑关系的箭线可能产生较多的纵横交叉现象。

(二)单代号网络图的基本符号

1.节点

单代号网络图中的每一个节点表示一项工作,节点宜用圆圈或矩形表示。节点所表示的工作名称、持续时间和工作代号等应标注在节点内,如图 4-23 所示。

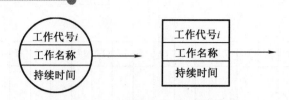

图 4-23 单代号网络图工作的表示方法

单代号网络图中的节点必须编号,编号标注在节点内,其号码可间断,但严禁重复。箭线的箭尾节点编号应小于箭头节点的编号。一项工作必须有唯一的一个节点及相应的一个编号。

2.箭线

单代号网络图中的箭线表示紧邻工作之间的逻辑关系,既不占用时间,也不消耗资源。箭线应画成水平直线、折线或斜线。箭线水平投影的方向应自左向右,表示工作的行进方向。工作之间的逻辑关系包括工艺关系和组织关系,在网络图中均表现为工作之间的先后顺序。

3.线路

单代号网络图中,各条线路应用该线路上的节点编号从小到大依次表述。

(三)单代号网络图的绘图规则

(1)单代号网络图必须正确表达已确定的逻辑关系。常见的工作逻辑关系的表示方法见表4-10。

表 4-10 网络图逻辑关系的表示

序号	逻辑关系	分布网络图
1	A 是开始的第一项工作	开始 → A
2	B 和 C 完成后,F 才能开始	B、C → F
3	J 紧跟在 I 后面	I → J
4	R 取决于 L 和 Q	L、Q → R
5	Q 在 S 前面	Q → S
6	E 在 I 前面	E → I

表 4 – 10（续）

序号	逻辑关系	分布网络图
7	O 在 S 前面	$O \longrightarrow S$
8	K 取决于 J 和 N	J、$N \longrightarrow K$
9	T 紧跟在 R 和 S 后面	R、$S \longrightarrow T$
10	P 和 K 完成前 Q 不能开始	P、$K \longrightarrow Q$
11	M 紧跟在 F 和 G 后面	F、$G \longrightarrow M$
12	B 紧跟 A	$A \longrightarrow B$
13	C 在 G 前面	$C \longrightarrow G$
14	H 紧跟 D	$D \longrightarrow H$
15	T 是最后一项工作	$T \longrightarrow$ 结束
16	L 紧跟 K	$K \longrightarrow L$
17	O 紧跟 M	$M \longrightarrow O$
18	P 只在 M 和 N 完成后才能开始	M、$N \longrightarrow P$
19	F、G 和 H 结束后 N 才能开始	G、F、$H \longrightarrow N$

表 4 - 10（续）

序号	逻辑关系	分布网络图
20	C、D、E 同时进行都在 A 后	
21	F 紧跟 B	

（2）单代号网络图中,不允许出现循环回路。

（3）单代号网络图中,不能出现双向箭头或无箭头的连线。

（4）单代号网络图中,不能出现没有箭尾节点的箭线和没有箭头节点的箭线。

（5）绘制网络图时,箭线不宜交叉,当交叉不可避免时,可采用过桥法或指向法绘制。

（6）单代号网络图中只应有一个起点节点和一个终点节点。当网络图中有多项起点节点或多项终点节点时,应在网络图的两端分别设置一项虚工作,作为该网络图的起点节点（St）和终点节点（Fin）。

四、单代号搭接网络图

（一）基本概念

在普通双代号和单代号网络计划中,各项工作依次顺序进行,即任何一项工作都必须在它的紧前工作全部完成后才能开始。

图 4 - 24(a)以横道图表示相邻的 A、B 两工作,A 工作进行 4d 后 B 工作即可开始,而不必要等 A 工作全部完成。这种情况若按依次顺序用网络图表示就必须把 A 工作分为两部分,即 A_1 和 A_2 工作,以双代号网络图表示如图 4 - 24(b)所示,以单代号网络图表示则如图 4 - 24(c)所示。

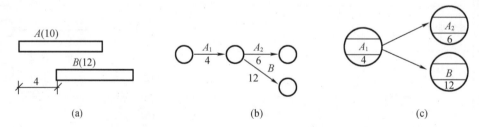

图 4 - 24　A、B 两工作搭接关系的表示方法
(a)用横道图表示;(b)双代号网络图表示;(c)用单代号网络图表示

但在实际工作中,为了缩短工期,许多工作可采用平行搭接的方式进行。为了简单直接地表达这种搭接关系,使编制网络计划得以简化,于是出现了搭接网络计划方法。单代号搭接网络图如图 4 - 25 所示,其中起点节点 St 和终点节点 Fin 为虚拟节点。

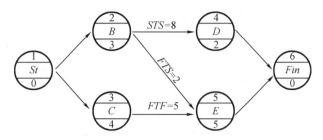

图 4 - 25　单代号搭接网络计划

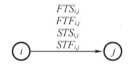

图 4 - 26　单代号搭接网络图箭线的表示方法

（1）单代号搭接网络图中每一个节点表示一项工作,宜用圆圈或矩形表示。节点所表示的工作名称、持续时间和工作代号等应标注在节点内。节点最基本的表示方法应符合单代号网络图的规定。

（2）单代号搭接网络图中,箭线及其上面的时距符号表示相邻工作间的逻辑关系,如图 4 - 26 所示。箭线应画成水平直线、折线或斜线。箭线水平投影的方向应自左向右,表示工作的进行方向。

工作的搭接顺序关系是用前项工作的开始或完成时间与其紧后工作的开始或完成时间之间的间距来表示,具体有四类：

$FTS_{i,j}$——工作 i 完成时间与其紧后工作 j 开始时间的时间间距;

$FTF_{i,j}$——工作 i 完成时间与其紧后工作 j 完成时间的时间间距;

$STS_{i,j}$——工作 i 开始时间与其紧后工作 j 开始时间的时间间距;

$STF_{i,j}$——工作 i 开始时间与其紧后工作 j 完成时间的时间间距。

（3）单代号网络图中的节点必须编号,编号标注在节点内,其号码可间断,但不允许重复。箭线的箭尾节点编号应小于箭头节点编号。一项工作必须有唯一的一个节点及相应的一个编号。

（4）工作之间的逻辑关系包括工艺关系和组织关系,在网络图中均表现为工作之间的先后顺序。

（5）单代号搭接网络图中,各条线路应用该线路上的节点编号自小到大依次表述,也可用工作名称依次表述。如图 4 - 25 所示的单代号搭接网络图中的一条线路可表述为 1→2→5→6,也可表述为 St→B→E→Fin。

（6）单代号搭接网络计划中的时间参数基本内容和形式应按图 4 - 27 所示方式标注。工作名称和工作持续时间标注在节点圆圈内,工作的时间参数(如 ES , EF , LS , LF , TF , FF)标注在圆圈的上下。而工作之间的时间参数(如 STS , FTF , STF , FTS 和时间间隔 $LAG_{i,j}$)标注在联系箭线的上下方。

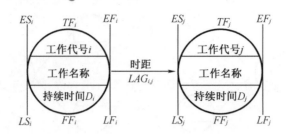

图 4 - 27 单代号搭接网络图时间参数标注形式

(二)绘图规则

(1)单代号搭接网络图必须正确表述已定的逻辑关系。

(2)单代号搭接网络图中,不允许出现循环回路。

(3)单代号搭接网络图中,不能出现双向箭头或无箭头的连线。

(4)单代号搭接网络图中,不能出现没有箭尾节点的箭线和没有箭头节点的箭线。

(5)绘制网络图时,箭线不宜交叉。当交叉不可避免时,可采用过桥法或指向法绘制。

(6)单代号搭接网络图只应有一个起点节点和一个终点节点。当网络图中有多项起点节点或多项终点节点时,应在网络图的相应端分别设置一项虚工作,作为该网络图的起点节点(St)和终点节点(Fin)。

(三)单代号搭接网络计划中的搭接关系

搭接网络计划中搭接关系在工程实践中的具体应用,简述如下。

1. 完成到开始时距($FTS_{i,j}$)的连接方法

图 4 - 28 表示紧前工作 i 的完成时间与紧后工作 j 的开始时间之间的时距和连接方法。

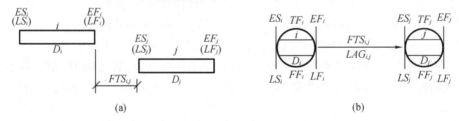

(a)　　　　　　　　　　　　　　　　(b)

图 4 - 28 时距 FTS 的表示方法

(a)从横道图看 FTS 时距;(b)用单代号搭接网络计划方法表示

例如修一条堤坝的护坡时,一定要等土堤自然沉降后才能修护坡,这种等待的时间就是 FTS 时距。

当 $FTS = O$ 时,即紧前工作 i 的完成时间等于紧后工作 j 的开始时间,这时紧前工作与紧后工作紧密衔接,当计划所有相邻工作的 $FTS = O$ 时,整个搭接网络计划就成为一般的单代号网络计划。因此,一般的依次顺序关系只是搭接关系的一种特殊表现形式。

2. 完成到完成时距($FTF_{i,j}$)的连接方法

图 4 - 29 表示紧前工作 i 完成时间与紧后工作 j 完成时间之间的时距和连接方法。

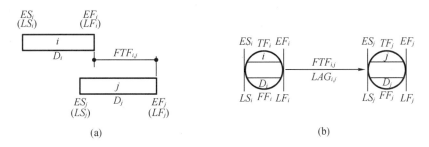

图4-29 时距FTF的表示方法

(a)从横道图看FTF时距;(b)用单代号搭接网络计划方法表示

例如相邻两工作,当紧前工作的施工速度小于紧后工作时,则必须考虑为紧后工作留有充分的工作面,否则紧后工作就将因无工作面而无法进行。这种结束工作时间之间的间隔就是 FTF 时距。

3. 开始到开始时距($STS_{i,j}$)的连接方法

图4-30表示紧前工作 i 的开始时间与紧后工作 j 的开始时间之间的时距和连接方法。

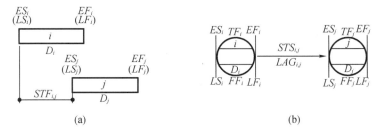

图4-30 时距STS的表示方法

(a)从横道图看STS间距;(b)用单代号搭接网络计划方法表示

例如道路工程中的铺设路基和浇筑路面,待路基开始工作一定时间为路面工程创造一定工作条件之后,路面工程即可开始进行,这种开始工作时间之间的间隔就是 STS 时距。

4. 开始到完成时距($STF_{i,j}$)的连接方法

图4-31表示紧前工作 i 的开始时间与紧后工作 j 的结束时间之间的时距和连接方法,这种时距以 $STF_{i,j}$ 表示。

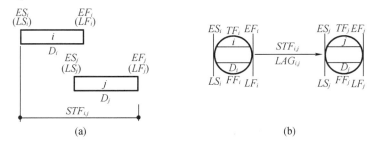

图4-31 时距STF的表示方法

(a)从横道图看STF间距;(b)用单代号搭接网络计划方法表示

例如要挖掘带有部分地下水的土壤,地下水位以上的土壤可以在降低地下水位工作完

成之前开始,而在地下水位以下的土壤则必须要等降低地下水位之后才能开始。降低地下水位工作的完成与何时挖地下水位以下的土壤有关,至于降低地下水位何时开始,则与挖土没有直接联系。这种开始到结束的限制时间就是 STF 时距。

5. 混合时距的连接方法

在搭接网络计划中,两项工作之间可同时由四种基本连接关系中两种以上来限制工作间的逻辑关系,例如 i、j 两项工作可能同时由 STS 与 FTF 时距限制,或 STF 与 FTS 时距限制等。

第二节 双代号网络计划时间参数的计算

双代号网络计划时间参数计算的目的在于通过计算各项工作的时间参数,确定网络计划的关键工作、关键线路和计算工期,为网络计划的优化、调整和执行提供明确的时间参数。双代号网络计划时间参数的计算方法很多,一般常用的有按工作计算法和按节点计算法进行计算。

一、时间参数的概念及其符号

(一)工作持续时间(D_{i-j})

在肯定型网络计划中,工作的持续时间是采用单时计算法计算的,可按下式计算:

$$D_{i-j} = \frac{Q_{i-j}}{S_{i-j}R_{i-j}N_{i-j}} = \frac{P_{i-j}}{R_{i-j}N_{i-j}}$$

式中　D_{i-j}——工作 $i-j$ 的持续时间;

　　　Q_{i-j}——工作 $i-j$ 的工程量;

　　　S_{i-j}——完成工作 $i-j$ 的计划产量定额;

　　　R_{i-j}——完成工作 $i-j$ 的所需工人数或机械台数;

　　　N_{i-j}——完成工作 $i-j$ 的工作班次;

　　　P_{i-j}——工作 $i-j$ 的劳动量或机械台班数量。

在非肯定型网络计划中,由于工作的持续时间受很多变动因素影响,无法确定出肯定数值,因此只能凭计划管理人员的经验和推测,估计出三种时间,据以得出期望持续时间计算值,即按三时估算法计算,可按下式计算

$$D_{i-j}^{e} = \frac{a_{i-j} + 4m_{i-j} + b_{i-j}}{6}$$

式中　D_{i-j}^{e}——工作 $i-j$ 的期望持续时间计算值;

　　　a_{i-j}——工作 $i-j$ 的最短估计时间;

　　　b_{i-j}——工作 $i-j$ 的最长估计时间;

　　　m_{i-j}——工作 $i-j$ 的最可能估计时间。

(二)工期(T)

工期是指完成一项任务所需要的时间。一般有以下三种工期:

1. 计算工期:是指根据时间参数计算所得到的工期,用 T_c 表示;

2. 要求工期:是指任务委托人提出的指令性工期,用 T_r 表示;

3. 计划工期:是指根据要求工期和计算工期所确定的作为实施目标的工期,用 T_p 表示。

当规定了要求工期时: $T_p \leq T_r$。

当未规定要求工期时: $T_p \leq TT_c$。

(三)常用符号

设有线路 $h \rightarrow i \rightarrow j \rightarrow k$,则:

t_{i-j}——工作 $i \rightarrow j$ 的持续时间;

t_{h-i}——工作 $i \rightarrow j$ 的紧前工作 $h \rightarrow i$ 的持续时间;

t_{j-k}——工作 $i \rightarrow j$ 的紧后工作 $j \rightarrow k$ 的持续时间;

TE_i——节点 i 的最早开始时间;

TL_i——节点 i 的最迟开始时间;

ES_{i-j}——工作 $i \rightarrow j$ 的最早开始时间;

EF_{i-j}——工作 $i \rightarrow j$ 的最早完成时间;

LS_{i-j}——在总工期已经确定的情况下,工作 $i \rightarrow j$ 的最迟开始时间;

LF_{i-j}——在总工期已经确定的情况下,工作 $i \rightarrow j$ 的最迟完成时间;

TF_{i-j}——工作 $i \rightarrow j$ 的总时差;

FF_{i-j}——工作 $i \rightarrow j$ 的自由时差。

(四)网络计划中节点时间参数及其计算程序

1. 节点最早开始时间 TE_i

双代号网络计划中,以该节点为开始节点的各项工作的最早开始时间,称为节点最早开始时间。节点 i 的最早时间用 TE_i 表示。计算程序为自起点节点开始,顺着箭线方向,用累加的方法计算到终点节点。

2. 节点最迟开始时间 TL_i

双代号网络计划中,以该节点为完成节点的各项工作的最迟完成时间,称为节点的最迟完成时间,节点 i 的最迟完成时间用 TL_i 表示。其计算程序为自终点节点开始,逆着箭线方向,用累减的方法计算到起点节点。

(五)网络计划中工作时间参数及其计算程序

网络计划中的时间参数有六个:最早开始时间、最早完成时间、最迟开始时间、最迟完成时间、总时差、自由时差。

1. 最早开始时间 ES_{i-j};和最早完成时间 EF_{i-j}

最早开始时间是指各紧前工作全部完成后,本工作有可能开始的最早时间。工作 $i \rightarrow j$ 的最早开始时间用 ES_{i-j} 表示。

最早完成时间是指各项紧前工作全部完成后,本工作有可能完成的最早时间。$i \rightarrow j$ 的最早完成时间用 EF_{i-j} 表示。

这类时间参数的实质是指出了紧后工作与紧前工作的关系,即紧后工作若提前开始,也不能提前到其紧前工作未完成之前。就整个网络图而言,受到起点节点的控制。因此,其计算程序为:自起点节点开始,顺着箭线方向,用累加的方法计算到终点节点。

2.最迟开始时间 LS_{i-j};和最迟完成时间 LF_{i-j}

最迟开始时间是指在不影响整个任务按期完成的前提下,工作必须开始的最迟时间。工作 $i{\rightarrow}j$ 的最迟开始时间用 LS_{i-j} 表示。

最迟完成时间是指在不影响整个任务按期完成的前提下,工作必须完成的最迟时间。工作 $i{\rightarrow}j$ 的最迟完成时间用 LF_{i-j} 表示。

这类时间参数的实质是提出紧前工作与紧后工作的关系,即紧前工作要推迟开始,不能影响其紧后工作的按期完成。就整个网络图而言,受到终点节点(即计算工期)的控制。因此,其计算程序为:自终点开始,逆着箭线方向,用累减的方法计算到起点节点。

3.总时差 TF_{i-j},和自由时差 FF_{i-j}

总时差是指在不影响总工期的前提下,本工作可以利用的机动时间。工作 $i{\rightarrow}j$ 的总时差用 TF_{i-j} 表示。

自由时差是指不影响其紧后工作最早开始时间的前提下,本工作可以利用的机动时间。工作 $i{\rightarrow}j$ 的自由时差甩 FF_{i-j} 表示。

(六)时间参数的关系

从节点时间参数的概念出发,现以图4-32来分析各时间参数的关系:工作 B 的最早开始时间等于节点 i 的最早开始时间;工作 B 的最早完成时间等于其最早开始时间加上工作 B 的持续时间;工作 B 的最迟开始时间等于其最迟完成时间减去工作 B 的持续时间;工作 B 的最迟完成时间等于节点了的最迟开始时间。从上述分析可以得出节点时间参数与工作时间的关系为:

$$ES_{i-j} = TE_i$$
$$EF_{i-j} = ES_{i-j} + t_{i-j}$$
$$LF_{i-j} = TL_i$$
$$LS_{i-j} = LF_{i-j} - t_{i-j}$$

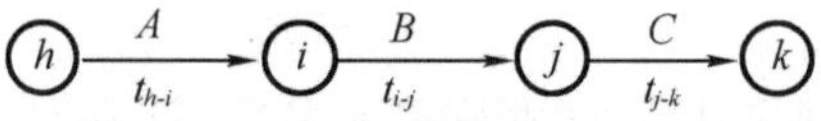

图4-32 时间参数的关系表

二、双代号网络计划时间参数的计算方法

由于网络计划中持续时间确定方法不同,双代号网络计划就被分成两种类型。采用单时估计法时属于关键线路法(CPM),采用三时估计法时则属于计划评审技术(PERT)。这一节主要针对 CPM 进行介绍。

(一)节点计算法

按节点计算法计算时间参数,其计算结果应标注在节点之上,如图4-33所示。下面以图4-34为例,说明其计算步骤:

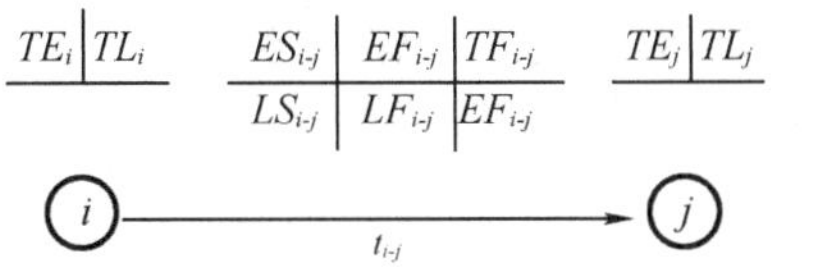

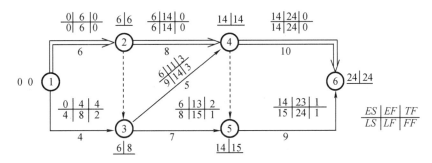

图 4 - 33　时间参数标注符号

图 4 - 34　双代号网络图的节点计算法

1.计算各节点的最早开始时间 TE_i

节点的最早开始时间是以该节点为开始节点的工作的最早开始时间,也就是该节点前面的工作全部完成,后面的工作最早可能开始的时间。其计算分两种情况:

(1)起始节点①如未规定最早开始时间,其值可以假定为零,即 $TE_i = 0$。

(2)中间节点 j 的最早开始时间为:

当节点 j 的前面只有一个节点时,则

$$TE_j = TE_i + t_{i-j}$$

当节点 j 的前面不止一个节点时,则

$$TE_j = \max(TE_i + t_{i-j})$$

计算各个节点的最早开始时间应从左到右依次进行,直至终点。计算方法可归纳为"顺着箭头相加,逢箭头相碰的节点取最大值"。

在图 4 - 34 所示的网络图中,各节点最早开始时间计算如下,并及时记入各节点上方。

$$TE_1 = 0$$

$$TE_2 = TE_1 + t_{1-2} = 0 + 6 = 6$$

$$TE_3 = \max\left\{\begin{matrix} TE_1 + t_{1-3} = 0 + 6 = 6 \\ TE_2 + t_{2-3} = 6 + 0 = 6 \end{matrix}\right\} = 6$$

$$TE_4 = \max\left\{\begin{matrix} TE_2 + t_{2-4} = 6 + 8 = 14 \\ TE_3 + t_{3-4} = 6 + 5 = 11 \end{matrix}\right\} = 14$$

$$TE_5 = \max\left\{\begin{matrix} TE_3 + t_{3-5} = 6 + 7 = 13 \\ TE_4 + t_{4-5} = 14 + 0 = 14 \end{matrix}\right\} = 14$$

$$TE_6 = \max\left\{\begin{matrix} TE_4 + t_{4-6} = 14 + 10 = 24 \\ TE_5 + t_{5-6} = 14 + 9 = 23 \end{matrix}\right\} = 24$$

2.计算各个节点的最迟开始时间 TL_i

节点的最迟开始时间是以该节点为完成节点的工作的最迟开始时间,也就是对前面工作最迟完成时间所提出的限制。其计算有两种情况:

（1）终点节点 n 的最迟开始时间应等于网络计划的计划工期，即

$$TL_n = TE_n（规定工期）$$

若分期完成的节点，则最迟时间等于该节点规定的分期完成的时间。

（2）中间节点 j 的最迟开始时间：

当节点 i 的后面只有一个节点时，则

$$TL_i = TL_j - t_{i-j}$$

当节点 i 的后面不只有一个节点时，则

$$TL_i = \min(TL_j - t_{i-j})$$

计算各节点的最迟开始时间应从右向左，依次进行，直至起点节点。计算方法可归纳为："逆着箭头相减，逢箭尾相碰的节点取最小值"。

在图 4-34 所示网络图中，各节点最迟开始时间计算如下，并将计算结果及时记入各节点右上方。

$$TL_6 = TE_6 = 24$$

$$TL_5 = TL_6 - t_{5-6} = 24 - 9 = 15$$

$$TL_4 = \min \left\{ \begin{array}{l} TL_6 - t_{4-6} = 24 - 10 = 14 \\ TL_5 - t_{4-5} = 15 - 0 = 15 \end{array} \right\} = 14$$

$$TL_3 = \min \left\{ \begin{array}{l} TL_4 - t_{3-4} = 14 - 5 = 9 \\ TL_5 - t_{3-5} = 15 - 7 = 8 \end{array} \right\} = 8$$

$$TL_2 = \min \left\{ \begin{array}{l} TL_4 - t_{2-4} = 14 - 8 = 6 \\ TL_3 - t_{2-3} = 8 - 0 = 8 \end{array} \right\} = 6$$

$$TL_1 = \min \left\{ \begin{array}{l} TL_2 - t_{1-2} = 6 - 6 = 0 \\ TL_3 - t_{1-3} = 8 - 4 = 4 \end{array} \right\} = 0$$

3. 计算各工作的最早开始时间 ES_{i-j} 和最早完成时间 EF_{i-j}

（1）各项工作的最早开始时间等于其开始节点最早开始时间，即

$$ES_{i-j} = TE_i$$

（2）各项工作的最早完成时间等于其最早开始时间加上工作持续时间，即

$$EF_{i-j} = ES_{i-j} + t_{i-j}$$

图 4-34 中各工作的最早开始时间 ES_{i-j} 和最早完成时间 EF_{i-j} 计算如下：

$$ES_{1-2} = TE_1 = 0$$

$$ES_{1-3} = TE_1 = 0$$

$$ES_{2-4} = TE_2 = 6$$

$$ES_{3-4} = TE_3 = 6$$

$$ES_{3-5} = TE_3 = 6$$

$$ES_{4-6} = TE_4 = 14$$

$$ES_{5-6} = TE_5 = 14$$

$$EF_{1-2} = ES_{1-2} + t_{1-2} = 0 + 6 = 6$$

$$EF_{1-3} = ES_{1-3} + t_{1-3} = 0 + 4 = 4$$

$$EF_{2-4} = ES_{2-4} + t_{2-4} = 6 + 8 = 14$$

$$EF_{3-4} = ES_{3-4} + t_{3-4} = 6 + 5 = 11$$

$$EF_{3-5} = ES_{3-5} + t_{3-5} = 6 + 7 = 13$$
$$EF_{4-6} = ES_{4-6} + t_{4-6} = 14 + 10 = 24$$
$$EF_{5-6} = ES_{5-6} + t_{5-6} = 14 + 9 = 23$$

将所得计算结果标注在箭线上方。

4. 计算各工作的最迟完成时间 LF_{i-j}；和最迟开始时间 LS_{i-j}

（1）各项工作的最迟完成时间等于其结束节点的最迟开始时间，即

$$LF_{i-j} = TL_j$$

（2）各项工作的最迟开始时间等于其最迟结束时间减去工作持续时间，即

$$LS_{i-j} = LF_{i-j} - t_{i-j}$$

图 4 – 34 中各工作的最迟完成时间 LF_{i-j}；和最迟开始时间 LS_{i-j}；计算如下，从右向左，依次计算并将计算结果标注在箭线上方。

$$LF_{5-6} = TL_6 = 24$$
$$LF_{4-6} = TL_6 = 24$$
$$LF_{3-5} = TL_5 = 15$$
$$LF_{3-4} = TL_4 = 14$$
$$LF_{2-4} = TL_4 = 14$$
$$LF_{1-3} = TL_3 = 8$$
$$LF_{1-2} = TL_2 = 6$$
$$LS_{4-6} = LF_{4-6} - t_{4-6} = 24 - 10 = 14$$
$$LS_{3-5} = LF_{3-5} - t_{3-5} = 15 - 7 = 8$$
$$LS_{3-4} = LF_{3-4} - t_{3-4} = 14 - 5 = 9$$
$$LS_{2-4} = LF_{2-4} - t_{2-4} = 14 - 8 = 6$$
$$LS_{1-3} = LF_{1-3} - t_{1-3} = 8 - 4 = 4$$
$$LS_{1-2} = LF_{1-2} - t_{1-2} = 6 - 6 = 0$$

5. 计算各工作的总时差 TF_{i-j}

如图 4 – 35 所示，在不影响总工期的前提下，各项工作所具有的机动时间（富裕时间）为总时差。一项工作可以利用的时间范围是从该工作最早开始时间到最迟完成时间，即工作从最早开始时间或最迟开始时间，均不会影响总工期。而工作实际需要的持续时间是 t_{i-j}，扣去 t_{i-j} 后，余下的一段时间就是工作可以利用的机动时间，即为总时差。所以总时差等于最迟开始时间减去最早开始时间，或最迟完成时间减去最早完成时间，即

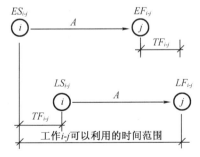

图 4 – 35   总时差计算简表

$$TF_{i-j} = LF_{i-j} - ES_{i-j} - t_{i-j}$$
$$= LS_{i-j} - ES_{i-j}$$
$$= LF_{i-j} - EF_{i-j}$$

图 4 – 34 中各工作的总时差计算如下:

$$TF_{1-2} = LS_{1-2} - ES_{1-2} = 0 - 0 = 0$$
$$TF_{1-3} = LS_{1-3} - ES_{1-3} = 4 - 0 = 4$$
$$TF_{2-4} = LS_{2-4} - ES_{2-4} = 6 - 6 = 0$$
$$TF_{3-4} = LS_{3-4} - ES_{3-4} = 9 - 6 = 3$$
$$TF_{3-5} = LS_{3-5} - ES_{3-5} = 8 - 6 = 2$$
$$TF_{4-6} = LS_{4-6} - ES_{4-6} = 14 - 14 = 0$$
$$TF_{5-6} = LS_{5-6} - ES_{5-6} = 15 - 14 = 1$$

上述计算可以看出,工作的最迟时间计算时应特别注意以下三点:一是计算程序,即从终点节点开始逆着箭线方向,按节点次序逐项工作计算;二是要弄清该工作紧后工作有哪几项,以便正确计算;三是同一节点的所有内向工作最迟完成时间相同。

通过计算不难看出总时差具有如下特性:

(1)凡是总时差为最小的工作就是关键工作;由关键工作连接构成的线路为关键线路;关键线路上各工作时间之和即为总工期。如图 4 – 34 所示,工作 1—2、3—4、4—6 为关键工作,线路 1—2—4—6 为关键线路。

(2)当网络计划的计划工期等于计算工期时,凡是总时差大于零的工作为非关键工作;凡是具有非关键工作的线路为非关键线路。非关键线路与关键线路相交时的相关节点把非关键线路划分成若干个非关键路段,各段有各段的总时差,相互没有关系。

(3)时差的使用具有双重性,它既可以被该工作使用,但又属于某非关键线路所共有。当某项工作使用了全部或部分总时差时,则将引起通过该工作的线路上所有工作总时差重新分配。例如图 4 – 34 中,非关键线路 1—3—5—6 中,$TF_{1-3} = 4$ 天、$TF_{4-5} = 2$ 天、$TF_{5-6} = 1$,如果工作 1—3 使用了 4 天机动时间,则工作 3—5 和工作 5—6 就没有了总时差可以利用;反之若工作 3—5 使用了 1 天机动时间,则工作 1—3 和工作 5—6 就只有 3 天的时差可以利用了。

6.计算自由时差(局部时差)FF_{i-j}

如图 4 – 36 所示,在不影响其紧后工作最早开始时间的前提下,一项工作可以利用的时间范围是从该工作最早开始时间至其紧后工作最早开始时间。而工作实际需要的持续时间是 t_{i-j},那么扣去 t_{i-j} 后,尚有的一段时间就是自由时差。其计算如下:

$$FF_{i-j} = ES_{i-j} - ES_{i-j} - t_{i-j} = ES_{j-k} - EF_{i-j}$$

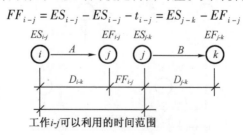

图 4 – 36　自由时差的计算简图

图中,各工作的自由时差计算如下:

$$FF_{1-2} = ES_{2-3} - EF_{1-2} = 6 - 6 = 0$$

$$FF_{1-3} = ES_{3-4} - EF_{1-3} = 6 - 4 = 2$$

$$FF_{2-4} = ES_{4-6} - EF_{2-4} = 14 - 14 = 0$$

$$FF_{3-4} = ES_{4-6} - EF_{3-4} = 14 - 11 = 3$$

$$FF_{3-5} = ES_{5-6} - EF_{3-5} = 14 - 13 = 1$$

$$FF_{4-6} = TE_6 - EF_{4-6} = 24 - 24 = 0$$

$$FF_{5-6} = TE_6 - EF_{5-6} = 24 - 23 = 1$$

通过计算不难看出自由时差有如下特性:

(1)自由时差为某非关键工作具有独立使用的机动时间,利用自由时差,不会影响其紧后工作的最早开始时间。例如图 4 – 34 中,工作 1—3 有 2 天自由时差,如果使用了 2 天机动时间,也不影响其紧后工作 3—5 和工作 5—6 的最早开始时间。

(2)非关键工作的自由时差必小于或等于其总时差。

7. 确定关键工作和关键线路

网络图中总时差为零的工作就是关键工作。如图 4 – 34 中工作①—②、②—④、④—⑥为关键工作。这些工作在计划执行中不具备机动时间。关键工作一般用双箭线或粗箭线表示。由关键工作组成的线路即为关键线路。如图 4 – 34 中①—②—④—⑥为关键线路。

(二)图上计算法

图上计算法是根据工作计算法或节点计算法的时间参数计算公式,在图上直接计算的一种较直观、简便的方法。

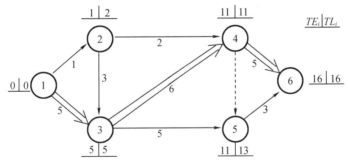

图 4 – 35　网络图时间参数计算

1. 计算节点的最早开始时间

起点节点的最早开始时间一般记为 0,如图 4 – 35 所示的①节点。其余节点的最早开始时间也可采用"沿线累加,逢圈取大"的计算方法求得。将计算结果标注在相应节点图例对应位置上。见图 4 – 36。

2. 计算节点的最迟开始时间

终点节点的最迟开始时间等于计划工期。当网络计划有规定工期时,终点节点最迟开始时间(计划工期)就等于规定工期;当没有规定工期时,终点节点最迟开始时间(计划工期)就等于终点节点的最早开始时间。其余节点的最迟开始时间也可采用"逆线相减,逢圈取小"的计算方法求得。将计算结果标注在相应节点图例对应的位置上。如图 4 – 36

所示。

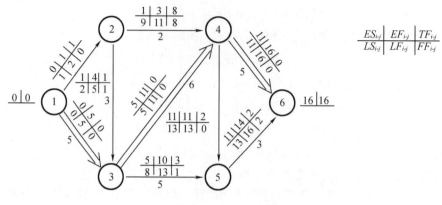

图 4 – 36　图上计算法

3.计算工作的最早开始时间和最早完成时间

以起点节点为开始节点的工作,其最早开始时间一般记为 0,如图 4 – 36 所示的工作 1—2 和工作 1—3。

其余工作的最早开始时间可采用"沿线累加,逢圈取大"的计算方法求得。即从网络图的起点节点开始,沿每一条线路将各工作的作业时间累加起来,在每一个圆圈(节点)处取到达该点的各条线路累计时间的最大值,就是以该节点为开始节点的各工作的最早开始时间。

工作的最早完成时间等于该工作最早开始时间与本工作持续时间之和。

将计算结果标注在箭在线方各工作图例对应的位置上。见图 4 – 36。

4.计算工作的最迟完成时间和最迟开始时间

以终点节点为完成节点的工作,其最迟完成时间就等于计划工期,如图 4 – 36 所示的工作 4—6 和工作 5—6。

其余工作的最迟完成时间采用"逆线相减,逢圈取小"的计算方法求得。即从网络图的终点节点逆着每条线路将计划工期依次减去各工作的持续时间,在每一圆圈处取后续线路累计时间的最小值,就是以该节点为完成节点的各工作的最迟完成时间。

工作的最迟开始时间等于该工作的最迟完成时间与本工作持续时间之差。

将计算结果标注在箭在线方各工作图例对应的位置上。见图 4 – 36。

5.计算工作的总时差

工作的总时差可采用"迟早相减,所得之差"的计算方法。即工作的总时差等于该工作的最迟开始时间减去工作的最早开始时间,或等于该工作的最迟完成时间减去工作的最早完成时间。将计算结果标注在箭在线方各工作图例对应的位置上。见图 4 – 36。

6.计算工作的自由时差

工作的自由时差等于紧后工作的最早开始时间减去本工作的最早完成时间。可在图上相应位置直接相减得到,并将计算结果标注在箭在线方各工作图例对应的位置上。见图 4 – 36。

第三节　单代号网络计划时间参数的计算

一、时间参数的计算

(一)最早时间进度计划

1. 工作最早开始时间的计算应符合下列规定

(1)工作最早开始时间 ES_i 应从网络图的起点节点开始,顺着箭线方向依次逐个计算,计算的时间参数表在节点的上方。

(2)起点节点的最早开始时间 ES_i 如无规定时,其值等于零,即

$$ES_i = 0$$

(3)其他工作节点的最早开始时间 ES_i 应为:

$$ES_i = \max(ES_h + t_h) = \max(EF_h)$$

式中　ES_h——工作 i 的紧前工作 h 的最早开始时间;

　　　t_h——工作 i 的紧前工作 h 的持续时间;

　　　EF_h——工作 i 的紧前工作 h 的最早完成时间。

2. 工作 i 的最早完成时间 EF_i 的计算应符合下式规定:

$$EF_i = ES_i + t_i$$

3. 网络计划的计划工期 T_C 的计算应符合下式规定:

$$T_C = EF_n$$

4. 网络计划的计划工期 T_P 应按下列情况分别确定:

(1)当已规定要求工期 T_r 时,

$$T_P \leqslant T_R$$

(2)当未规定要求工期时,

$$T_P = T_C$$

(二)工作最迟时间进度计算

1. 工作最迟完成时间的计算应符合下列规定:

(1)工作 i 最迟完成时间 LF_i 应从网络图的终点节点开始,逆着箭线方向依次逐项计算。当部分工作分期完成时,有关工作的最迟完成时间应从分期完成的节点开始逆向逐项计算。

(2)终点节点所代表的工作 n 的最迟完成时间 LF_n 应按网络计划的计划工期 T_P 确定,即

$$LF_n = T_P$$

分期完成工作的最迟完成时间应等于分期完成的时刻。

(3)其他工作 i 的最迟完成时间 LF_i 应为:

$$LF_i = \min(LF_j - t_j) = \min(LS_i)$$

式中　LF_j——工作 i 的紧后工作 j 的最迟完成时间;

　　　t_j——工作 i 的紧后工作 j 的持续时间;

LS_j——工作 i 的紧后工作 j 的最迟完成时间。

(2)工作 i 的最迟开始时间的 LS_i 的计算应符合下列规定:

$$LS_i = LF_i - t_i$$

(三)时差计算

1. 工作总是差的计算应符合下列规定:

(1)工作 i 的总时差 TF_i 应从网络的终点节点开始,逆着箭线方向依次逐项计算。当部分工作分期完成时,有关工作的总时差必须从分期完成的节点开始逆向逐项计算。

(2)终点节点所代表的工作 n 的总时差 TF_n 值为零,即

$$TF_n = 0$$

(3)其他工作的总时差 TF_i 的计算应符合下列规定:

$$TF_i = LS_i - ES_i = LF_i - EF_i$$

即表示,某节点的总时差等于其最迟开始时间与最早开始时间的差,也等于其最迟完成时间与最早完成时间之差。计算时将节点左边或右边对应的参数相减既得。

2. 工作的自由时差计算应符合下列规定:

某节点 i 的自由时差等于其紧后节点 j 最早开始时间的最小值,与本身的最早完成时间之差,即

$$FF_i = \min(ES_j) - EF_i$$

将计算的结果标注在各节点下面圆括号内。

(四)确定关键工作和关键线路

网络计划中机动时间最少的工作成为关键工作,因此,网络计划中工作总时差最小的工作也就是关键工作。在计划工期等于计算工期时,总时差为零的工作就是关键工作。事件可以看成是持续时间为零的活动或工作。所以,当"开始"和"结束"的总时差为零时,也可以把它们当作关键工作来看。

从网络图的开始节点起到结束节点止,沿着箭线顺序连接个关键工作的线路成为关键线路。关键线路用粗箭线或双线箭线表示,以便实施时一目了然。

二、单代号网络计划时间参数的计算方法

现以图 4 – 37 为例,说明单代号网络计划的时间参数计算步骤。

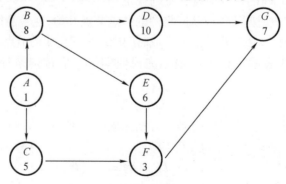

图 4 – 37 单代号网络计划

计算结果如图 4 – 38 所示,其计算过程如下:

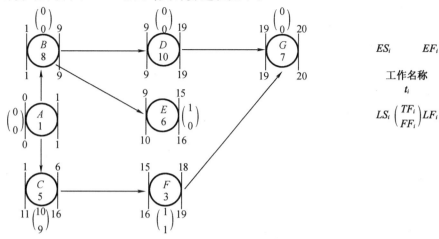

图 4 – 38　单代号网络计划的时间参数计算结果

1. 工作最早开始时间的计算

工作的最早开始时间从网络起点节点开始,顺着箭线方向自左向右,一次逐个计算。因起点节点的最早开始时间未作规定,故

$$ES_1 = 0$$

其后续工作节点最早开始时间是其紧前工作的最早开始时间与其持续时间之和,并取其最大值,计算公式如下:

$$ES_j = \max(ES_h + t_h)$$

由此而得

$$ES_2 = ES_1 + t_1 = 0 + 1 = 1$$

$$ES_3 = ES_1 + t_1 = 0 + 1 = 1$$

$$ES_4 = ES_2 + t_2 = 1 + 8 = 9$$

$$ES_5 = ES_2 + t_2 = 1 + 8 = 9$$

$$ES_6 = \max(ES_3 + t_3, ES_5 + t_5) = \max(1 + 5, 9 + 6) = 15$$

$$ES_7 = \max(ES_4 + t_4, ES_6 + t_6) = \max(9 + 10, 15 + 3) = 19$$

2. 工作最早完成时间的计算

每项工作的最早完成时间是该工作的最早开始时间与其持续时间之和,其计算公式如下:

$$EF_i = ES_i + t_i$$

由此而得

$$EF_1 = ES_1 + t_1 = 0 + 1 = 1$$

$$EF_2 = ES_2 + t_2 = 1 + 8 = 9$$

$$EF_3 = ES_3 + t_3 = 1 + 5 = 6$$

$$EF_4 = ES_4 + t_4 = 9 + 10 = 19$$

$$EF_5 = ES_5 + t_5 = 9 + 6 = 15$$

$$EF_6 = ES_6 + t_6 = 15 + 3 = 18$$

$$EF_7 = ES_7 + t_7 = 19 + 1 = 20$$

3. 网络计划的计算工期

网络计划的计算工期 T_C 按公式 $T_C = EF_n$ 计算。

由此而得
$$T_C = EF_7 = 20$$

4. 网络计划计划工期的确定

由于本计划没有要求工期,故
$$T_P = T_C = 20$$

5. 最迟完成时间的计算

最迟完成时间的计算公式如下:
$$LF_n = T_P$$
$$LF_i = \min(LF_j - t_j) = \min(LS_j)$$

由此而得
$$LF_7 = T_P = 20$$
$$LF_6 = \min(LF_7 - t_7) = \min(20 - 1) = 19$$
$$LF_5 = \min(LF_6 - t_6) = \min(19 - 3) = 16$$
$$LF_4 = \min(LF_7 - t_5) = \min(20 - 1) = 19$$
$$LF_3 = \min(LF_6 - t_6) = \min(19 - 3) = 16$$
$$LF_2 = \min(LF_4 - t_4, LF_5 - t_5) = \min(19 - 10, 16 - 6) = 9$$
$$LF_1 = \min(LF_2 - t_2, LF_3 - t_3) = \min(9 - 8, 16 - 5) = 1$$

6. 工作总时差的计算

总时差的计算公式如下:
$$TF_n = 0$$
$$TF_i = LS_i - ES_i = LF_i - EF_i$$

由此可得
$$TF_7 = 0$$
$$TF_6 = LF_6 - EF_6 = 19 - 18 = 1$$
$$TF_5 = LF_5 - EF_5 = 16 - 15 = 1$$
$$TF_4 = LF_4 - EF_4 = 19 - 19 = 0$$
$$TF_3 = LF_3 - EF_3 = 16 - 6 = 10$$
$$TF_2 = LF_2 - EF_2 = 9 - 9 = 0$$
$$TF_1 = LF_1 - EF_1 = 1 - 1 = 0$$

7. 自由时差的计算

工作 i 的自由时差计算公式如下:
$$FF_i = \min(ES_j) - EF_i$$

由此可得
$$FF_7 = 0$$
$$FF_6 = \min(ES_7) - EF_6 = 19 - 18 = 1$$
$$FF_5 = \min(ES_6) - EF_5 = 15 - 15 = 0$$
$$FF_4 = \min(ES_7) - EF_4 = 19 - 19 = 0$$
$$FF_3 = \min(ES_6) - EF_3 = 15 - 6 = 9$$
$$FF_2 = \min(ES_4, ES_5) - EF_2 = \min(9, 9) - 9 = 0$$
$$FF_1 = \min(ES_2, ES_3) - EF_1 = \min(1, 1) - 1 = 0$$

8. 工作最迟开始时间的计算

工作 i 的最迟开始时间的计算公式如下:
$$LS_i = LF_i - t_i$$

由此可得
$$LS_7 = LF_7 - t_7 = 20 - 1 = 19$$

$$LS_6 = LF_6 - t_6 = 19 - 3 = 16$$
$$LS_5 = LF_5 - t_5 = 16 - 6 = 10$$
$$LS_4 = LF_4 - t_4 = 19 - 10 = 9$$
$$LS_3 = LF_3 - t_3 = 16 - 5 = 11$$
$$LS_2 = LF_2 - t_2 = 9 - 8 = 1$$
$$LS_1 = LF_1 - t_1 = 1 - 1 = 0$$

9. 关键工作和关键线路

根据在计划工期等于计算工期时,总时差为零的工作就是关键工作,图 4 – 38 的关键工作为 A、B、D、G。

网络计划中从网络图的起点节点出发到终点节点为止,沿着箭线顺序连接各关键工作的线路就是关键线路,图 4 – 38 的关键线路为 $A—B—D—G$。关键线路可用粗实线或双箭线来表示。

第四节　单代号搭接网络计划时间参数的计算

一、计算工作最早时间

1. 计算最早时间参数必须从起点节点开始依次进行,只有紧前工作计算完毕,才能计算本工作。

2. 开始时间应按下列步骤进行:

起点节点的工作最早开始时间都应为零,即

$$ES_i = 0(i = 起点节点编号)$$

其他工作 j 的最早开始时间(ES_j)根据时距应按下列公式计算:

相邻时距为 $STS_{i,j}$ 时,

$$ES_j = ES_{i,j}STS_{i,j}$$

相邻时距为 $FTF_{i,j}$ 时,

$$ES_j = ES_i D_i FTF_{i,j} D_j$$

相邻时距为 $STF_{i,j}$ 时,

$$ES_j = ES_i STF_{i,j} D_j$$

相邻时距为 $FTS_{i,j}$ 时,

$$ES_j = ES_i D_i FTS_{i,j}$$

(3)计算工作最早时间,当出现最早开始时间为负值时,应将该工作 j 与起点节点用虚箭线相连接,并确定其时距:

$$STS_{起点节点i,j} = 0$$

(4)工作 j 的最早完成时间 EF_j 应按下式计算:

$$EF_j = ES_j D_j$$

(5)当有两种以上的时距(有两项工作或两项以上紧前工作)限制工作间的逻辑关系时,应分别进行计算其最早时间,取其最大值。

(6)搭接网络计划中,全部工作的最早完成时间的最大值若在中间工作走,则该中间工

作是应与终点节点用虚箭线相连接,并确定其时距:

$$FTF_{k,\text{终点节点}} = 0$$

(7)搭接网络计划计算工期 T_c 由与终点相联系的工作的最早完成时间的最大值决定。

(8)网络计划的计划工期 T_p 的计算应按下列情况分别确定:

当已规定了要求工期 T_r 时, $T_p T$;

当未规定要求工期时, $T_p = T_c$。

(二)计算时间间隔 $LAG_{i,j}$

相邻两项工作 i 和 j 之间在满足时距之外还有多余的时间间隔 $LAG_{i,j}$,应按下式计算:

$$LAG_{ij} = \min \begin{bmatrix} ES_j - EF_i - FTS_{i,j} \\ ES_j - ES_i - STS_{i,j} \\ EF_j - EF_i - FTF_{i,j} \\ EF_i - ES_i - STF_{i,j} \end{bmatrix}$$

(三)计算工作总时差

工作 i 的总时差 TF_i 应从网络计划的终点节点开始,逆着箭线方向依次逐项计算。当部分工作分期完成时,有关工作的总时差必须从分期完成的节点开始逆向逐项计算。

终点节点所代表工作 n 的总时差 TF_n 值应为:

$$TF_n = T_p EF_n$$

其他工作 i 的总时差 TF_i 应为:

$$TF_i = \min \{ TF_j + LAG_{i,j} \}$$

(四)计算工作自由时差

终点节点所代表工作 n 的自由时差 FF_n 应为

$$FF_n = T_p - EF_n$$

其他工作 i 的自由时差 FF_i 应为

$$FF_i = \min \{ LAG_{i,j} \}$$

(五)计算工作最迟完成时间

工作 i 的最迟完成时间 LF_i 应从网络计划的终点节点开始,逆着箭线方向依次逐项计算。当部分工作分期完成时,有关工作的最迟完成时间应从分期完成的节点开始逆向逐项计算。

终点节点所代表的工作 n 的最迟完成时间 LF_n,应按网络计划的计划工期 T_p 确定,即

$$LF_n = T_p$$

其他工作 i 的最迟完成时间 LF_i 应为:

$$LF_i = EF_i + TF_i$$

或

$$LF_i = \min \begin{bmatrix} LS_j - LF_i - FTS_{i,j} \\ LS_j - LS_i - STS_{i,j} \\ LF_j - LF_i - FTF_{i,j} \\ LF_j - LS_i - STF_{i,j} \end{bmatrix}$$

（六）计算工作最迟开始时间

工作 i 的最迟开始时间 LS_i 应按下式计算：

$$LS_i = LF_i - D_i$$

或

$$LS_i = ES_i + TF_i$$

（七）关键工作和关键线路的确定

1. 确定关键工作

关键线路是总时差为最小的工作,搭接网络计划中工作总时差最小的工作,也即是其具有的机动时间最小,如果延长其持续时间就会影响计划工期,因此为关键工作。当计划工期等于计算工期时,工作的总时差为零是最小的总时差。当有要求工期,且要求工期小于计算工期时,总时差最小的为负值当要求工期大于计算工期时,总时差最小的为正值。

2. 确定关键线路

关键线路是自始至终全部由关键工作组成的线路或线路上总的工作持续时间最长的线路。该线路在网络图上应用粗线、双线或彩色线标注。

在搭接网络计划中,从起点节点开始到终点节点均为关键工作,且所有工作的时间间隔均为零的线路应为关键线路。

二、单代号搭接网络计划时间参数的计算方法

现以图 4-39 为例,说明单代号搭接网络计划的时间参数计算步骤

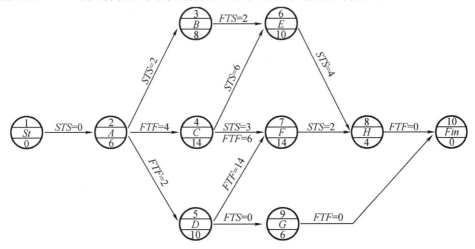

图 4-39　单代号搭接网络计划实例

已知单代号搭接网络计划如图 4-39 所示,若计划工期等于计算工期,试计算各项工作

的 6 个时间参数并确定关键线路,标注在网络计划上。

【解】

单代号搭接网络时间参数计算总图如图 4-40 所示,其具体计算步骤说明如下。

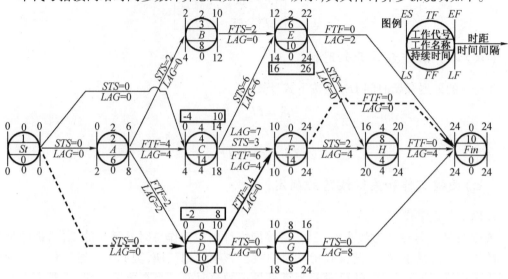

图 4-40 单代号搭接网络时间参数计算总图

1. 计算最早开始时间和最早完成时间

计算最早时间参数必须从起点开始沿箭线方向向终点进行。因为在本例单代号网络图中起点和终点都是虚设的,故其工作持续时间均为零。

(1)因为未规定其最开始时间,所以得到:

$$ES_i = 0$$

(2)相邻工作的时距为 $STS_{i,j}$ 时,如 A、B 时距为 $STS_{2,3} = 2$,

$$ES_3 = ES_2 + STS_{2,3} = 0 + 2 = 2$$
$$EF_3 = ES_3 + D_3 = 2 + 8 = 10$$

(3)相邻两工作的时距为 $FTF_{i,j}$ 时,如 A、C 工作之间的时距为 $FTF_{2,4} = 4$,

$$EF_4 = EF_2 + FTF_{2,4} = 6 + 4 = 10$$
$$ES_4 = EF_4 - D_4 = 10 - 14 = -4$$

节点 4(工作 C)的最早开始时间出现负值,这说明工作 C 在工程开始之前 $4d$ 就应开始工作,这是不合理的,必须按以下的方法来处理。

(4)当中间工作出现 ES_i 为负值时的处理方法

在单代号搭接网络计划中,当某项中间工作的 ES_i 为负值时,应该将该工作用虚线与起点联系起来。这时该工作的最早开始时间就由起点所决定,其最早完成时间也要重新计算。如:

$$ES_4 = ES_1 + STS_{1,4} = 0 + 0 = 0$$
$$EF_4 = ES_4 + D_4 = 0 + 14 = 14$$

(5)相邻两项工作的时距为 $FTS_{i,j}$ 时,如 B、E 两工作之间的时距为 $FTS_{3,6} = 2$,则得到,

$$ES_6 = EF_3 + FTS_{3,6} = 10 + 2 = 12$$

(6)在一项工作之前有两项以上紧前工作时,则应分别计算后从中取其最大值。在实

例中,按 B、E 工作搭接关系,

$$ES_6 = 12$$

按 C、E 工作搭接关系,

$$ES_6 = ES_4 + STS_{4,6} = 0 + 6 = 6$$

从两数中取最大值,即应取 $ES_6 = 12$。

$$EF_6 = 12 + 10 = 22$$

(7)在两项工作之间有两种以上搭接关系时,如两项工作 C、F 之间的时距为 $STS_{4,7} = 3$ 和 $FTF_{4,7} = 6$,这时也应该分别计算后取其中的最大值。

由 $STS_{4,7} = 3$ 决定时,

$$ES_7 = ES_4 + STS_{4,7} = 0 + 3 = 3$$

由 $FTF_{4,7} = 6$ 决定时,

$$EF_{7} = EF_4 + FTF_{4,7} = 14 + 6 = 20$$
$$ES_7 = EF_7 - D_7 = 20 - 14 = 6$$

故按以上两种时距关系,应取 $ES_7 = 6$。

但是节点 7(工作 F)除与节点 4(工作 C)。有联系外,同时还与紧前工作 D(节点 5)有联系,所以还应在这两种逻辑关系的计算值中取其最大值。

$$EF_7 = EF_5 + FTF_{5,7} = 10 + 14 = 24$$
$$ES_7 = 24 - 14 = 10$$

故应取 $ES_7 = \max\{10,6\} = 10$

$$EF_7 = 10 + 14 = 24$$

网络计划中的所有其他工作的最早时间都可以依次按上述各种方法进行计算,直到终点为止。

(8)根据以上计算,则终点节点的时间应从其紧前几个工作的最早完成时间中取最大值,即

$$ES_{\text{Fill}} = \max\{22,20,16\} = 22$$

在很多情况下,这个值是网络计划中的最大值,决定了计划的工期。但是在本例中,决定工程工期的完成时间最大值的工作却不在最后,而是在中间的工作 F,这时必须按以下方法加以处理。

(9)终点一般是虚设的,只与没有外向箭线的工作相联系。但是当中间工作的完成时间大于最后工作的完成时间时,为了决定终点的时间(即工程的总工期)必须先把该工作与终点节点用虚箭线联系起来,见图 4-40,然后再依法计算终点时间。在本例中,

$$ES_{\text{Fill}} = \max\{24,22,20,16\} = 24$$

已知计划工期等于计算工期,故有 $T_p = T_c = EF_{16} = 24$。

2. 计算相邻两项工作之间的时间间隔 $LAG_{i,j}$

起点与工作 A 是 STS 连接,故 $LAG_{1,2} = 0$ 起点与工作 C 和工作 D 之间的 LAG 均为零。

工作 A 与工作 B 是 STS 连接:

$$LAG_{2,3} = ES_3 - ES_2 - STS_{2,3} = 2 - 0 - 2 = 0$$

工作 A 与工作 C 是 FTF 连接:

$$LAG_{2,4} = EF_4 - EF_2 - FTF_{2,4} = 14 - 6 - 4 = 4$$

工作 A 与工作 D 是 FTF 连接:

$$LAG_{2,5} = EF_5 - EF_2 - FTF_{,5} = 10 - 6 - 2 = 2$$

工作 B 与工作 E 是 FTS 连接：

$$LAG_{3,6} = ES_6 - EF_3 - FTS_{3,6} = 12 - 10 - 2 = 0$$

工作 C 与工作 F 是 STS 和 FTF 两种时距连接，故

$$LAG_{4,7} = \min\{(ES_7 - ES_4 - STS_{4,7}),(EF_7 - EF_4 - FTF_{4,7})\}$$
$$= \min\{(10 - 0 - 3),(24 - 14 - 6)\} = 4$$

3. 计算工作的总时差 TF

已知计划工期等于计算工期 $T_p = T_c = 24$，故

终点节点的总时差：

$$TF_{Fin} = T_p - EF_n = 24 - 24 = 0$$

其他节点的总时差：

$$TF_8 = TF_{10} + LAG_{8,10} = 0 + 4 = 4$$

$$TF_6 = \min\{(TF_{10} + LAG_{6.10}),(TF_8 + LAG_{6,8})\} = \min\{(0 + 2),(4 + 0)\} = 2$$

4. 计算工作的自由时差 FF_i

$$FF_7 = 0$$

$$FF_2 = \min\{LAG_{2,3}, LAG_{2,4}, LAG_{2,5}\} = \min\{0,4,2\} = 0$$

5. 计算工作的最迟开始时间 LS_i 和最迟完成时间 LF_i

(1)凡是与终点节点相联系的工作，其最迟完成时间即为终点的完成时间，如：

$$LF_7 = LF_{10} = 24$$

$$LS_7 = LF_7 - D_7 = 24 - 14 = 10$$

$$LS_9 = LF_9 - D_9 = 24 - 6 = 18$$

(2)相邻两工作的时距为 $STS_{i,j}$ 时，如两工作 E、H 之间的时距为 $STS_{6.8} = 4$。

$$LS_6 = LS8 - STS_{6,8} = 20 - 4 = 16$$

$$LF_6 = LS_6 + D_6 = 16 + 10 = 26$$

节点 6(工作 E)的最迟完成时间为 26d，大于总工期 24d，这是不合理的，必须对节点 6(工作 E)的最迟完成时间按下述方法进行调整。

(3)在计算最迟时间参数中出现某工作的最迟完成时间大于总工期时，应把该工作用虚箭线与终点节点连起来。

这时工作 E 的最迟时间除受工作 H 的约束之外，还受到终点节点的决定性约束，故

$$LF_6 = 24$$

$$LS_6 = 24 - 10 = 14$$

(4)若明确中间相邻两工作的时距后，可按下式计算：

$$LF_5 = \min\{(LS_9 - FTS_{5,9}),(LF_7 - FTF_{5,7})\} = \min\{(18 - 0),(24 - 14)\} = 10$$

$$LS_5 = LF_5 - D_5 = 10 - 10 = 0$$

$$LF_4 = \min\{(LS_7 - STS_{4,7} + D_4),(LF_7 - FTF_{4,7}),(LS_6 - STS_{4,6} + D_4)\}$$
$$= \min\{(10 - 3 + 14),(24 - 6),(14 - 6 + 14)\} = 18$$

$$LS_4 = LF_4 - D_4 = 18 - 14 = 4$$

6. 关键工作和关键线路的确定

从图 4 - 40 看，关键线路为起点→D→F→终点。D 和 F 两工作的总时差为最小(零)是关键工作。同一般网络计划一样，把总时差为零的工作连接起来所形成的线路就是关键线

路。因此用计算总时差的方法也可以确定关键线路。

还可以利用 *LAG* 来寻找关键线路,即从终点向起点方向寻找,把 *LAG* = 0 的线路向前连通,直到起点,这条线路就是关键线路。但是这并不意味着 *LAG* = 0 的线路都是关键线路,只有 *LAG* = 0 从起点至终点贯通的线路才是关键线路。

第五节 关键工作、关键线路和时差的确定

一、关键工作

关键工作指的是网络计划中总时差最小的工作。当计划工期等于计算工期时,总时差为零的工作就是关键工作。

在搭接网络计划中,关键工作是总时差为最小的工作。工作总时差最小的工作,也是其具有的机动时间最小,如果延长其持续时间就会影响计划工期,因此为关键工作。当计划工期等于计算工期时,工作的总时差为零是最小的总时差。当有要求工期,且要求工期小于计算工期时,总时差最小的为负值,当要求工期大于计算工期时,总时差最小的为正值。

当计算工期不能满足计划工期时,可设法通过压缩关键工作的持续时间,以满足计划工期要求。在选择缩短持续时间的关键工作时,宜考虑下述因素:

(1)缩短持续时间而不影响质量和安全的工作;

(2)有充足备用资源的工作;

(3)缩短持续时间所需增加的费用相对较少的工作等。

二、关键线路

在双代号网络计划和单代号网络计划中,关键线路是总的工作持续时间最长的线路。该线路在网络图上应用粗线、双线或彩色线标注

在搭接网络计划中,关键线路是自始至终全部由关键工作组成的线路或线路上总的工作持续时间最长的线路;从起点节点开始到终点节点均为关键工作,且所有工作的时间间隔均为零的线路应为关键线路。

一个网络计划可能有一条或几条关键线路,在网络计划执行过程中,关键线路有可能转移。

三、时差

总时差指的是在不影响总工期的前提下,本工作可以利用的机动时间。自由时差指的是在不影响其紧后工作最早开始时间的前提下,本工作可以利用的机动时间。

练习与思考题

1.什么是双代号网络图,它的绘制原则是什么?

2.什么是单代号网络图,它的绘制原则是什么?

3.什么是虚箭线,它在网络图中的作用是什么?

4.什么是关键线路,如何确定关键线路?

5.试述工作总时差和自由时差的含义以及其计算方法。

6.根据下列各题的逻辑关系绘制双代号网络图

(1)H 的紧前工作为 A、B;F 的紧前工作为 B、C;G 的紧前工作为 C、D。

(2)H 的紧前工作为 A、B;F 的紧前工作为 B、C、D;G 的紧前工作为 C、D。

(3)M 的紧前工作为 A、B、C;N 的紧前工作为 B、C、D。

(4)H 的紧前工作为 A、B、C;N 的紧前工作为 B、C、D;P 的紧前工作为 C、D、E。

7.根据表 4 - 7 中各施工过程的关系,绘制双代号和单代号网络图并进行编号

表 4 - 7 习题 7

施工过程	A	B	C	D	E	F	G	H
紧前工作	无	A	B	B	B	C、D	C、E	F、G
紧后工作	B	C、D、E	F、G	F	G	H	H	无

8.已知网络计划的资料如表 4 - 8 所示,试绘制出双代号网络图,计算其时间参数,并标注关键线路。

表 4 - 8 习题 8

工作名称	A	B	C	D	E	F	G
紧前工作	—	A	B	A	B、D	E、C	F
工作持续时间	5	4	3	3	5	4	2

实践与能力训练

某办公大楼欲进行弱电设备的安装,通过招投标选择了一个合适的弱电公司。现该公司在施工之前对弱电项目进行总体工程进度方案的设计,经过分析、统计、计算,该工程项目工程各个施工过程的逻辑关系和持续时间表 4 - 9 所示。商场为了与分部分项工程相配合,因此该项目的规定工期为 25d。根据以上情况,要求学生利用本教学情境所学知识对该项目进行进度方案设计。

表 4 - 9 实践与能训练用表

工作	A	B	C	D	E	F	G	H	I	J	K
紧前工作	—	—	A	A	B	C	C	D、E	D、E	G、H	I
持续时间	3	2	5	4	8	4	1	2	7	9	5

第五章　单位工程施工组织设计

单位工程施工组织设计是以单位工程为对象,是建筑施工企业组织和指导单位工程施工全过程各项活动的技术、经济文件。它是基层施工单位编制季度、月度施工作业计划、分部分项工程施工设计及劳动力、材料、机具等供应计划的主要依据。单位工程施工组织设计是由施工承包单位的工程项目经理部编制的。它必须在工程开工前编制完成,以作为工程施工技术资料准备的重要内容和关键成果,并应经该工程监理单位的总监理工程师批准方可实施。是施工前的一项重要准备工作,也是施工企业实现生产科学管理的重要手段。

第一节　概　　述

一、单位工程施工设计的作用

如果施工对象是一个单位工程,则用以指导该单位工程施工全过程各项活动的技术、经济文件称为单位工程施工组织设计。其主要作用是:

1.针对单位工程的施工所做的详细部署和计划,是施工单位编制季度、月份和分部(分项)工程作业设计的依据;

2.为单位工程施工的工序穿插交接、总工期及分段工期、工艺标准、质量目标、安全生产、文明施工、节约材料、降低成本等各项经济技术指标的实现提出了明确的要求和措施;

3.对施工单位实现科学的生产管理,保证工程质量,节约资源及降低工程成本等起着十分重要的作用;

4.规划了为实现上述目标和措施所必需的运行机制、个人责任、奖罚细则等。

二、单位工程施工组织设计的编制依据

单位工程施工组织设计编制依据,主要有以下几个方面:

(1)主管部门的批示文件及建设单位的有关要求。

(2)施工图纸及设计单位对施工的要求。其中包括:单位工程的全部施工图纸,会审纪录和标准图等有关的设计资料,设备安装对土建施工的要求以及设计单位对新结构、新材料、新技术和新工艺的要求。

(3)施工企业年度施工计划。包括对该工程的安排和工期的规定及其他项目穿插施工的要求等。

(4)施工组织总设计对该工程的安排和规定。

(5)工程预算文件和有关定额。应有详细的分部分项工程量,必要时应有分层、分段、分部位的工程量,使用的预算定额和施工定额。

(6)建设单位对工程施工可能提供的条件。如供水、供电、供热的情况及可借用作为临时办公、仓库、宿舍的施工用房等。

(7)施工现场条件及勘察资料。如高程、地形、地质、水文、气象、交通运输、现场障碍等情况以及工程地质勘查报告。

(8)有关的规范、规程和标准。如安装工程施工及验收规范、安装工程质量检验评定标准、安装工程技术操作规程等。

三、单位工程施工组织设计的内容

单位工程施工组织设计,根据工程性质、规模、结构特点和施工条件,其内容和深广度的要求不同。一般应包括下述各项内容:

1. 工程概况。主要包括工程建设概况、建筑结构设计概况、施工特点分析和施工条件等内容。

2. 施工方案和施工方法。主要确定各分部分项工程的施工顺序、施工方法和选择适用的施工机械、制定主要技术组织措施。

3. 施工进度计划。主要包括确定各分部分项工程名称、计算工程量、计算劳动量和机械台班量、计算工作延续时间、确定施工班组人员及安排施工进度,编制施工准备工作计划及劳动力、主要材料、预制构件、施工机具需要量计划等内容。

4. 施工准备工作及各项资源需要量计划。主要包括确定施工机械、临时设施、材料及预制件堆场布置,运输道路布置、临时供水、供电管线的布置等内容。

5. 施工平面图。施工平面图主要包括施工所需机械位置的安排、临时加工场地、材料、构件仓库与堆场的布置及临时水网、临时道路、临时设施用房的布置等。

6. 主要技术组织措施。主要包括各项技术措施,质量、安全措施,降低成本和现场文明施工措施等。

7. 主要技术经济指标。主要包括工期指标、工程质量指标、安全指标、降低成本指标等内容。

对小型的单位设备安装工程,其施工组织设计可以编得简单一些,称"施工方案"设计,其内容一般为施工方案、施工进度和施工平面图,辅以简明扼要的文字说明。

四、单位工程施工组织设计的编制程序

单位工程施工组织设计的编制程序,是指单位工程施工组织设计各个组成部分形成的先后次序以及相互之间的制约关系。单位工程施工组织设计的编制程序如图5-1所示。

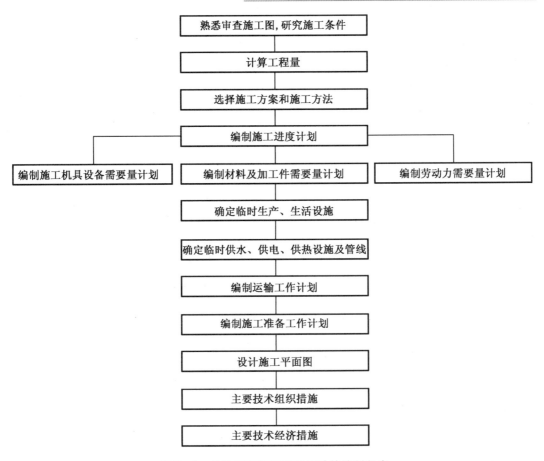

图 5 - 1 单位工程施工组织设计的编制程序

第二节 工程概况

工程概况包括工程建设概况,工程建设地点特征,建筑、结构设计概况、施工条件和工程施工特点分析五方面内容。

1. 工程建设概况

主要介绍拟建工程的建设单位、工程名称、性质、用途和建设的目的,资金来源及工程造价,开工、竣工日期,设计单位、施工单位、监理单位,施工图纸情况,施工合同是否签订,上级有关文件或要求,以及组织施工的指导思想等。

2. 工程建设地点特征

主要介绍拟建工程的地理位置、地形、地貌、地质、水文、气温、冬雨期时间、主导风向、风力和抗震设防烈度等。

3. 施工条件

主要介绍"三通一平"的情况,当地的交通运输条件,资源生产及供应情况,施工现场大小及周围环境情况,预制构件生产及供应情况,施工单位机械、设备、劳动力的落实情况,内部承包方式、劳动组织形式及施工管理水平,现场临时设施、供水、供电问题的解决。

4.工程施工特点分析

主要介绍拟建工程施工特点和施工中关键问题、难点所在，以便突出重点、抓住关键，使施工顺利进行，提高施工单位的经济效益和管理水平。工程概况是对拟建工程的工程特点、地点特征和施工条件等所做的一个简要、突出重点的文字介绍。为弥补文字叙述的不足，一般附有拟建工程简单图表。

第三节　施工方案和施工方法

单位设备安装工程施工设计的核心是合理选择施工技术方案，它包括确定施工流向和确定设备运输及装卸方法、现场组装与焊接方法、吊装与检测方法、调整与试车方法、选择施工机械设备、施工方案的技术经济分析等内容。

一、确定施工流向

单位工程施工流向为了确定施工流向（流水方向）主要解决施工项目在平面上、空间上的施工顺序，是指导现场施工的主要环节。确定单位工程施工流向时，主要考虑下列因素：

1.车间的生产工艺流程，往往是确定施工流向的关键因素。因此，从生产工艺上考虑，凡影响其他工段试车投产的工段应先施工。

2.根据施工单位的要求，对生产上或使用上要求急的工程项目，应先安排施工。

3.技术复杂、施工进度较慢、工期较长的工段或部位先施工。

4.满足选用的施工方法、施工机械和施工技术的要求。

5.施工流水在平面上或空间上展开时，要符合工程质量和安全的要求。

6.确定的施工流向不能与材料、构件的运输方向发生冲突。

二、确定施工顺序

施工顺序是指单位工程中，各分项工程或工序之间进行施工的先后次序。它主要解决工序间在时间上的搭接问题，以充分利用空间、争取时间、缩短工期为主要目的。单位工程施工中应遵循的程序一般是：

1.遵守"先地下，后地上""先土建，后设备""先主体、后围护""先结构，后装饰"的原则。

"先地下，后地上"是指地上工程开始之前，尽量完成地下管道、管线、地下土方及设施的工程，这样可以避免造成给地上部分施工带来干扰和不便。

"先土建，后设备"是指不论工业建筑还是民用建筑，水、暖、电等设备的施工一般都在土建施工之后进行，但对于工业建筑中的设备安装工程，则应取决于工业建筑的种类，一般小设备是在土建之后进行；大的设备则是先设备后土建，如发电机主厂房等，这一点在确定施工顺序时应该特别注意。

"先主体，后围护"是指先进行主体结构施工，然后进行；围护工程施工。对于多、高层框架结构而言，为加快施工速度，节约工期，主体工程和围护工程也可采用少搭接或部分搭接的方式进行施工。

"先结构，后装饰"是指先进行主体结构施工，后进行装饰工程的施工。

由于影响工程施工的因素是非常多的,所以施工顺序亦不是一成不变的。随着科学技术的发展,新的施工方法和施工技术会出现,其施工顺序也将会发生一定的改变,这不仅可以保证工程质量,而且也能加快施工速度。例如,在高层建筑施工时,可使地下与地上部分同时进行施工(逆作法)。

2.合理安排土建施工与设备安装的施工顺序

随着建筑业的发展,设备安装与土建施工的顺序变得越来越复杂起来,特别是一些大型厂房的施工,除了要完成土建工程之外,还要同时完成较复杂的工艺设备、机械及各类工业管道的安装等。如何安排好土建施工与设备安装的施工顺序,一般来讲有以下三种方式:

(1)"封闭式"施工顺序,指的是土建主体结构完工以后,再进行设备安装的施工顺序。这种施工顺序,能保证设备及设备基础在室内进行施工,不受气候影响,也可以利用已建好的设备(如厂房吊车等)为设备安装服务。但这种施工顺序可能会造成部分施工工作的重复进行,如部分柱基础土方的重复挖填和运输道路的重复铺设,也可能会由于场地受限制造成困难和不便。故这种施工顺序通常使用于设备基础较小、各类管道埋置较浅、设备基础施工不会影响到柱基的情况。

(2)"敞开式"施工顺序,指的是先进行工艺机械设备的安装,然后进行土建工程的施工。这种施工顺序通常适用于设备基础较大,且基础埋置较深,设备基础的施工将影响到厂房柱基的情况。其优缺点正好与"封闭式"施工顺序相反。

(3)设备安装与土建施工同时进行,这样土建工程可为设备安装工程创造必要的条件,同时又采取了防止设备被砂浆、垃圾等污染的保护措施,从而加快了工程进度。例如,在建造水泥厂时,经济效果较好的顺序是两者同时进行。

确定分部分项工程的施工顺序的要求:

①符合各施工过程间存在一定的工艺顺序关系。在确定施工顺序时,使施工顺序满足工艺要求。

②符合施工方法和所用施工机械的要求。确定的施工顺序必须与采用的施工方法、选择的施工机械一致,充分利用机械效率提高施工速度。

③符合施工组织的要求。当施工顺序有几种方案时,应从施工组织上进行分析、比较,选出便于组织施工和开展工作的方案。

④符合施工质量、安全技术的要求。在确定施工顺序时,以确保工程质量、施工安全为主。当影响工程质量安全时,应重新安排施工顺序或采取必要技术措施,保证工程顺利进行。

三、流水段的划分

流水段的划分,必须满足施工顺序、施工方法和流水施工条件的要求。

四、选择施工方法和施工机械

施工方法和施工机械的选择是紧密联系的,施工机械的选择是施工方法选择的中心环节,每个施工过程总有不同的施工方法和使用机械。正确的施工方法、合理地选择施工机械,对于加快施工速度、提高工程质量、保证施工安全、降低工程成本,具有重要的作用。在选择施工方法和施工机械时,要充分研究拟安装设备的特征、各种施工机械的性能、供应的可能性及本企业的技术水平、建设工期要求和经济效益等。

1. 选择施工方法时应遵循的原则

(1)应根据工程特点,找出哪些项目是工程的主导项目,以便在选择施工方法时,有针对性地解决主导项目的施工问题;

(2)所选择的施工方法应技术先进、经济合理、满足施工工艺要求及安全施工;

(3)符合国家颁发施工验收规范和质量检验评定标准的有关规定;

(4)要与所选择的施工机械及所划分的流水工作段相协调;

(5)相对于常规做法和工人熟悉的分项工程,只需提出施工中应注意的特殊问题,不必详细拟定施工方法。

2. 从施工组织的角度选择机械时,应着重注意以下几个方面

(1)施工方法的技术先进性和经济合理性;

(2)施工机械的适用性与多用性的兼顾;

(3)施工单位的技术特点和施工习惯;

(4)各种辅助机械应与直接配套的主导机械的生产能力协调一致;

(5)同一工地上,应使机械的种类和型号尽可能少一些;

(6)尽量利用施工单位现有机械;

(7)符合工期、质量与安全的要求。

施工方法和施工机械的选择,是一项综合性的技术工作,必须在多方案比较的基础上确定。施工方法是根据工程类别,生产工艺特点,对分部、分项工程施工而提出的操作要求。对技术上复杂或采用新技术、新工艺的工程项目,多采用限定的施工方法,因而提出的操作方法及施工要点应详细;对于常见的工程项目,由于采用常规施工方法,所以提出的操作方法及施工要点可简单些。在选择施工机械的时候,应根据工程类别、工期要求、现场施工条件、施工单位技术水平等,以主导工程项目为主进行选择。

在确定施工方法和主导机械后,还必须考虑施工机械的综合使用和工作范围、流动方向、开行路线和工作内容等,使之得到最充分利用。并拟定保证工程质量与施工安全的技术措施。

五、施工方案的技术经济分析

任何一个分部分项工程,一般都有几个可行的施工方案。施工方案的技术经济分析的目的就是在它们之间进行选优,选出一个工期短、质量好、材料省,劳动力和机具安排合理,成本低的最优方案。施工方案的技术经济分析常用的方法有定性分析和定量分析两种。

1. 定性分析

定性分析结合施工经验,对几个方案的优缺点进行分析和比较。通常主要从以下几个指标来评价:

(1)工人在施工操作上的难易程度和安全可靠性;

(2)能否为后续工作创造有利施工条件;

(3)选择的施工机械设备是否可能取得;

(4)采用该方案在冬雨期施工能带来多大困难;

(5)能否为现场文明施工创造条件;

(6)对周围其他工程施工影响大小。

2.定量分析

定量分析是通过计算各方案的几个主要技术经济指标,进行综合比较分析,从中选择技术经济最优的方案。常用以下几个指标:

(1)工期指标。当要求工程尽快完成以便尽早投入生产或使用时,选择施工方案就要在确保工程质量、安全和成本较低的条件下,优先考虑缩短工期的方案。

(2)劳动量消耗指标。它能反映施工机械化程度和劳动生产率水平。通常,在方案中劳动消耗越小,则机械化程度和劳动生产率越高。劳动量消耗以工日数计算。

(3)主要材料消耗指标。它反映了各个施工方案的主要材料节约情况。

(4)成本指标。它反映了施工方案的成本高低。一般需计算方案所用的直接费和间接费成本 C,可按下式计算:

$$C = 直接费 \times (1 + 综合费率)$$

式中,C 为某施工方案完成施工任务所需要的成本;综合费率按各地区有关文件规定执行。

(5)投资额指标。拟定的施工方案需要增加新的投资时,如购买新的施工机械或设备,则需要用增加投资额指标进行比较,其中投资额指标低的方案为好。

第四节　单位工程施工进度计划

单位工程施工进度计划是在规定施工方案的基础上,根据规定工期和各种资源供应条件,按照施工过程的合理施工顺序及组织施工的原则,用横道图或网络图,对单位工程从开始施工到工程竣工,全部施工过程在时间和空间上的合理安排。

一、单位工程施工进度计划的作用

1.单位工程施工进度计划是施工中各项活动在时间上的反映,是指导施工活动、保证施工利进行的重要的文件之一。

2.能确定各分部分项工程和各施工过程的施工顺序及其持续时间和相互之间的配合、制约关系。

3.为劳动力、机械设备、物质材料在时间上的需要计划提供依据。

4.保证在规定的工期内宾完成符合工程质量的施工任务。

5.为编制季度、月生产作业计划提供依据。

二、单位工程施工进度计划的编制依据

1.有关设计图纸和采用的标准图集等技术资料。

2.施工工期要求及开工、竣工日期。

3.施工组织总设计对本工程的要求及施工总进度计划。

4.确定施工方案和施工方法。

5.施工条件:劳动力、机械、材料、构件供应情况,分包单位情况,土建与安装的配合情况等。

6.自然条件。

7.劳动定额、机械台班使用定额、预算定额及预算文件等。

8. 有关规范规程及其他资料。

三、单位工程施工进度计划的编制内容和步骤

编制单位工程施工进度计划的主要内容和步骤是:首先收集编制依据,熟悉图纸、了解施工条件、研究有关资料、确定施工项目;其次计算工程量、套用定额计算劳动量、机械台班需要量;再次确定施工项目的持续时间、安排施工进度计划;最后按工期、劳动力、机械、材料供应量要求,调整优化施工进度计划,绘制正式施工进度计划。

1. 划分施工项目

施工项目包括一定工作内容的施工过程,是进度计划的基本组成单元。施工项目的划分见第三章有关内容。

2. 计算工程量

施工项目确定后,可根据施工图纸、工程量计算规则及相应的施工方法进行计算。

计算工程量时应注意以下几个问题:

(1)各分部分项工程的工程量计算单位应与现行定额手册所规定的单位相一致,以避免计算劳动力、材料和机械数量时进行换算,产生错误;

(2)计算工程量时,应与所采用的施工方法一致;

(3)正确取用预算文件中的工程量。如已编制预算文件,则施工进度计划中的工程量可根据施工项目包括的内容,从预算工程量的相应项目内抄出并汇总;

(4)计算工程量时,尽量考虑编制其他计划时使用工程量数据的方便,做到一次计算多次使用。

3. 确定劳动量和施工机械数量

根据计算的工程量、施工方法和现行的劳动定额,结合施工单位的实际情况,即可计算出各施工项目的劳动量和机械台班量。

(1)劳动量的确定:

施工项目手工操作时,其劳动工日数可按下式计算:

$$P_i = Q_i/S_i = Q_i \cdot H_i$$

式中　P_i——某施工项目所需劳动量,工日;

　　　Q_i——该施工项目的工程量,m^3、m^2、m、t、个等;

　　　S_i——该施工项目采用的产量定额,m^3/工日、m^2/工日、n/工日、t/工日、个/工日等;

　　　H_i——该施工项目采用的时间定额,工日/m^3、工日/m^2、工日/m、工日/t、工日/个等。

【例1】　有直径为1 200 mm的供热管道1 000 m,某工程队需完成喷砂除锈、刷漆、保温三项工作。若时间定额为喷砂除锈1.08工日/10 m^2,刷漆0.489工日/10 m^2,保温6.76工日/10 m^2,试计算该工程队完成三项工作所需劳动量。

【解】　　　　　　　$Q = 1.2 \times \pi \times 1\,000 = 376.8(10\ m^2)$

　　　$P = 376.8 \times 1.08 + 376.8 \times 0.489 + 376.8 \times 6.76 = 3\,138.4(工日)$

取3 138个工日。

(2)机械台班数确定:

施工项目采用机械施工时,其机械及配套机械所需的台班数量,可按下式计算:

$$D_i = Q_i'/S_i = Q_i' \cdot H_i$$

式中　D_i——某施工机械所需机械台班量,台班;

Q_i——机械完成的工程量，m^3、m^2、m、t、件等；

S_i——该机械的产量定额，m^3/台班、m^2/台班、m/台班、t/台班、件/台班等；

H_i——该机械的时间定额，台班/m^3、台班/m^2、台班/m、台班/t、台班/件等。

在实际工程计算中产量或时间定额应根据定额的参数，结合本单位机械状况、操作水平、现场条件等分析确定，计算结果取整数。

4.计算施工项目工作持续时间

施工项目持续时间的计算方法一般有经验估算法、定额计算法和倒排计划法。

（1）经验估算法

经验估算法也称三时估算法，即先估计出完成该施工过程的最乐观时间、最悲观时间和最可能时间三种施工时间，再根据下面公式算出该施工过程的持续时间。这种方法适用于新结构、新技术、新工艺、新材料等无定额可循的施工过程。

$$t_i = (A + 4B + C)/6$$

式中　A——最乐观的时间估算（最短的时间）；

B——最可能的时间估算（最正常的时间）；

C——最悲观的时间估算（最长的时间）。

（2）定额计算法

这种方法是根据施工过程需要的劳动量或机械台班量，以及配备的机械台数和劳动人数，来确定其工作持续时间。其计算公式如下：

$$t_i = P_i/(R_i \cdot b) = Q_i/(S_i \cdot R_i \cdot b)$$
$$= D_i/(G_i \cdot b) = Q_i/(S_i \cdot G_i \cdot b)$$

式中　t_i——某施工项目工作持续时间，天；

P_i——该施工项目所需的劳动量，工日；

Q_i——该施工项目的工程量；

S_i——该施工项目的产量定额；

R_i——该施工项目所配备的施工班组人数，人；

b——该施工项目的工作班制（1~3班制）；

D_i——某施工项目所需机械的台班数；

G_i——该施工项目所配备的机械台数。

在组织分段流水时，也是用上式确定每个施工段的流水节拍。

在应用上式时，必须先确定 R_i、G_i、b 的数值。

①施工班组人数的确定

在确定班组人数时，应考虑最小劳动组合人数、最小工作面和可能安排的施工人数等因素。

最小劳动组合，即某一施工过程进行正常施工所必需的最低限度的班组人数及其合理组合。人数过少或比例（技工和普工比例）不当都将引起劳动生产率的下降。

最小工作面，即施工班组为保证安全施工和有效地操作所必需的工作面。最小工作面决定了最高限度可安排多少工人。不能为了缩短工期而无限制地增加人数，否则将造成工作面不足而产生窝工现象。

可能安排的人数，是指施工单位所能配备的人数。一般只在上述最低和最高限度之间，根据实际情况确定就可以了。有时为了缩短工期，可在保证足够工作面的条件下组织非专业工种的支援。如果在最小工作面的情况下,安排最高限度的工人数仍不能满足工期要求时,可组织两班制和三班制。

②机械台数的确定

与施工班组人数确定相似,也应考虑机械生产效率、施工工作面、可能安排台数及维修保养时间等因素来确定。

③工作班制的确定

一般情况下,当工期允许、劳动力和机械周转使用不紧迫、施工工艺上五连续施工要求时,采用一班制施工。当组织流水施工时,为了给第二天连续施工创造条件,某些施工准备工作或施工过程可考虑在夜班进行,即采用二班制施工。当工期较紧或为了提高施工机械的使用率及加快机械的周转使用,或工艺上要求连续施工时,某些施工项目可考虑二班制甚至三班制施工。由于采用多班制施工,必须加强技术、组织和安全措施,并增加材料或构件的供应强度,增加夜间施工(如现场灯光照明)等费用及有关措施。因此,必须慎重采用

【例2】 某设备安装工程需690个工日,采用一班制施工,每班工作人数为22人(技工10人、普工12人、比例为1:1.2)。如果分五个施工段完成施工任务,试求完成任务的持续时间和流水节拍。

【解】 $$T_{安装} = 690/(22 \times 1) = 31.4 \text{ 天} \quad \text{取 } 31 \text{ 天}$$

$$t_{安装} = 31/5 = 6.2 \text{ 天}$$

上例流水节拍平均为6天,总工期为 $5 \times 6 = 30$ 天,则计划安排劳动量为 $30 \times 22 = 660$ 工日,比计划定额需要的劳动量少了30个工日。能否少用30个工日完成任务,即能否提高工效4%,这要根据实际分析研究后确定。一般应尽量使定额劳动量和实际安排劳动量相近。如果有机械配合施工,则在确定施工时间或流水节拍时,还应考虑机械效率,即机械能否配合完成施工任务。

(3)倒排计划法

这种方法需要的施工人数超过了本单位现有的数量,除了要求上级单位调度、支援外,应从技术上、组织上采取措施。如组织平行立体交叉施工,某些项目采用多班制施工等。

5.编制施工进度计划

施工项目持续时间确定后,即可编制施工进度计划的初步方案。一般的编制方法有以下三种:

(1)按经验直接安排法

这种方法是根据各施工项目持续时间、先后顺序和搭接的可能性,直接按经验在横道图上画出施工时间进度线。其一般步骤是:

①根据拟定的施工方案、施工流向和工艺顺序,将各施工项目进行排列。其排列原则是:先施工项先安排,后施工项后安排;主要施工项先排,次要施工项后排。

②按施工顺序,将排好的施工项目从第一项起,逐项填入施工进度计划图表中。要注意各施工项目的起止时间,使各项目符合技术间歇和组织间歇时间的要求。

③各施工项目尽量组织平面、立体交叉搭接流水施工,使各施工项目的持续时间符合工期要求。

(2)按工艺组合组织流水施工方法

这种方法是将某些在工艺上有关系的施工过程归并为一个工艺组合,组织各工艺组合内部流水施工,然后将各工艺组合最大限度地搭接起来,组织分别流水施工。例如,设备开箱、检

查、拆卸、清洗、组装可以归并为一个工艺组合；工艺管线安装也可以归并为一个工艺组合。

按照对整个工期的影响大小，工艺组合可以分为主要工艺组合和搭接工艺组合两种类型。前者对单位工程的工期起决定性作用，相互基本不能搭接施工；而后者对整个工期虽有一定影响，但不起决定性作用，并且这种工艺组合能够和主要工艺组合彼此平行或搭接施工。

在工艺组合确定后，首先可以从每个工艺组合中找出一个主导施工过程；其次确定主导施工过程的施工段数和持续时间；然后尽可能地使其余施工都采用相同的施工段和持续时间，以便简化计算和施工组织工作；最后按固定节拍流水施工、成倍节拍流水施工或分别流水施工的计算方法，求出工艺组合的持续时间。为了计算和组织的方便，对于各个工艺组合的施工段数和持续时间，在可能的条件下，也就力求一致。

（3）按网络计划技术编制施工进度计划

采用这种方法编制施工进度计划，一种是直接网络图表述，另一种是将已编横道图计划改成网络计划便于优化。

6.施工进度计划的检查和调整

施工进度计划初步方案编出后，应根据上级要求、合同规定、经济效益及施工条件等，先检查各施工项目安排是否合理、工期是否满足要求、劳动力等资源需要量是否均衡；然后进行调整，直至满足要求。最后编制正式施工进度计划。检查步骤如下：

（1）从全局出发，检查各施工项目的先后顺序是否合理，持续时间是否符合工期要求。

（2）检查各施工项目的起、止时间是否合理，特别是主导施工项目是否考虑必需技术和组织间歇时间。

（3）对安排平行搭接、立体交叉的施工项目，是否符合施工工艺、质量、安全的要求。

（4）检查、分析进度计划中，劳动力、材料和机械的供应与使用是否均衡。应避免过分集中，尽量做到均衡。

经上述检查，如发现问题，应修改、调整优化，使整个施工进度计划满足上述条件的要求为止。

由于建筑安装工程复杂，受客观条件的影响较大。在编制计划时，应充分、仔细调查研究，综合平衡，精心设计。使计划既要符合工程施工特点，又要留有余地，使施工计划起到指导现场施工的作用。

第五节　施工准备工作及各项资源需要量计划

单位工程施工进度计划编制后，为确保进度计划的实施，应编制施工准备工作、劳动力及各种物资需要量计划。这些计划编制的主要目的是，为劳动力与物资供应，施工单位编制季、月、旬施工作业计划（分项工程施工设计）提供主要参数。

一、施工准备工作计划

单位工程施工前，应编制施工准备工作计划。施工准备工作计划主要反映开工前和施工中必须做到的有关准备工作。内容一般包括现场准备、技术准备、资源准备及其他准备。单位工程施工准备工作计划如表5-1所示。

表 5 - 1　施工准备工作计划

序号	施工准备项目	内容	负责单位	负责人	起止时间		备注

二、劳动力需要量计划

单位工程施工时所需各种技工、普工人数,主要是根据确定的施工进度计划要求,按月分旬编制的。编制方法是以单位工程施工进度计划为主,将每天施工项目所需的施工人数,按时间进度要求总汇后编出。单位工程劳动力需要量计划表见表 5 - 2。它是编制劳动力平衡、调配的依据。

表 5 - 2　劳动力需要量计划表

序号	工程名称	人数	需用人数及时间									……	备注
			×月			×月			×月				
			上	中	下	上	中	下	上	中	下		

三、主要材料及非标设备需要量计划

确定工程所需的主要材料及非标设备需要量是为储备、供应材料,拟定现场仓库与堆放场地面积,计算运输工程量提供依据。编制方法是按施工进度计划表中所列的项目,根据工程量计算规则,以定额为依据,经工料分析后,按材料的名称、规格、数量、使用时间等要求,分别统计并汇总后编出。单位工程主要材料需要量计划如表 5 - 3 所示。

表 5 - 3　主要材料需要量计划表

序号	材料名称	规格	需要量		需要时间						……	备注
			单位	数量	×月			×月				
					上	中	下	上	中	下		

四、主要机具设备需要量计划

单位工程所需施工机械、主要机具设备需要量是根据施工方案确定的施工机械、机具型号,以施工进度计划、主要材料及构配件运输计划为依据编制。编制方法,是将施工进度图表中每一项目所需的施工机械、机具的名称、型号规格、需要量、使用时间等分别统计汇总。单位工程主要机具设备需要量计划见表5-4,它是落实机具来源、组织机具进场的依据。

表5-4 主要机具设备需要量计划

序号	机具设备名称	型号规格	电动机功率	需用量		来源	使用时间	备注
				单位	数量			

第六节 施工平面图设计

单位工程施工平面图是表示在施工期间,对施工现场所需的临时设施、加工厂、材料仓库、施工机械运输道路,临时用水、电、动力线路等做出的周密规划和具体部署。

单位工程施工平面图是对拟建工程的施工现场所做的平面规划和布置,是施工组织设计的重要内容,是现场文明施工的基本特征。

一、设计内容

施工平面图设计内容主要包括:

单位工程施工平面图通常用1:200～1:500的比例绘制。施工平面图上应设计并标明以下内容:

1. 建筑总平面图上已建和拟建的地上、地下的一切房屋、构筑物及其他设施的位置、尺寸和方位。

2. 自行式起重机、卷扬机、地锚及其他施工机械的工作位置。

3. 各种设备、材料、构件的仓库、堆放场和现场的焊接或组装场地。

4. 临时给排水管线、供电线路、蒸汽压缩空气管道等布置。

5. 生产和生活性福利设施的布置。

6. 场内道路的布置及与场外交通的连接位置。

7. 一切安全及防火设施的位置。

二、设计依据

单位工程施工平面图设计是在工程项目部施工设计人员勘查现场,取得现场周围环境

第一手资料的基础上,依据下列资料并按施工方案和施工进度计划的要求进行设计的,所需资料是:

1. 施工组织总设计及原始资料。

2. 土建施工平面图。了解一切已建和拟建的房屋和构筑物、设备及管线基础的位置、尺寸和方位。

3. 本工程的施工方案、施工进度计划、各种物资需要量计划。

三、设计原则

单位工程施工平面图设计应遵循以下原则:

1. 在尽可能的条件下,平面布置力求紧凑,尽量少占施工用地。少占用地除可以解决城市施工用地紧张外,还有其他重要意义。对于建筑场地而言,减少场内运输距离和缩短管线长度,既有利于现场施工管理,又节省施工成本。通常我们可以采用一些技术措施,减少施工用地。如合理计算各种材料的储备量,尽量采用商品混凝土施工,有些结构构件可采用随吊随运方案,某些预制构件采用平卧叠浇方案,临时办公用房可采用多层装配式活动房屋。

2. 在保证工程顺利进行的条件下,尽量减少临时设施用量。尽可能利用现有房屋作临时施工用房;合理安排生产流程,临时通路,使土方调配量最小;必需时可用装配式房屋,水由管网选择应使长度最短。

3. 最大限度缩短场内运输距离,减少场内二次搬运。各种主要材料、构配件堆场应布置在塔式起重机有效工作半径范围之内,尽量使各种资源靠近使用地点布置,力求转运次数最少。

4. 临时设施布置,应有利于施工管理和工人的生产生活。如办公室应靠近施工现场,生活福利设施最好与施工区分开,分区明确,避免人流交叉。

5. 施工平面布置要符合劳动保护、技术安全和消防要求。现浇石灰池、沥青锅应布置在生活区的下风处,木工棚、石油沥青卷材仓库也应远离生活区。主要消防措施,易燃易爆物品场所旁应有必要的警示标志。

设计施工平面图除考虑上述基本原则外,还必须结合施工方法、施工进度,设计几个施工平面布置方案,通过对施工用地面积、临时道路和管线长度、临时设施面积和费用等技术经济指标进行比较,择优选择方案。

四、单位工程施工平面图设计步骤

安装工程施工主要围绕安装设备的二次搬运、现场组装或焊接、垂直吊装、检测和调试等项目进行。施工平面是一个变化的动态系统,施工平面布置图具有阶段性。施工内容不同,施工平面的布置也就不一样,一般应反映施工现场复杂、技术要求高、施工最紧张时期的施工平面布置情况。如大型设备安装,使用机械较多,设计施工平面图时,可按下列步骤进行。

1. 熟悉、分析有关资料

熟悉设计图纸、施工方案、施工进度计划;调查分析有关资料,掌握、熟悉现场有关地形、水文、地质条件;在建筑总平面图上进行施工平面图设计。

2. 决定起重机械位置

施工现场的材料运输量很大,起重机械如塔式起重机、履带式起重机、钢井架、龙门架等起重机位置,直接影响到材料仓库及堆场位置,砂浆及混凝土搅拌站及场内运输道路、水电管线布置,因此,应首先考虑起重机位置的确定。

固定式垂直运输机械(如井架、龙门架、固定式塔式起重机)的布置,应注意根据机械的运输能力和性能、建筑物的平面形状和大小、施工段的划分、材料的来向和已有运输道路的情况而定。其目的是充分发挥起重机械的能力,并使地面和楼面距离最小。通常,当各建筑物各部分高度相同时,布置在施工段的分界处;当建筑物各部分高度不同时,布置在高低分界处。这样布置的优点是:楼面上各施工段水平运输互不干扰。井架、龙门架最好布置在窗口处,以免墙体留槎,减少拆除后的修补工作;井架的卷扬机不应距起重机过近,以便司机的视线能够看到整个升降过程;点式高层建筑,可选用自升式或附着式塔式起重机,布置在建筑场中间或转折处。

有轨道的起重机械轨道的布置,主要取决于建筑物平面形状和尺寸及周围场地条件。应尽量使起重机械的工作幅度能够将材料和构件直接吊运到建筑物的任何地点,避免出现"死角",如出现,可用井架或其他措施解决。起重机轨道通常在建筑场一侧或两侧布置,必要时应增加转弯设备,在满足施工条件的前提下,争取轨道长度最短。

3. 选择砂浆、混凝土搅拌站位置

搅拌站位置取决于垂直运输机械。布置搅拌机时,应考虑以下因素:

(1)根据施工任务大小和特点,选择适用的搅拌机及数量,然后根据总体要求,将搅拌机布置在使用地点和起重机附近,并与垂直运输机具协调,以提高机械的利用率。

(2)搅拌机的位置尽可能布置在运输道路附近,且与场外运输道路相连接,以保证大量的混凝土原材料顺利进场。

4. 确定材料及半成品堆放位置

材料、构件的堆场位置应根据施工阶段、施工部位及使用时间不同,有以下几种布置:

(1)建筑物基础和第一层施工所用的材料,应该布置在建筑物周围,并根据基槽(坑)的深度、宽度和边坡坡度确定,与基槽(坑)边缘保持一定距离,以免造成土壁塌方事故。

(2)第二层以上材料布置在起重机附近。

(3)砂、石等大宗材料,尽量布置在起重机附近。

(4)多种材料同时布置时,对大宗的、重量大的和先期使用的材料,尽可能靠近使用地点或起重机附近布置;而对少量的、重量轻的和后期使用的材料,则可布置得远一些。

(5)按不同的施工阶段、使用不同的材料的特点,在同一位置上可先后布置不同的材料。例如:砖混结构基础施工阶段,建筑物周围可堆放毛石;而在主体结构施工阶段,在建筑物周围可堆放标准砖。

5. 确定场内运输道路

现场主要道路应尽可能利用永久性道路或先做好永久性道路和路基,在土建工程结束前再铺路面。现场道路布置时应注意保证行驶畅通,在有条件的情况下,应布置成环形道路,使运输工具具有回转的可能性,并直接通达材料堆场。道路宽度:单行道一般宽不小于3.5 m,双车道宽度不小于5.5~6 m。道路的布置应尽量避开地下管道,以免管线施工时使道路中断。

6.确定各类临时设施位置

单位工程现场临时设施很少,主要有办公室、工人宿舍、加工车间、仓库等。临时设施的位置一般考虑使用方便,并符合消防要求;为了减少临时设施费用,临时设施可以沿围墙布置;办公室靠近现场,出入口设门卫。有条件最好将生活区与生产区分开,以免相互干扰。

施工的临时用水一般由建筑单位的干管或自行布置的干管接到用水地点。最好采用生活用水,应环绕建筑物布置,不留死角,并力求管网总长最短。管径大小和龙头数目的设置需视工程规模大小通过计算而定,管道可以埋于地下,也可以铺在地面上,以当时当地的气候条件和使用期限而定。工地内设置的消火栓距建筑物不小于 5 m,也不应大于 25 m,距离路边不大于 2 m。施工时,为防止停水,可在建筑物附近设简单的蓄水池,储存一定的生产和消防用水,若水压不足,还需设置高压水泵。

临时用电设计计算包括用电量计算、电源选择、电力系统选择与配置。用电量计算包括生产用电及室内外照明用电计算、选择变压器、确定导线的截面及类型。变压器应设在场地边缘高压电线接入处;变压器离地面距离应大于 30 m,在四周 2 m 外用高于 1.7 m 钢丝网围护以保证其安全;变压器不得设在交通要道口处。

总之,建筑施工是一个多变复杂的生产过程,各种施工机械、材料、构件等是随着工程的进展而逐渐进场的,而且又随着工程的进展而逐渐变动、消耗。因此,在整个施工过程中,它们在工地的布置情况随时在改变。为此,对于大型工程或场地狭小的工程,可以根据不同的施工阶段设计几张施工平面图,以便把不同施工阶段的合理布置生动地反映出来。在设计不同阶段施工平面图时,对整个施工期间的临时设施、道路、水电管线,不要轻易变动以节省费用。设计施工平面图时,还应广泛征求各专业施工单位的意见,充分协商,以达到最佳设计。

第七节　施工技术组织措施

一、保证工程质量的主要施工技术组织措施

1.严格执行国家颁布的有关规定和现行施工验收规范,制定一套完整和具体的确保质量制度,使质量保证措施落到实处。

2.对施工项目经常发生质量通病的方面,应制定防治措施,使措施更有实用性。

3.对采用新工艺、新材料、新技术和新结构的项目,应制定有针对性的技术措施。

4.对各种材料、半成品件等,应制定检查验收措施,对质量不合格的成品与半成品件,不经验收不能使用。

5.加强施工质量的检查、验收管理制度。做到施工中能自检、互检,隐蔽工程有检查记录,交工前组织验收,质量不合格应返工,确保工程质量。

二、保证安全施工措施

安全为了生产,生产必须安全。为确保安全,除贯彻安全技术操作规程外,应根据工程特点、施工方法、现场条件,对施工中可能发生安全事故方面进行预测,提出预防措施。

1. 加强安全施工的宣传和教育。

2. 对采用,新工艺、新材料、新技术和新结构的工程,要制定有针对性的专业安全技术措施。

3. 对高空作业或立体交叉施工的项目,应制定防护与保护措施。

4. 对从事各种火源、高温作业的项目,要制定现场防火、消防措施。

5. 要制定安全用电、各种机械设备使用、吊装工程技术操作等方面的安全措施。

三、冬雨期施工措施

当工程施工跨越冬季和雨季时,应制定冬期施工和雨期施工措施。

1. 冬期施工措施。冬期施工措施是根据工程所在地的气温、降雪量、冬期时间,结合工程特点、施工内容、现场条件等,制定防寒、防滑、防冻和改善操作环境条件,保证工程质量与安全的各种措施。

2. 雨期施工措施。雨季施工措施是根据工程所在地的雨量、雨期时间,结合工程特点、施工内容、现场条件,制定防淋、防潮、防淹、防风、防雷、排水等,保证雨期连续施工的各项措施。

四、降低成本措施

降低成本是提高生产利润的主要手段。因此,施工单位编制施工组织设计时,在保质、保量、保工期和保施工安全条件下,要针对工程特点、施工内容,提出一些必要的方法来降低施工成本。如就地取材、降低材料单价、合理布置材料库、减少二次搬运、提高工作效率等。

第八节　主要技术经济指标计算

评价单位工程施工设计可用技术经济指标来衡量,技术经济指标的计算应在编制相应的技术组织措施计划的基础上进行。一般主要有以下指标:

一、工期指标

指单位工程从开始施工到完成全部施工过程,达到竣工验收标准为止,所用的全部有效施工天数与定额工期或参考工期相比的百分数,即

$$工期指标 = 设计工期/定额工期 \times 100\%$$

二、工程成本指标

1. 总工程费用:即完成该单位工程施工的全部费用。

2. 降低成本指标:

$$降低成本额 = 预算成本额 - 计划成本额$$
$$降低成本率 = 降低成本额/预算成本额 \times 100\%$$

3. 日产值:

$$日产值 = 计划成本/工期(元/日、万元/日)$$

4. 人均产值。

三、劳动消耗指标

1. 单位产品劳动力消耗。
2. 劳动力不均衡系数 K：

$$K = 最多工人数/平均工人数 \times 100\%$$

四、主要施工机械利用指标

1. 主要施工机械利用率。
2. 施工机械完好率。
3. 施工机械化程度。

此外,还有整体吊装程度及质量安全指标等。

第九节　单位工程施工组织设计实例

临时用电施工组织设计

一、编制依据

《高层民用建筑防火规范》(GB 50045—95 2005 年版)
《住宅建筑规范》(GB 50368—2005)
《施工现场临时用电安全技术规范》(JGJ46—2005)
《漏电保护器安装和运行》(GB 1395—92)
设计文件、施工合同等

二、工程概况及现场勘测

1. 工程建设情况
工程名称：××××大学软件工程有限公司总部基地
工程地址：××市××区创新路与科技四街交叉口
建设单位：××软件工程有限公司
设计单位：××城市规划设计院
勘察单位：××设计研究院
监理单位：××监理公司
施工单位：××建筑集团股份有限公司第××分公司

2. 本工程建筑面积：28 600 平方米,建筑层数：12/ −1 层,建筑高度：49.8 m。结构形式：框架结构。

3. 现场设两个塔吊、升降机作垂直运输设备,钢筋制作棚、木工棚各一座；现场搅拌机、地泵、手提电动工具、办公区、生活区等。

三、用电负荷计算

1. 主要机具设备计划

表 5－5 主要机具设备计划

序号	名称	规格	单位	数量
1	施工电梯	45 kW		2
2	塔吊	50 kW	〃	2
3	电锯	2 kW		2
4	电焊机	24 kW	〃	2
5	弯曲机	2 kW	〃	2
6	调直机	2 kW	〃	2
7	切断机	4 kW		2
8	搅拌机	350 型－4 kW	〃	2
9	振捣电机	2 kW	〃	2
10	地泵	90 kW		1
11	照明	20 kW		

2. 施工用电负荷计算（单台）

表 5－6 电负荷计算

名称 \ 项目	设备容量 /kW	需用系数	功率因数	计算容量 /kW	计算电流 /A	导线规格
升降机	45	0.7	0.75	33.75	93	VV－3×25＋2×10
塔吊	55	0.7	0.75	38.5	101	VV－3×25＋2×10
电锯	2.0	0.7	0.75	6.0	15.0	VV－4×2.5
电焊机	12	0.45	0.45	6.8	23.0	VV－4×10
弯曲机	2	0.7	0.75	2.8	5.8	VV－4×2.5
调直机	2	0.7	0.75	2.1	4.3	VV－4×2.5
切断机	3	0.7	0.75	2.8	5.68	VV－4×2.5
搅拌机	5.5	0.7	0.68	3.0	9.0	VV－4×4
振捣电机	2	0.7	0.7	4.5	10.0	VV－4×2.5
地泵	90	0.7	0.75	63	165	VV－3×70＋2×35
照明	20	1.0	0.55	20.0	50.0	VV－4×25＋1×16
合计	260			257	483	VV－3×240＋1×185

3. 负荷计算依据

①根据在建工程的工作量与施工进度,依土建技术人员提供的用电设备和现场勘测的具体情况,确定设备位置。

②根据各类施工机械的运行、工作特点,有许多设备不能同时运行,如地泵、电焊机、搅拌机等;有的设备不可能同时满载运行,故本设计采用需用系数法进行负荷计算。

③线路的末端电压损失不应超过容许值5%;本工程的用电设备距总配电箱不超过

100 m,故线径以计算电流换算。

④按照敷设方法、环境温度及使用条件确定导线的截面,其额定载流量不应小于预期负荷的最大计算电流,参照负荷计算表

4. 负荷计算公式

$$P_{js} = K_x \cdot P_s (kW)$$
$$Q_{js} = P_{js} \cdot \tan \psi (Kvar)$$
$$S_{js} = \sqrt{P_{js}^2 + Q_{js}^2}$$
$$I_{js} = \frac{P_{js}}{\sqrt{3} U_e \cdot \cos \psi}$$

式中　　P_{js}——有功计算负荷;

　　　　P_s——设备总负荷;

　　　　Q_{js}——无功计算负荷;

　　　　S_{js}——视在计算负荷;

　　　　I_{js}——计算电流;

　　　　K_x——需用系数;

　　　　$\cos \psi$——功率因数;

　　　　U_e——三相用电负荷电压;

　　　　$\tan \psi$——功率因数对应的正切值。

5. 负荷计算:

(1)电力负荷计算:

①AP1 箱,地泵 90 kW,$K_x = 0.75$　$\cos \varphi = 0.65$　$\tan \varphi = 1.17$

$$P_{js} = K_x P_s = 0.75 \times 90 = 63 \text{ kW}$$
$$Q_{js} = P_{js} \tan \varphi = 63 \times 1.17 = 73.71 \text{ kVA}$$
$$I = 165.78 \text{ A}$$

现场实际配线:$3 \times 70^2 + 1 \times 35^2$　可以满足荷载流量。

②AP2 箱:升降机一台,45 kW,振捣电机 2 台 4 kW,镝灯 3 500 W,现场照明 2 kW,一台电焊机,12 kW

升降机:　　　　　　$K_x = 0.75$　　$\cos \varphi = 0.65$　　$\tan \varphi = 1.17$

$$P_{js} = K_x P_s = 0.75 \times 45 = 49.5 \text{ kW}$$
$$Q_{js} = P_{js} \tan \varphi = 49.5 \times 1.17 = 57.91 \text{ kVA}$$

现场照明:　　　　　　$K_x = 0.35$　　$\cos \varphi = 1.00$　　$\tan \varphi = 0$

$$P_{js} = K_x P_s = 0.35 \times 5.5 = 1.925 \text{ kW}$$
$$Q_{js} = P_{js} \tan \varphi = 0$$

振捣电机:

$$P_{js} = K_x P_s = 0.7 \times 2 \times 2 = 2.8 \text{ kW}$$
$$Q_{js} = P_{js} \tan \varphi = 2.8 \times 1.02 = 2.85 \text{ kVA}$$

电焊机　　　　　　$K_x = 0.7$　　$\cos \varphi = 0.65$　　$\tan \varphi = 1.02$

$$P_{js} = K_x P_s = 0.7 \times 12 = 8.4 \text{ kW}$$
$$Q_{js} = P_{js} \tan \varphi = 8.4 \times 1.02 = 8.568 \text{ kVA}$$
$$I = 146 \text{ A}$$

查表:现场实际配线 $3 \times 50 + 2 \times 25$,能够满足其载流量。

③AP3 箱,生活照明 5 kW,现场照明 3 kW,弯曲机 $4 \times 4 = 16$ kW,调直机 $2 \times 4 = 8$ kW,钢筋切断机 $2 \times 4 = 8$ kW

生活照明:
$$K_x = 1.0 \quad \cos \varphi = 0.55 \quad \tan \varphi = 1.52$$
$$P_{js} = K_x P_s = 1.0 \times 5 = 5 \text{ kW}$$
$$Q_{js} = P_{js} \tan \varphi = 5 \times 1.52 = 7.6 \text{ kVA}$$

现场照明:
$$K_x = 0.35 \quad \cos \varphi = 1.0 \quad \tan \varphi = 0$$
$$P_{js} = K_x P_s = 0.35 \times 3 = 1.05 \text{ kW}$$
$$Q_{js} = P_{js} \tan \varphi = 1.05 \times 0 = 0 \text{ kVA}$$

弯曲机　调直机　切断机:
$$K_x = 0.7 \quad \cos \varphi = 0.75 \quad \tan \varphi = 0.88$$
$$P_{js} = K_x P_s = 0.7 \times (16 + 8 + 8) = 22.4 \text{ kW}$$
$$Q_{js} = P_{js} \tan \varphi = 22.4 \times 0.88 = 19.71 \text{ kVA}$$
$$I = 74.86 \text{ A}$$

查表:现场实际配线 $3 \times 35 + 2 \times 16$,能够满足其载流量。

④AP4 箱:63 塔吊 1 台,现场照明镝灯 2 盏

塔吊:
$$K_x = 0.7 \quad \cos \varphi = 0.65 \quad \tan \varphi = 1.17$$
$$P_{js} = K_x P_s = 0.7 \times (22 + 2 + 7.5 + 3.5) = 56.7 \text{ kW}$$
$$Q_{js} = P_{js} \tan \varphi = 56.7 \times 1.17 = 66.34 \text{ kVA}$$

现场照明:
$$K_x = 0.35 \quad \cos \varphi = 1.0 \quad \tan \varphi = 0$$
$$P_{js} = K_x P_s = 0.35 \times 7 = 2.45 \text{ kW}$$
$$Q_{js} = P_{js} \tan \varphi = 2.45 \times 0 = 0 \text{ kVA}$$
$$I = 155.6 \text{ A}$$

查表:现场实际配线 $3 \times 35 + 2 \times 16$,能够满足其载流量。

(2)计算以上负荷量,取同期系数 $K_x = 0.9$
$$P = 0.9 \times (63 + 49.5 + 2.8 + 8.4 + 22.4 + 56.7) = 183 \text{ kW}$$
$$Q = 0.9 \times (73.71 + 57.91 + 2.85 + 8.56 + 19.71 + 66.34) = 206 \text{ kVA}$$

整个现场的负荷为:
$$S = \sqrt{(183 + 1.925 + 5 + 1.05 + 2.45)^2 + (206 + 7.6 + 0)^2}$$
$$= \sqrt{(193)^2 + (214)^2} = \sqrt{(37\ 249 + 45\ 796)} = 214 \text{ kVA}$$

(3)计算总电流:
$$I = S_j / U_3 = 214 / 0.66 = 324 \text{ A}$$

四、选择变压器

选择变压器容量:有 25% 余量
$$214 \times 1.25 = 268 \text{ kVA}$$

拟定选用 SJL1 - 1315/10 型三相电力变压器,其额定容量 $S_e = 315$ kVA,E 额定电压 10/0.4 kV 满足要求。根据实际情况总配电箱设在建筑物南侧。

五、总电源进线、配电室、配电装置、用电设备位置及线路走向

1. 配电室的位置及布置

(1)配电室距变压器 55 m,距建筑物 15 m。避免配电线路的不均衡和减小导线截面,

从而提高配电质量。同时还能使配电线路走向清晰便于检查、维护,节约投资。

(2)进出线方便,且便于电气设备的搬运。

(3)避开多尘、震动、高温、潮湿等不良环境。

(4)配电室要做重复接地以实现正常不带电的金属部分为大地等电位的等位体。

2.配电箱与开关箱

(1)本工程临时用电采用

TN-S三相五线保护体系。

三级配电:总配电箱、分配电箱、开关箱,动力配电与照明配电设置。

两极保护:指分配电箱和开关箱,均必须经漏电保护开关保护。

(2)配电箱的材质和安置要求

①配电箱、开关箱应采用铁板或优质绝缘材料制作,铁板的厚度应大于1.2 mm。

②固定式配电箱、开关箱的下底与地面的垂直距离为1.6 m,移动式配电箱、开关箱的下底与地面的垂直距离宜0.8 m~1.6 m之间。

③分配电箱与开关箱的距离不得超过30 m。开关箱与其控制的固定式用电设备的水平距离不宜超过3 m。

④配电箱、开关箱应装设在干燥、通风及常温场所;不得装设在易受外来固体撞击、强烈震动、液体侵溅及热源烘烤的场所。

⑤配电箱周围应有足够二人同时工作的空间和通道,严禁堆放任何妨碍操作及维修工作的物品;不得有灌木、杂草。

⑥配电箱、开关箱必须有防雨、防尘设施,必须有门锁。

(3)相线、颜色及接地

①多回路的配电箱,面向盘从左起:A   B   C   /   黄   绿   红

②工作零线   N   淡蓝色

③保护零线 P_E 为绿/黄

④手持电动工具 P_E 线≮1.5 mm²;其他设备 P_E 线   ≮2.5 mm²   采用多股绝缘铜线.

(4)电阻值

工作接地: $R \not> 4\ \Omega$

重复接地: $R \not> 10\ \Omega$

防雷接地: $R \not> 30\ \Omega$

中性点接地:$R \not> 10\ \Omega$

(5)配电箱开关箱装设的电器要求

①常规的箱内安装是左大右小,大容量的控制开关和熔断器装设在左面,小容量的开关电器安装在右面。

②配电箱内的电器,应安装在金属或非木质的绝缘安装板上。

③配电箱、开关箱及其内部开关电器的所有正常不带电的金属部件均应作可靠的保护接零。保护接零必须采用标准化黄/绿双色线及专用接线板连接,与工作零线应有明显的区别。

④配电箱、开关箱电源导线的进出为上进下出,不能设在上面、后面或侧面,更不应当从门缝隙中引进和引出导线。

⑤导线的进、出口处,应加强绝缘,并将导线卡固。

⑥配电箱、开关箱内优先选用铜线。为了保证可靠的电气连接,保护零线应采用绝缘铜线。

⑦所有配电箱,均应标明其名称、用途,并做出分路标记。

⑧进入开关箱的电源线,严禁用插销连接。

(6)总配电箱的电器配置与接线

①用电采用 TN－S 系统。因本工程现场较大,临时线路较多,所以总配电箱应设置漏电保护器(FQ)。

②分配电箱,应装设总隔离开关和分路隔离开关、总熔断器和分路熔断器(或自动开关和分路自动开关);总开关电器的额定值、动作整定值应与分路开关电器的额定值、动作整定值适应。

③总配电箱,应装设电压表、总电流表、总电度表总漏电开关及仪表。

(7)分配电箱的电器配置与接线

①分配电箱的电器设置与接线,应与总配电箱的电器设置与接线,以及配电线路相应适应。

②分配电箱,应装设总隔离开关、分路隔离开关、总熔断器和分路熔断器(或自动开关和分路自动开关);总开关电器的额定值、动作整定值应与分路开关电器的额定值、动作整定值适应。

(8)开关箱的电器配置与接线

①开关箱的电器配置与接线,应与分配电箱的电器配置与接线,以及配电线路相适应。作为施工现场临时用电工程的第一级,也是最主要的防漏电措施,所以开关箱必须设置漏电保护器。

②每台用电设置,应有各自专用的开关箱,必须实行"一机一箱一闸一保护"制,严禁用同一开关电器直接控制两台或两台以上用电气设备(含插座)。

③开关箱内的开关电器,能在任何情况下都可以使用电设备,实行电源隔离。开关箱设置漏电保护器。

(9)配电线路电器设备的检验规定

①总配电箱应设置在靠近电源的地方,分配电箱应装设在用电设备或负荷相对集中的地方。分配电箱与开关箱的距离不得超过 30 m,开关箱与其控制的固定式用电设备的水平距离不宜超过 3 m。

配电箱、开关箱应设置在干燥、通风及常温场所。配电箱、开关箱周围应有足够两人同时工作的空间,其周围不得堆放任何有碍操作、维修的物品。

配电箱、开关箱安装要端正、牢固。移动式的箱体应安装在坚固的支架上,不得歪斜和松动;固定式配电箱、开关箱的中心与地面的垂直距离应 >1.3 m, <1.5 m;移动式分配电箱、开关箱的中心与地面的垂直距离为 0.6 ~ 1.5 m。配电箱、开关箱中导线的进口和出口应设在箱底下底面,严禁设在箱体的上顶面、侧面、后面或箱门处。

配电箱后面的排线须排列整齐,绑扎成束,并用卡钉固定在盘板上,盘后引出及引入的导线应留出适当的余度,以便检修。

②根据本工程的实际情况及工程使用机械分布情况,临时配电必须符合《施工现场临时用电安全技术规范》(JGJ46—2005)的规定,符合 TN－S 接零保护系统。TN－S 系统总配电箱与分配电箱及开关箱电器配置接线图(见施工现场临时用电干线布置图)。

③导线形式:

引入施工现场的导线采用地埋形式。凡属于直接接地的电气设备,均使用五芯电缆。

电缆埋地深度为 0.8 m,并在电缆上下各均匀铺设 50 mm 厚的细砂,然后上部用砖盖好,保护层在过道口处加 50 mm 套管。

电缆穿越过建筑物、构造物、道路、局部机械损伤的场所必须加防护 50 mm 套管。

电缆接头应牢固可靠,并做好绝缘绑扎,保持绝缘性,不得承受张力,现场所用电源,严禁沿地明敷。

④室内配线

a. 室内暗配线必须采用绝缘导线,采用线卡离地面距离不 <2 m。

b. 进户线要有穿墙套管,套管距地面不 <2.5 m,并做好防雨措施。

c. 进户线的户外端采用线卡固定。

d. 室内所用导线截面,应根据用电设备的计算负荷确定,铝线截面应不 <4 mm²,铜线截面应不 <2.5 mm²。

e. 室内布线应有条有理,布置合理。

f. 电线接头,必须牢固可靠,并做好绝缘包扎,保持绝缘性能。

g. 所用电线,严禁有破皮漏电现象。

h. 员工宿舍照明采用 36 V 安全电压

3. 导线截面和电器类型

(1)线路的末端电压损失不应超过容许值为 5%;

(2)按照敷设方法、环境温度及使用条件确定导线的截面,其额定载流量不应 <预期负荷的最大计算电流,参照负荷计算表;

(3)电缆中采用包含全部工作芯线和用作保护零线或保护芯线,采用三相五线配电的电缆线路采用五芯电缆。

(4)开关箱与用电设备之间实行"一机一闸"制;

用于接通和切断长期工作设备的电源或不经常启动、容量 <5.5 kW 的电机的开关选择刀闸开关。

六、设计接地装置

1. 在施工现场中的 TN - S 接零保护系统中,电器设备的金属外壳必须与保护零线连接。保护零线应由工作接地线、配电室(总配电柜)电源侧零线或总漏电保护器电源侧线外引出(图 5 - 2)

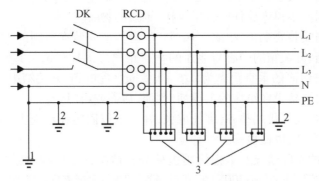

图 5 - 2 TN - S 接零保护系统示意图

1—工作接地;2—PE 线重复接地;3—电气设备金属外壳(正常不带电的外露可导电不分);

L_1、L_2、L_3—相线;N 工作接零;PE—保护零线;DK—总电源隔离开关;

RCD—总漏电保护器(兼有短路、过载、漏电保护功能的漏电断路器)

2. 电器设备的接地、接零保护应与原系统保持一致。不得一部分设备做保护接零，另一部分做保护接地。采用 TN－S 系统做保护接零时，工作零线（N 线）必须通过总漏电保护器，保护零线（PE 线）必须由电源进线零线重复接地处或总漏电保护器电源侧零线处，引出形成局部 TN－S 接零保护系统（图 5－3）

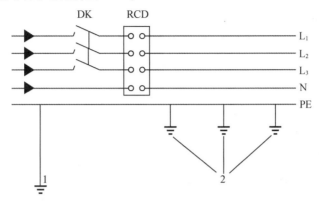

图 5－3　三相四线供电时局部 TN－S 接零保护系统保护零线引出示意

1—NPE 线重复接地；2—PE 线重复接地；$L_1/L_2/L_3$—相线；

2—N－工作零线 PE－保护零线；DK—总电源隔离开关；RCD—总漏电保护器（兼有短路、过载、漏电保护功能的漏电断路器）

在 TN－S 系统中，下列电器设备不带电的外露可导电部分应做保护接零：

①电机、变压器、电器、照明器具、手持式电动工具金属外壳；

②电器设备传动装置的金属部件；

③配电柜与控制柜的金属框架及靠近带电部分的金属围挡和金属门；

3. TN－S 系统中的保护零线除必须在配电室或总配电柜做重复接地外，必须在配电系统中间处和末端处做重复接地。保护零线每一处重复接地装置的接地电阻值不应 >10 Ω。在工作接地电阻值达到 10 Ω 的电力系统中，所有重复接地的等效电阻值不应 >10 Ω。

4. 在配电室进户处做重复接地，接地体为三根 G50 管，相距 2.0 米，其电阻应 <10 Ω；（详见施工图 5－4）

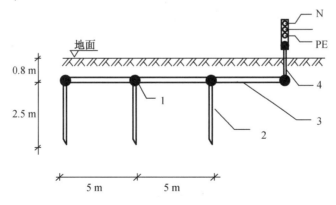

图 5－4　重复接地施工图

1—焊接点（满焊）；2—ϕ50 镀锌管；3—3×50 镀锌扁钢；4—ϕ12 镀锌圆钢

注：地面下 0.8 m 为回填土

5. 为确保接地良好,在施工现场又做三处重复接地,接地体利用柱内柱筋为自然接地体详见平面图。接地线为 $\varphi 12$ 镀锌圆钢

6. TN—S 三相五线接零保护架设要求。

(1)保护零线严禁通过任何开关或熔断器。

(2)保护零线作为接零保护专用线,必须独用,不能混用。

(3)保护零线除了从工作接地线(变压器)或总配电箱电源侧零线引出外,在任何地方不得与工作零线有电气连接,特别注意:不得采用螺纹钢和铝导线,并不得利用箱体串联,只能并联。防止经过铁质箱体形成电气连接。

(4)PE 线的引出

①从 N 线的接地处引出;

②从三相四线的 N 线外引出;

③从总的保护器的 N 线进线端引出。

七、设计防雷装置

1. 避雷装置由避雷针、导(防)雷引下线和接地装置组成。

2. 做防雷接地机械上的电气设备,所连接的 PE 线必须同时做重复接地,同一台机械电气设备的重复接地和机械的防雷接地要共用同一接地体,但接地电阻应符合重复接地电阻值的要求。

施工现场的塔起重机设置防雷接地用 $\phi 40 \times 3.5$ 的镀锌钢管打入土中不小于 2.5 米,每台塔吊用两根相距 6 米,40×4 镀锌扁铁与塔身进行连接。

八、安全用电技术措施

1. 停电安全措施

(1)全部停电和部分停电的检修工作步骤:停电、验电、放电、装临时接地线、装设遮拦和挂上对号的安全警示牌等,然后正式检修,确保安全。

(2)停电时,对所有能够检修部分与送电线路,要全部切断,而且每处至少要有一个明显的断开点,并应采用防止误合闸的措施。

2. 不停电检修

(1)检修人员要经过严格培训,熟练掌握不停电检修技术与安全操作知识;

(2)保证有足够的安全距离,时间不宜太长。

3. 接地与接零

(1)施工现场供电采用 TN – S 系统;

(2)工作零线应由变压器的零线和配电室的保护接地引出接到一级漏电保护器上端 N 线上。

(3)保护零线应由工作接地线或配电室的零线引出;

(4)保护零线必须在配电室(或总配电箱)配电线路中间和末端至少三处做重复接地,重复接地应与保护零线连接;

(5)电气设备的正常情况下不带电的金属外壳、框架、部件、轨道、金属操作台及靠近带电部分的金属围栏、金属门等均应作保护接零;

4. 配置漏电保护器

（1）施工现场的配电箱（配电室）和开关箱应至少配置两级漏电保护器。

（2）漏电保护器应选电流动作型，一般场合漏电保护器的额定漏电动作电流不大于 30 mA，额定漏电动作时间应不大于 0.1 S。

5. 对漏电保护器的管理

定期用漏电保护器检测仪对漏电保护器进行检查.

（1）漏电保护器的使用

①当有人触电时，在尚未达到受伤害的电流和时间内即跳闸断电。

②若设备线路发生漏电故障，应在人尚未触及时即先跳闸断电，避免设备长期存在隐患，以便及时发现并排除故障（如未排除故障，则无法合闸送电）。

③可以防止因漏电而引起的火灾或损坏设备等事故。

（2）漏电保护的接线方法

①漏电保护器，应装设在配电箱电源隔离开关的负荷侧和开关箱电流隔离开关的负荷侧。

②开关箱内的漏电保护器，应采用防溅型产品，其额定漏电动作时间应小于 0.1 s。

③可以防止因漏电而引起的火灾或损坏设备等事故。

④在干燥环境下工作的 36 V 及 36 V 以下的用电设备，可免装漏电保护器。

⑤总配电箱和开关箱中两级漏电保护器的额定漏电动作电流漏电动作时间，应作合理配合，使之具有分级分段保护功能。

⑥漏电保护器，必须按产品说明书安装和使用。对存放已久又重新启用和连续使用一个月的漏电保护器，应认真检查其性能，发现问题及时修理或更换。

九、电气防火技术措施

1. 电工必须熟悉电工安全技术操作规程，取得特种作业资格证，持证上岗。

2. 电工必须穿戴经测试合格的绝缘用品上岗作业。

3. 电工必须了解施工现场的周围环境，机械设备上的电器装置，用电负荷，电器线路等情况。

4. 使用电缆前，检查有破损老化，漏电等现象不许使用，有接头处必须引出地面，并做好防火处理。

5. 现场的总分配电箱，开关箱，电气线路的架设，拆除设备的维护，安装等工作由电工负责。

6. 施工现场的总配电箱内安装 80 mA 动作 0.1 s≤电流<0.2 s 的漏电保护器一个，分配电箱内安装 50 mA 动作电流<0.1 s 的漏电保护器，设备开关箱内按设备电流配置动作电流<0.1 s 的漏电保护器。每天要逐个检查漏电保护器的可靠性。

7. 设备开关箱在设备工作时不许上锁，工作完毕后由操作人员先切断电源后并上锁。

8. 在现场的电气系统中不准：一部分电气设备接地，另一部分电气设备接零，但可以全部接零或接地。

9. 全部闸具的熔断丝必须按 JGJ46—2005《施工现场临时用电安全技术规范》规定选用，严禁用铁丝和铜丝代替。

10. 开关箱的金属箱体，金属底板及箱内，正常不带电的金属底座外壳及其底座部分必须接零。

11. 如有电器着火时,应先切断一级电源开关后再进行灭火,不能切断电源的紧急情况下,应选用不导电的干粉灭火器,严禁使用导电的泡沫灭火剂灭火。

十、临时用电档案

施工现场临时用电必须建立安全技术档案,并应包括以下内容:

1. 临时用电施工组织设计的全部资料;

2. 临时用电检查验收表;

3. 电器设备试验调试记录;

4. 接地电阻测定记录表;

5. 定期检(复)查表;

6. 漏电保护器检测记录;

7. 电工维修工作记录:安全技术档案应由主管和现场的电气技术人员负责建立与管理。其中"电工安装、巡检、维修、拆除工作记录"可指定电工代管,每周由项目经理审核认可,并应在临时用电工程拆除后统一归档,应定期检查。

十一、触电事故应急预案

1. 目的

为降低施工现场群体触电事故发生时对企业(项目部)造成的不良影响,保证施工人员生命、财产安全,依据《中华人民共和国安全生产法》及国务院第 393 号令要求,结合企业的实际情况,特制定本应急救援预案。

2. 适用范围

适用于施工现场内发生的各种(群体)触电事故的救援。

3. 事故救援抢险原则

先防护、后抢险,确保抢险过程中不发生新的人员伤害。

4. 救援设施、设备

(1)救援设施

生产办公室作为临时应急救援指挥部;企业(项目部)车辆作为临时应急救援车辆;企业(项目部)办公电话、管理人员的个人电话与对讲机等。

(2)救援设备

①交通运输与通信类:企业(项目部)车辆作为临时应急救援车辆;企业(项目部)办公电话、管理人员的个人电话与对讲机等。

②工具类:绝缘手套、绝缘鞋、绝缘断线钳、试电笔、木杆、安全绳、安全带、安全帽、安全网、60 mm 木板、手持电动工具。

③医用类:冷冻冰、解暑药、毛巾、水盆、医用酒精、碘酒、过氧化氢、保健药箱(体温计、止血带、绷带、胶布、创可贴、消炎药、手电筒、速效救心丸、强心剂、注射器、酒精棉球等)、氧气袋、滴瓶架、生理盐水、担架、处置床、乳胶手套、护目镜等。

5. 触电事故应急救援指挥部

总 指 挥:××(项目经理)

副总指挥:××(安全员)、××(工 长)、××(工 长)

通　信　组：组长—××(安全员)

　　　　　　组员—××(技术员)(木工组长)

技　术　组：组长—××(技术负责人)

　　　　　　组员—××(保管员)(消防工组长)

引　导　组：组长—××(工　长)

　　　　　　组员—××(材料员)(钢筋工组长)

保　卫　组：组长—××(工　长)

　　　　　　组员—××(放线员)(架子工组长)

救　护　组：组长—××(质检员)

　　　　　　组员—××(保管员)(水暖工组长)

抢　救　组：组长—××(放线员)

　　　　　　组员—××(材料员)(电气工组长)

善后处理组：××(项目经理)

组员—××(技术负责人)　　　××(保管员)

　　　　××(工　长)　　　　××(安全员)

　　　　××(放线员)　　　　××(力瓦工组长)

6. 职责

(1)总指挥：(事前)审批"应急救援预案",保证演练计划的实施与完成；(事中)指挥全面救援工作；(事后)组织有关人员协助上级部门对事故进行调查、取证。

(2)副总指挥：(事前)组织编制"应急救援预案"；(事中)协助总指挥全面组织抢险救援工作；(事后)协助总指挥配合上级部门,对事故进行调查、取证,并写出内部调查、总结报告。

(3)通信组：(事中)负责事故发生期间的通信联络工作,安排有关人员详细记录领导的指示及与有关部门、人员联络的情况。

(4)技术组：(事中)对事故现场进行勘察,对可能在救援过程中再次发生事故的情况,制定临时救援方案,并在救援过程中进行现场监督,防止发生新的险患。

(5)引导组：安排有关人员在主要路口,引导专业救援车辆及人员,使其顺利到达事故现场。

(6)保卫组：(事中)负责安排有关人员对施工现场进行内、外部隔离,并禁止无关人员进入；确保有关人员的生命财产安全。

(7)抢救组：(事中)按技术组编制的临时救援方案要求,在确认不会发生新危险的前提下,在专业救援人员未到达事故现场前,抢救遇险人员。

(8)救护组：(事中)对事故现场伤亡人员进行简单救护,及时护送伤者到附近医院治疗；在专业救护人员到来后,按其要求协助救护工作。

(9)善后处理组：在事故处理过程中,协助上级主管部门对伤亡者家属进行安抚与理赔。

7. 触电事故规模的划分

(1)小规模触电事故：一人触电,不能发生二次触电事故。

(2)中等规模触电事故：二人以上触电,并可能发生二次触电事故。

(3)大规模触电事故：三人以上触电,随时有二次触电的可能。

8. 救援要求

(1)触电事故发生后,维护电工立即切断电源,防止抢险中发生再次触电事故。

(2)立即将伤者送往医院救护。

(3)严禁冒险进行救援。

(4)救援进行时,抢救组长要对事故现场进行标识或拍照,救援结束后要将事故现场恢复原状。

9. 应急预案启动程序

(1)事故发生后,如果总指挥不在现场,在总指挥返回前,由副总指挥主持救援工作。如果个别组长不在企业(项目部),在组长返回前,按组员排列顺序,由本组成员代替组织救援工作。

(2)企业(项目部)任何管理人员有责任在接到事故报告后,于第一时间通知总指挥(或安全员)及通信组成员。

(3)通信组工作程序

①立即通知企业(项目部)相关人员到达事故现场。

②立即报告企业安全部。

③如事故中有人受伤较重,通信组长应立即向市急救中心报警求助。

(4)技术组工作程序

①技术组及相关人员立即到事故现场进行勘察并简单记录。

②根据事故现场实际情况,对可能发生二次险患的事故,编制切实可行的临时救援方案。

③对中等规模以上(含中等规模)的触电事故,技术组对救援抢险进行全过程现场监控。

(5)引导组工作程序

①引导组长在(项目部)办公指挥引导工作,并准备接受总指挥交给的新任务。

②引导成员分别指挥有关人员,在××(路)与××(路)交口,迎接并引导求援车辆、救护车进入事故现场。

(6)保卫组工作程序

①保卫组立即指挥专人封锁事故现场,禁止除抢险人员外的任何人员、车辆进出现场。

②安排专人对办公区、生活区巡逻、检查,防止意外情况的发生。

(7)抢救组工作程序

①按技术组制定的抢险方案进行抢险、救援工作。

②抢险过程中必须随时注意事故现场的环境,时刻防止新的事故发生。

③抢险过程中,注意力要高度集中,即要保护自己的安全,又必须防止伤害到遇险人员。

④及时将抢救出的伤员转移到安全位置,移交救护组。

(8)救护组工作程序

①救护组长将伤亡情况及时通知总指挥。

②救护组成员对轻伤员进行简单处置、对重伤员进行看护,并及时转交救护医生。

(9)善后处理组工作程序

①立即了解遇险人数、伤亡及其家庭情况,并及时详细的记录。

②安排专人到医院照顾遇险人员;向遇险人员家属通报事故情况。

③协助政府有关部门、企业,按国家有关规定处理遇险人员善后事宜。

10.其他要求

(1)触电事故发生后,预案组织机构各小组,同时启动救援工作程序。

(2)总指挥在接到报告后,必须亲临现场指挥、协调抢险、救援工作。

(3)组织机构全体及相关人员必须通力合作、全力以赴;玩忽职守者,将由政府有关部门追究其法律责任!

(4)由总指挥安排有关人员调查事故原因,按"四不放过"原则严肃处理,并将结果上报企业安全部。

11.应急联系电话(附后页)

12.保障措施:企业(项目部)每年由安全部,对应急救援人员进行一次培训及演练。

13.本预案自发布之日起执行。

应 急 联 系 电 话

市建委办公室:84617345　　　　　　市劳动局:84628384

市城乡建设安全监察站:84518201　　市总工会:88301290

公司安全部:82284512　　　　　　　公司保卫部:82312194

急救:120　　　公安:110　　　交通:122　　　火警:119

表5-7　主管领导及组织机构成员联系电话及方式

职务	姓名	手机	办公室	备注
总指挥				
副总指挥				
副总指挥				
副总指挥				
通信组组长				
通信组组长				
组员				
引导组组长				
组员				
保卫组组长				
组员				
救护组组长				
组员				
抢救组组长				
组员				
信息支援组长				

表 5 -7(续)

职务	姓名	手机	办公室	备注
组员				
善后处理组组长				
组员				

注:保障措施:项目部每年举行一次演习(演习方案另行制定),本预案自发布之日起执行。

练习与思考题

1. 单位工程施工组织设计的作用和编制程序是什么?

2. 试述施工平面图设计的内容、依据、绘制程序?

3. 单位工程施工方案和施工方法主要包括哪些内容?

4. 资源需用量计划包括哪些内容,如何编制?

第六章　工程资料管理基础知识

第一节　工程资料管理职责

一、通用职责

（1）工程资料的形成应符合国家相关的法律、法规、施工质量验收标准和规范、工程合同与设计文件等规定。

（2）工程各参建单位应将工程资料的形成和积累纳入工程建设管理的各个环节和有关人员的职责范围。

（3）工程资料应随工程进度同步收集、整理并按规定移交。

（4）工程资料应实行分级管理，由建设、监理、施工单位主管（技术）负责人组织本单位工程资料的全过程管理工作。建设过程中工程资料的收集、整理工作和审核工作应有专人负责，并按规定取得相应的岗位资格。

（5）工程各参建单位应确保各自文件的真实、有效、完整和齐全，对工程资料进行涂改、伪造、随意抽撤或损毁、丢失等的，应按有关规定予以处罚，情节严重的，应依法追究法律责任。

二、工程各参建单位职责

1. 建设单位职责

（1）应负责基建文件的管理工作，并设专人对基建文件进行收集、整理和归档。

（2）在工程招标及与参建各方签订合同或协议时，应对工程资料和工程档案的编制责任、套数、费用、质量和移交期限等提出明确要求。

（3）必须向参与工程建设的勘察、设计、施工、监理等单位提供与建设工程有关的资料。

（4）由建设单位采购的建筑材料、构配件和设备，建设单位应保证建筑材料、构配件和设备符合设计文件和合同要求，并保证相关物资文件的完整、真实和有效。

（5）应负责监督和检查各参建单位工程资料的形成、积累和立卷工作，也可委托监理单位检查工程资料的形成、积累和立卷工作。

（6）对须建设单位签认的工程资料应签署意见。

（7）应收集和汇总勘察、设计、监理和施工等单位立卷归档的工程档案。

（8）应负责组织竣工图的绘制工作，也可委托施工单位、监理单位或设计单位，并按相关文件规定承担费用。

（9）列入城建档案馆接收范围的工程档案，建设单位应在组织工程竣工验收前，提请城建档案馆对工程档案进行预验收，未取得《建设工程竣工档案预验收意见》的，不得组织工程竣工验收。

（10）建设单位应在工程竣工验收后三个月内将工程档案移交城建档案馆。

2.勘察、设计单位职责

（1）应按合同和规范要求提供勘察、设计文件。

（2）对需勘察、设计单位签认的工资料应签署意见。

（3）工程竣工验收，应出具工程质量检查报告。

3.监理单位职责

（1）应负责监理资料的管理工作，并设专人对监理资料进行收集、整理和归档。

（2）应按照合同约定，在勘察、设计阶段，对勘察、设计文件的形成、积累、组卷和归档进行监督、检查；在施工阶段，应对施工资料的形成、积累、组卷和归档进行监督、检查，使工程资料的完整性、准确性符合有关要求。

3.列入城建档案馆接收范围的监理资料，监理单位应在工程竣工验收后两个月内移交建设单位。

4.施工单位职责

（1）应负责施工资料的管理工作，实行技术负责人负责制，逐级建立健全施工资料管理岗位责任制。

（2）应负责汇总各分包单位编制的施工资料，分包单位应负责其分包范围内施工资料的收集和整理，并对施工资料的真实性、完整性和有效性负责。

（3）应在工程竣工验收前，将工程的施工资料整理、汇总完成。

（4）应负责编制两套施工资料，其中移交建设单位一套，自行保存一套。

5.城建档案馆职责

（1）应负责接收、收集、保管和利用城建档案的日常管理工作。

（2）应负责对城建档案的编制、整理、归档工作进行监督、检查、指导，对国家和市重点、大型工程项目的工程档案编制、整理、归档工作应指派专业人员进行指导。

（3）在工程竣工验收前，应对列入城建档案馆接收范围的工程档案进行预验收，并出具《建设工程竣工档案预验收意见》。

第二节　工程资料的分类原则

工程资料的分类应遵循下列原则：

1.工程资料应按照收集、整理单位和资料类别的不同进行分类。

2.施工资料分类应根据类别和专业系统划分。

3.工程资料的分类、整理可参考表6-1的规定。

4.施工过程，工程资料的分类、整理和保存应执行国家及行业现行法律、法规、规范、标准及地方有关规定。

表6－1　工程资料分类表

编号	工程资料名称	表格编号（或资料来源）	归档保存单位			
			施工单位	监理单位	建设单位	城建档案馆
A类	建设文件					
A1	立项文件					
A1－1	项目建议书	建设单位			●	●
A1－2	项目建议书的批复文件	计划部门			●	●
A1－3	可行性研究报告	工程咨询单位			●	●
A1－4	可行性报告的批复文件	有关主管部门			●	●
A1－5	关于立项的会议纪要、领导批示	组织单位			●	●
A1－6	专家对项目的有关建议文件	建设单价			●	●
A1－7	项目评估研究资料	建设单位			●	●
A2	建设用地、征地、拆迁文件					
A2－1	征占用地的批准文件和对使用国有土地的批准意见、拆迁协议、合同、安置方案等	政府有关部门			●	●
A2－2	规划意见及附图	规划管理部门			●	●
A2－3	建设用地规划许可证、许可证附件及附图	规划管理部门		●	●	●
A2－4	国有土地使用证	国土管理部门			●	●
A2－5	国有土地使用权出让交易文件	交易双方			●	●
A3	勘查、测绘、设计文件					
A3－1	工程地质勘查报告	勘察单位	●	●	●	●
A3－2	水文地质勘查报告	勘察单位	●	●	●	●
A3－3	建筑用地规划红线图	规划管理部门	●		●	●
A3－4	验线合格文件	规划管理部门	●		●	●
A3－5	审定设计方案通知书及附图	规划管理部门			●	●
A3－6	审定设计方案通知书要求征求有关人防、环保、消防、交通、园林、市政、文物、通信、保密、河湖、教育等部门的审查意见和要求取得的有关协议	有关部门			●	●
A3－7	初步设计图及说明	设计单位			●	
A3－8	施工图设计及说明	设计单位		●	●	
A3－9	设计计算书	设计单位			●	
A3－10	消防设计审核意见	消防管理部门	●	●	●	●
A3－11	施工图审查通知书	审查机构	●	●	●	
A4	工程招投标及承包合同文件					
A4－1	勘察招投标文件	建设、勘察单位			●	

表 6 -1(续)

编号	工程资料名称	表格编号（或资料来源）	归档保存单位			
			施工单位	监理单位	建设单位	城建档案馆
A4 -2	设计招投标文件	建设、设计单位			●	
A4 -3	施工招投标文件	建设、施工单位	●	●	●	
A4 -4	监理招投标文件	建设、监理单位		●	●	
A4 -5	勘察中标通知书	建设、勘察单位			●	●
A4 -6	设计中标通知书	建设、设计单位			●	●
A4 -7	施工中标通知书	建设、施工单位	●	●	●	●
A4 -8	监理中标通知书	建设、监理单位		●	●	●
A4 -9	勘察合同	建设、勘察单位			●	●
A4 -10	设计合同	建设、设计单位			●	●
A4 -11	施工合同	建设、施工单位	●		●	●
A4 -12	监理合同	建设、监理单位		●	●	●
A5	工程开工文件					
A5 -1	开工报告	建设行政管理部门	●	●	●	
A5 -2	建设工程规划许可证、附件及附图	规划管理部门	●	●	●	●
A5 -3	建设工程施工许可证	建设行政管理部门	●	●	●	
A5 -4	建设工程质量监督报监登记书	JS -001	●	●	●	
A5 -5	见证取样送检见证人授权书	JS -003		●	●	
A6	商务文件					
A6 -1	工程投资估算文件	工程造价咨询单位			●	
A6 -2	工程设计概算	工程造价咨询单位			●	
A6 -3	施工图预算	工程造价咨询单位		●	●	
A6 -4	施工预算	施工单位	●	●	●	
A6 -5	工程结、决算	合同双方	●	●	●	●
A6 -6	交付使用固定资产清单	建设单位			●	●
A6 -7	建设工程概况	建设单位		●	●	●
A7	工程竣工验收及备案文件					
	工程竣工验收告知单	JS -002	●	●	●	
	房屋建筑工程和市政基础设施工程竣工验收报告	JS -004	●	●	●	●
	建设工程竣工验收备案书	JS -005	●	●	●	●
	工程质量事故报告	JS -006	●	●	●	●

表 6 - 1(续)

编号	工程资料名称	表格编号 (或资料来源)	归档保存单位			
			施工 单位	监理 单位	建设 单位	城建 档案馆
	勘察文件质量(自评)检查报告(建筑、市政工程)	JS - 007	●	●	●	●
	设计文件质量(自评)检查报告(建筑、市政工程)	JS - 008	●	●	●	●
	由规划、公安消防、环保等部门出具的认可文件或准许使用文件	相关主管部门	●	●	●	●
	《房屋建筑工程质量保修书》	建设与施工单位	●		●	●
	《住宅质量保证书》《住宅使用说明书》	建设与施工单位	●		●	
	建设工程规划验收合格文件	规划管理部门	●	●	●	●
	设计检查报告					
	地勘检查报告					
A8	其他文件					
A8 - 1	合同约定由建设单位采购的材料、构配件和设备的质量证明文件及进场报验文件	建设单位	●	●	●	
A8 - 2	工程竣工质量评估报告	建设单位			●	●
A8 - 3	工程未开工前的原貌、竣工新貌照片	建设单位			●	●
A8 - 4	工程开工、施工、竣工的录音录像资料	建设单位			●	●
B 类	监理资料					
B1	监理管理资料					
	监理规划、监理实施细则	监理单位		●	●	
	施工现场质量管理审查记录表	JL - A015	●	●	●	
	监理备忘录	JL - B002	●	●	●	
	会议记录	JL - B004	●	●	●	●有关 质量 问题
	专题报告	JL - B005		●	●	●
	建设监理工作月报	JL - C002		●	●	●有关 质量 问题
	施工监理日志	JL - C004		●		
	监理工作总结(专题、阶段和竣工总结)	监理单位		●	●	●
B2	监理工作记录					

表 6 -1（续）

编号	工程资料名称	表格编号（或资料来源）	归档保存单位			
			施工单位	监理单位	建设单位	城建档案馆
	工程开工报审表	JL – A001	●	●	●	
	施工组织设计(方案)报审表	JL – A002	●	●	●	
	分包单位资格报审表	JL – A003	●	●	●	
	工程施工进度计划(调整计划)报审表	JL – A004	●	●	●	
	施工测量放线报审表	JL – A005	●	●	●	
	建筑材料报审表	JL – A006	●	●	●	
	主要工程设备选型报审表	JL – A007	●	●	●	
	工程构配件报审表	JL – A008	●	●	●	
	复工申请表	JL – A009	●	●	●	
	工程变更费用申请表	JL – A010	●	●	●	
	费用索赔申请表	JL – A011	●	●	●	
	延长工期申请表	JL – A012	●	●	●	
	整改复查报审表	JL – A013	●	●	●	
	技术核定报审表	JL – A014	●	●	●	
	工程质量问题(事故)报告单	JL – A016	●	●	●	●
	工程质量问题(事故)处理方案报审单	JL – A017	●	●	●	●
	(一)月完成工程量报审单	JL – A018	●	●	●	
	(一)月付款报审单	JL – A019	●	●	●	
	工程变更单	JL – A020	●	●	●	●
	工程暂停令	JL – B001	●	●	●	
	监理工程师通知单	JL – B003	●	●	●	
	工程最终延期审批表	Jl – B007	●	●	●	
	费用索赔审批表	JL – B008	●	●	●	
	质量控制资料检查记录表	JL – C001	●	●	●	
	旁站监理记录表	JL – C003	●	●	●	
	质量事故报告及处理资料	责任单位	●	●	●	●
	见证取样备案文件	监理单位	●	●	●	
B3	竣工验收资料					
	单位工程竣工预验收报告	监理单位	●	●	●	
	单位工程质量评估报告	JL – C005	●	●	●	●
B4	其他资料					
C 类	施工资料					

表 6-1(续)

编号	工程资料名称	表格编号 (或资料来源)	归档保存单位			
			施工 单位	监理 单位	建设 单位	城建 档案馆
C0	工程管理与验收资料					
	建设工程质量事故调(勘)查笔录	施工单位	●	●	●	●
	建设工程质量事故报告书	施工单位	●	●	●	●
	单位工程质量竣工验收记录	SG-T001	●	●	●	●
	单位(子单位)工程质量控制资料核查记录	SG-T002	●	●	●	●
	单位(子单位)工程安全和功能检验资料核查 及主要功能抽查记录	SG-T003	●	●	●	
	单位(子单位)工程观感质量检查记录	SG-T004	●	●	●	
	室内环境检测报告	检测单位	●		●	●
	施工总结	施工单位	●		●	●
	单位工程竣工质量检查报告	施工单位	●	●	●	
C1	施工管理资料					
	企业资质证书及相关专业人员岗位证书	施工单位	●			
	见证记录	监理单位	●	●	●	
	工程质量事故报告	SG—001	●	●	●	●
	单位工程开工报告	SG—002	●	●	●	
	施工日志	SG—003	●			
C2	施工技术资料					
	施工组织设计及施工方案	施工单位	●	●		
	技术核定单	SG-004	●		●	●
	技术交底	SG-006	●			
	图纸会审记录	SG-007	●	●	●	●
	技术经济签证核定单	SG-008	●		●	
	设计变更通知单	设计单价	●	●	●	●
	工程洽商记录	施工单位	●	●	●	●
C3	施工测量记录					
	工程定位测量记录	测量单位	●	●	●	●
	基槽验线记录	验收单位	●	●		●
	建筑物垂直度、标高测量记录	测量单位	●		●	
	沉降观测记录	测量单位	●	●	●	●
C4	施工物资资料					
C4-1	建筑与结构工程					

表 6 –1(续)

编号	工程资料名称	表格编号 （或资料来源）	归档保存单位			
			施工 单位	监理 单位	建设 单位	城建 档案馆
	各种物资出厂合格证、质量保证书和商检证等及检测报告	供应单位	●		●	●
	钢筋力学(原材,焊接)性能检验报告	JC – 001	●		●	●
	水泥检测报告	JC – 002	●		●	●
	烧结普通(多孔)砖检测报告	JC – 003	●		●	●
	蒸压加气混凝土砌块检测报告	JC – 004	●		●	●
	普通混凝土小型空心砌块检测报告	JC – 005	●		●	●
	轻集料混凝土小型空心砌块检测报告	JC – 006	●		●	●
	干压陶瓷砖检验报告	JC – 007	●		●	●
	蒸压灰沙砖检测报告	JC – 008	●		●	●
	粉煤灰砖检测报告	JC – 009	●		●	●
	构件结构性能检测报告	JC – 010	●		●	●
	砂检测报告	JC – 011	●		●	●
	卵(碎)石检测报告	JC – 012	●		●	●
	普通混凝土配合比设计报告	JC – 013	●			
	砌筑砂浆配合比设计报告	JC – 014	●			
	混凝土立方体抗压强度检测报告	JC – 015	●		●	●
	砂浆立方体抗压强度检测报告	JC – 016	●		●	
	混凝土抗渗性能检测报告	JC – 017	●		●	●
	粉煤灰检测报告	JC – 018	●		●	●
	氯化聚乙烯防水卷材检测报告	JC – 019	●		●	●
	高分子防水卷材检测报告	JC – 020	●		●	●
	高分子防水涂料检测报告	JC – 021	●		●	●
	沥青基防水卷材检测报告	JC – 022	●		●	●
	水性沥青基防水涂料检测报告	JC – 023	●		●	●
	大理石板材检测报告	JC – 024	●		●	●
	花岗石板材检测报告	JC – 025	●		●	●
	混凝土路面砖检测报告	JC – 026	●		●	●
	回弹法检测混凝土抗压强度报告	JC – 027	●		●	●
	钻芯法检测混凝土抗压强度报告	JC – 028	●		●	●
	回弹法检测砖砌体中砂浆抗压强度报告	JC – 029	●		●	●
	普通混凝土实际施工配合比	JC – 030	●		●	

表 6-1(续)

编号	工程资料名称	表格编号 (或资料来源)	归档保存单位			
			施工单位	监理单位	建设单位	城建档案馆
	砌筑砂浆实际施工配合比	JC-031	●		●	
	砌筑砂浆强度评定	SG-T110	●		●	●
	砼强度合格评定	SG-T111	●		●	●
	单位工程混凝土试块强度汇总表	SG-T112	●		●	●
	预制构件汇总表	SG-T113	●			
	防水材料合格证、试验报告汇总表	SG-T114	●		●	●
	水泥出厂合格证、试验单汇总表	SG-T115	●		●	●
	钢材质量证明单、试验单汇总表	SG-T116	●		●	●
	砖出厂合格证、试验单汇总表	SG-T117	●		●	●
C4-2	建筑给水、排水及采暖工程					
	各种物资出厂合格证、质量保证书和商检证等及检测报告	供应单位	●		●	●
C4-3	建筑电气工程					
	各种物资出厂合格证、质量保证书和商检证等及检测报告	供应单位	●		●	●
C4-4	通风与空调工程					
	主要设备和部位产品合格证、质量证明文件及检测报告	供应单位	●		●	●
C4-5	智能建筑系统工程					
	各种物资出厂合格证、质量证明文件及检测报告	专业施工单位	●		●	●
C4-6	电梯工程					
	电梯主要设备、材料及附件出厂合格证、产品说明书、安装技术文件	供应单位	●		●	●
C5	施工记录					
	隐蔽工程检查记录	施工单位	●		●	●
	(其他施工记录)	施工单位				
C6	施工试验记录					
C6-1	建筑与结构工程					
	地基承载力检验报告	检测单位	●		●	●
	桩检测报告	检测单位	●		●	●
	土工击实试验报告	检测单位	●		●	●

表 6 - 1(续)

编号	工程资料名称	表格编号 (或资料来源)	归档保存单位			
			施工 单位	监理 单位	建设 单位	城建 档案馆
	回填(换填)土试验报告	检测单位	●		●	●
	土壤氡检测试验报告	检测单位	●		●	●
	饰面砖黏结强度试验报告	检测单位	●		●	●
	后置埋件拉拔试验报告	检测单位	●		●	●
C6 - 2	给排水及采暖工程					
	系统消毒消洗记录	SG - A050	●		●	●
	阀门试验检查记录	SG - A051	●		●	●
	管道工程水压试验记录	SG - A052	●		●	●
	管道、设备焊接施工检查记录	SG - A053	●		●	●
	卫生器具蓄水试验记录	SG - A054	●		●	●
	雨水管道灌水试验记录	SG - A055	●		●	●
	污水管道立管通球检查记录	SG - A056	●		●	●
	污水管道渗水量试验记录	SO - A057	●		●	●
	没备管道吹洗(扫)记录	SG - A058	●		●	●
	通水试验记录	SG - A059	●		●	●
	排水管道灌水试验	SG - A060	●		●	●
C6 - 3	建筑电气工程					
	避雷接地电阻测试记录	SG - A061	●		●	●
	绝缘电阻测试记录	SG - A062	●		●	●
	接地电阻测试记录	SG - A063	●		●	●
	系统功能测定记录	SG - A064	●		●	●
	系统通电试验记录	SG - A067	●		●	●
	管道工程隐蔽验收记录	SG - A068	●		●	●
	电气配管(线)安装工:程隐蔽验收记录	SG - A069	●		●	●
	人型灯具吊扁牢固性试验及隐蔽验收记录	SG - A070	●		●	●
C6 - 4	通风与空调工程					
	通风与空调工程系统风量测试记录	SC - A088	●		●	●
	通风与空调工程设备进场验收记录	SC - A089				
	通风与空调工程隐蔽验收记录	SC - A090	●		●	●
	制冷、空调水管道工程系统强度试验及精密性试验记录	SC - A091	●		●	●
	通风与空调工程系统风量平衡测试记录	SC - A092	●		●	●

表6-1(续)

编号	工程资料名称	表格编号 (或资料来源)	归档保存单位			
			施工 单位	监理 单位	建设 单位	城建 档案馆
	通风与空调工程系统调试检测记录	SC-A093	●		●	●
	洁净室洁净度测试记录	SC-A094	●		●	●
	通风与空调工程室内温度测试记录	SC-A095	●		●	●
	通风空调机组调试报告	SC-A096	●		●	●
	通风空调系统调试报告	SC-A097	●		●	●
	通风与空调工程系统设备检测试验记录	SC-A098	●		●	●
	制冷设备运行调试记录	SC-A099	●		●	●
C7	施工质量验收记录	参照表格执行	●		●	●
C8	竣工图		●		●	●

注:1. 本表的归档保存单位是指竣工后有关单位对工程资料的归档保存,保存期限按《建设工程文件归档整理规范》(GB/T 50328—2001)附录A要求执行。施工过程中工程资料的留存应按有关规定执行。

2. 表格编号中括号里的数字是指该表在《建设工程监理规范》(GB 50319—2000)中的编号。

3. C7"施工质量验收记录"中分部工程部分需进档案馆的资料按城建档案馆的要求移交进档案馆。

第三节　工程资料的编号原则

一、分部(子分部)工程划分及代号规定

1. 分部(子分部)工程代号规定应参考《建筑工程施工质量验收统一标准》(GB50300—2001)的分部(子分部)工程划分原则与国家质量验收推荐表格编码要求,并结合施工资料分类编号特点制定。

2. 建筑工程共分为九个分部工程,分部(子分部)工程划分及代号见表6-2。对于专业化程度高、施工工艺复杂、技术先进的子分部工程应分别单独组卷。须单独组卷的子分部名称及代号见表6-2。

表6-2　分部(子分部)工程划分及代号

序号	分部工程名称	分部工程代号	应单独组卷的子分部	应单独组卷的子分部代号
1	地基与基础	01	地基(复合)	03
2	主体结构	02	木结构	05
3	建筑装饰装修	03	幕墙	07
4	建筑屋面	04	瓦屋面	04
5	建筑给水、排水及采暖	05	供热锅炉及辅助设备	10

表 6－2(续)

序号	分部工程名称	分部工程代号	应单独组卷的子分部	应单独组卷的子分部代号
6	建筑电气	06	室外电气	01
			变配电室	02
			供电干线	03
			电气动力	04
			电气照明安装	05
			备用和不间断电源安装	06
			防雷接地安装	07
7	智能建筑	07	通信网络系统	01
			办公自动化系统	02
			建筑设备监控系统	03
			火灾报警及消防联动系统	04
			安全防范系统	05
			综合布线系统	06
			智能化集成系统	07
			电源与接地	08
			环境	09
			住宅(小区)智能化系统	10
8	通风与空调	08	送风系统	01
9	电梯	09	电力驱动的曳引式或强制式电梯安装工程	01
			液压电梯安装工程	02
			自动扶梯、自动人行道安装工程	03

二、施工资料编号的组成

1. 施工资料编号应填入右上角的编号栏。

2. 通常情况下,资料编号应 7 位编号,由分部工程代号(2 位)、资料类别编号(2 位)和顺序号(3 位)组成,每部分之间用横线隔开。

编号形式如下:

×× — ×× — ×××

① ② ③ →共 7 位编码

①为分部工程代号(共 2 位),应根据资料所属的分部工程,按表 5－2 规定的代号填写。

②为资料的类别编号(共 2 位),应根据资料所属类别,按表 5－1 规定的类别编号填写。

③顺序号(共 3 位),应根据相同表格、相同检查项目,按时间自然形成的先后顺序号

填写。

举例如下：

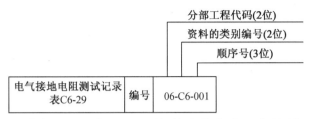

3. 应单独组卷的子分部工程（表 5 − 2），资料编号应为 9 位编号，由分部工程代号（2 位）、子分部工程代号（2 位）、资料的类别编号（2 位）和顺序号（3 位）组成，每部分之间用横线隔开。

编号形式如下：

××—××—××—×××
①　　②　　③　　④　　　　　　　　　　　　→共 9 位编码

①为分部工程代号（2 位），应根据资料所属的分部工程，按表 5 − 2 规定的代号填写。

②为子分部工程代号（2 位），应根据资料所属的子分部工程，按表 5 − 2 规定的代号填写。

③为资料的类别编号（2 位），应根据资料所属类别，按表 5 − 1 规定的类别编号填写。

④为顺序号（共 3 位），应根据相同表格、相同检查项目，按时间自然形成的先后顺序号填写。

举例如下：

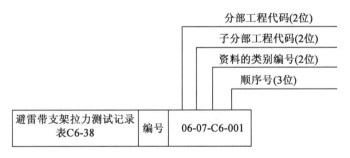

三、资料的类别编号填写原则

资料的类别编号应依据表 5 − 1 的要求，按 C1—C7 类填写。

四、顺序号填写原则

1. 对于施工专用表格，顺序号应按时间先后顺序，用阿拉伯数字从 001 开始连续标注。

2. 对于同一施工表格（如隐蔽工程检查记录、预检记录等）涉及多个（子）分部工程时，顺序号应根据（子）分部工程的不同，按（子）分部工程的各检查项目分别从 001 开始连续标注。

无统一表格或外部提供的施工资料，应根据表 5 − 1，在资料的右上角注明编号。

五、监理资料编号

1. 监理资料编号应填入右上角的编号栏。

2.对于相同的表格或相同的文件材料,应分别按时间自然形成的先后顺序从001开始,连续标注。

3.监理资料中的施工测量放线报验申请表(A4)、工程材料/构配件/设备报审表(A9)应根据报验项目编号,对于相同的报验项目,应分别按时间自然形成的先后顺序从001开始,连续标注。

第四节　工程资料管理

一、基建文件管理

1.基建文件管理规定

(1)基建文件必须按有关行政主管部门的规定和要求进行申报、审批,并保证开、竣工手续和文件完整、齐全。

(2)工程竣工验收应由建设单位组织勘察、设计、监理、施工等有关单位进行,并形成竣工验收文件。

(3)工程竣工后,建设单位应负责工程竣工备案工作。按照关于竣工备案的有关规定,提交完整的竣工备案文件,报竣工备案管理部门备案。

二、基建文件管理流程

基建文件管理流程如图6-1所示。

三、监理资料管理

1.监理资料管理规定

(1)应按照合同约定审核勘察、设计文件。

(2)应对施工单位报送的施工资料进行审查,使施工资料完整、准确、合格后予以签认。

2.监理资料管理流程

监理资料管理流程如图6-2所示。

四、施工资料管理

1.施工资料管理规定

(1)施工资料应实行报验、报审管理。施工过程中形成的资料应按报验、报审程序,通过相关施工单位审核后,方可报建设(监理)单位。

(2)施工资料的报验、报审应有时限性要求。工程相关各单位:自在合同中约定报验、报审资料的申报时间及审批时间,并约定应承担的责任。当无约定时,施工资料的申报、审批不得影响正常施工。

(3)建筑工程实行总承包的,应在与分包单位签订施工合同中明确施工资料的移交套数、移交时间、质量要求及验收标准等。分包工程完工后,应将有关施工资料按约定移交。

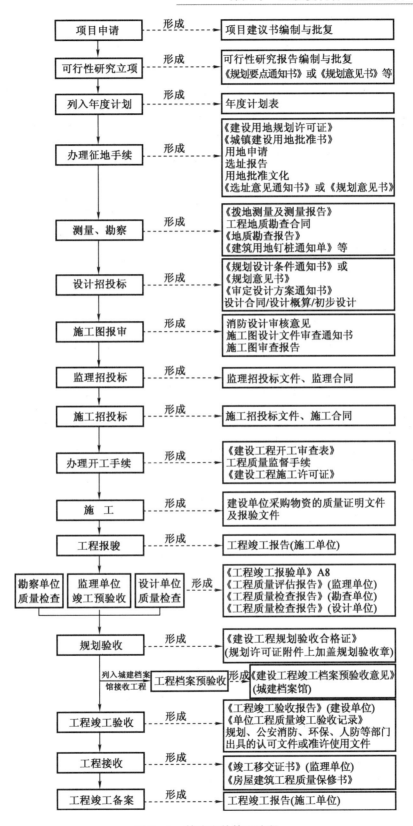

图 6 - 1　基建文件管理流程

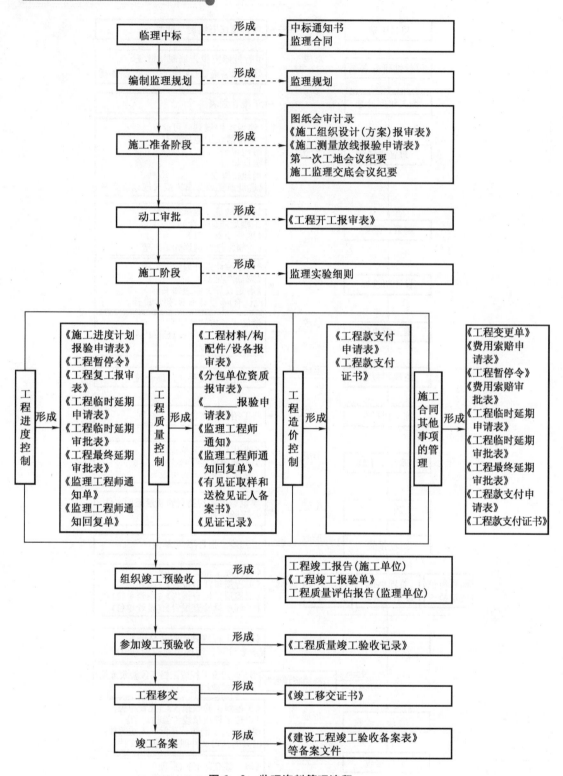

图6-2 监理资料管理流程

2.施工资料管理流程

(1)施工技术资料管理流程(图6-3)。

(2)施工物资资料管理流程(图6－4)。

(3)施工质量验收记录管理流程(图6－5)。

(4)分项工程质量验收流程(图6－6)。

(5)子分部质量验收流程(图6－7)。

(6)分部工程质量验收流程(图6－8)。

(7)工程验收资料管理流程(图6－9)。

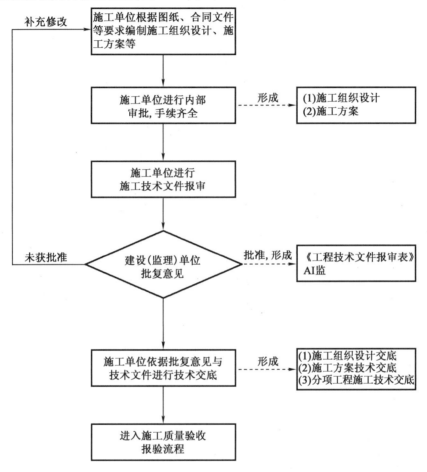

图6－3　施工技术资料管理流程

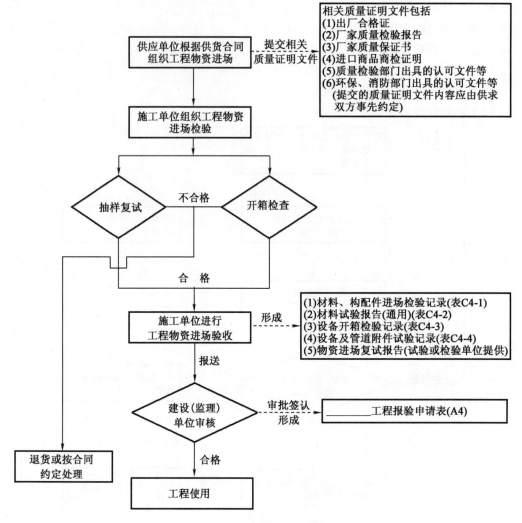

图 6 – 4　施工物资资料管理流程

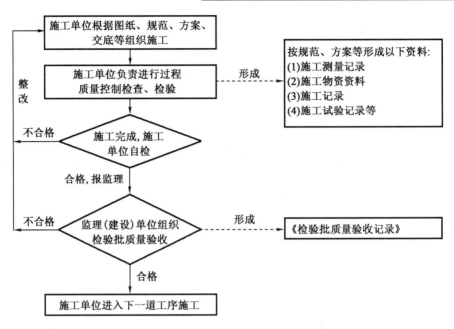

图 6-5 施工质量验收记录管理流程

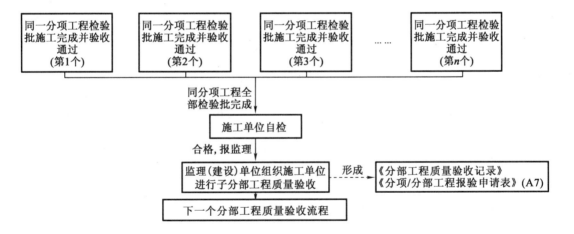

图 6-6 分项工程质量验收流程

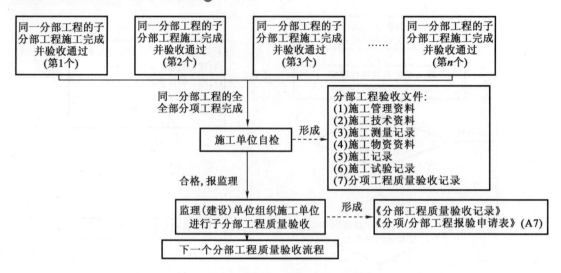

图 6 - 7　子分部工程质量验收流程

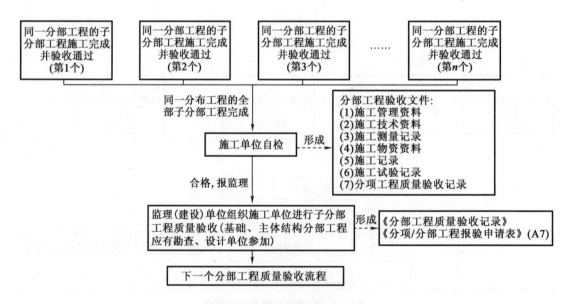

图 6 - 8　分部工程质量验收流程

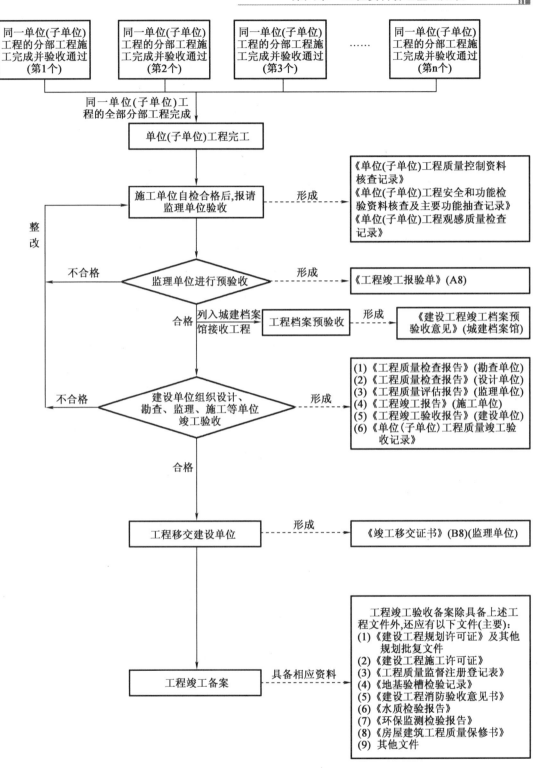

图6-9 工程验收资料管理流程

第五节　工程资料编制的质量要求

1. 工程资料应真实反映工程的实际情况,具有永久和长期保存价值的材料必须完整、准确。

2. 工程资料应使用原件,因各种原因不能使用原件的,应在复印件上加盖原件存放单位公章、注明原件存放处、并有经办人签字及时间。

3. 工程资料应保证字迹清晰,签字、盖章手续齐全.签字必须使用档案规定用笔。计算机形成的工程资料应采用内容打印、手工签名的方式。

4. 施工图的变更、洽商绘图应符合技术要求。凡采用施了蓝图改绘竣工图的。必须使用反差明显的蓝图,竣工图图面应整洁。

5. 工程档案的填写和编制应符合档案缩微管理和计算机输入的要求。

6. 工程档案的缩微制品,必须按国家缩微标准进行制作,主要技术指标(解像力、密度、海波残留量等)应符合国家标准规定,保证质量,以适应长期安全保管。

7. 工程资料的照片(含底片)及声像档案,应图像清晰,声音清楚,文字说明或内容准确。

第七章 工程资料归档管理

第一节 竣 工 图

竣工图是建筑工程竣工档案的重要组成部分,是工程建设完成后主要凭证性材料,是建筑物真实的写照,是工程竣工验收的必备条件,是工程维修、管理、改建、扩建的依据。各项新建、改建、扩建项目均必须编制竣工图。

竣工图绘制工作应由建设单位负责,也可由建设单位委托施工单位、监理单位或设计单位。

一、主要内容

(1)竣工图应按单位工程,并根据专业、系统进行分类和整理。

(2)竣工图包括以下内容:

工艺平面布置图等竣工图

建筑竣工图、幕墙竣工图

结构竣工图、钢结构竣工图

建筑给水、排水与采暖竣工图

燃气竣工图

建筑电气竣工图

智能建筑竣工图(综合布线、保安监控、电视天线、火灾报警、气体灭火等)

通风空调竣工图

地上部分的道路、绿化、庭院照明、喷泉、喷灌等竣工图

二、绘制要求

1.利用施工蓝图改绘的竣工图

在施工蓝图上一般采用杠(划)改、叉改法,局部修改可以圈出更改部位,在原图空白处绘出更改内容,所有变更处都必须引索引线并注明更改依据。在施工图上改绘,不得使用涂改液涂抹、刀刮、补贴等方法修改图纸。

具体的改绘方法可视图面、改动范围和位置、繁简程度等实际情况而定,以下是常见改绘方法的举例说明。

(1)取消的内容

①尺寸、门窗型号、设备型号、灯具型号、钢筋型号和数量、注解说明等数字、文字、符号的取消,可采用杠改法。即将取消的数字、文字、符号等用横杠杠掉(不得涂抹掉),从修改的位置引出带箭头的索引线,在索引线上注明修改依据,即"见×号洽商×条",也可注明"见×年×月×日洽商×条"。

②隔墙、门窗、钢筋、灯具、设备等取消,可用叉改法。即在图上将取消的部分打"×",

在图上描绘取消的部分较长时,可视情况打几个"×",达到表示清楚为准。并从图上修改处见箭头索引线引出,注明修改依据。

(2)增加的内容

①在建筑物某一部位增加隔墙、门窗、灯具、设备、钢筋等,均应在图上的实际位置用规范制图方法绘出,并注明修改依据。

②如增加的内容在原位置绘不清楚尺寸,应在本图适当位置(空白处)按需要补绘大样图,并保证准确清楚,如本图上无位置可绘时,应另用硫酸纸绘补图并晒成蓝图或用绘图仪绘制白图后附在本专业图纸之后。注意在原修改位置和补绘图纸上均应注明修改依据,补图要有图名和图号。

(3)内容变更

①数字、符号、文字的变更,可在图上用杠改法将取消的内容杠去,在其附近空白处增加更正后的内容,并注明修改依据。

②设备配置位置,灯具、开关型号等变更引起的改变;墙、板、内外装修等变化……均应在原图上改绘。

③当图纸某部位变化较大、或在原位置上改绘有困难,或改绘后杂乱无章,可以采用以下办法改绘。

a.画大样改绘:在原图上标出应修改部位的范围,后在须要修改的图纸上绘出修改部位的大样图,并在原图改绘范围和改绘的大样图处注明修改依据。

b.另绘补图修改:如原图纸无空白处,可把应改绘的部位绘制硫酸纸补图晒成蓝图后,作为竣工图纸,补在本专业图纸之后。具体做法为:在原图纸上画出修改范围,并注明修改依据和见某图(图号)及大样图名;在补图上注明图号和图名,并注明是某图(图号)某部位的补图和修改依据。

c.个别蓝图需重新绘制竣工图:如果某张图纸修改不能在原蓝图上修改清楚,应重新绘制整张图作为竣工图。重绘的图纸应按国家制图标准和绘制竣工图的规定制图。

(4)加写说明

凡设计变更、洽商的内容应当在竣工图上修改的,均应用绘图方法改绘在蓝图上,不再加写说明。如果修改后的图纸仍然有内容无法表示清楚,可用精练的语言适当加以说明。

①图上某一种设备、门窗等型号的改变,涉及多处修改时,要对所有涉及的地方全部加以改绘,其修改依据可标注在一个修改处,但需在此处做简单说明。

②钢筋的代换,混凝土强度等级改变,墙、板、内外装修材料的变化,由建设单位自理的部分等在图上修改难以用作图方法表达清楚时,可加注或用索引的形式加以说明。

③凡涉及说明类型的洽商,应在相应的图纸上使用设计规范用语反映洽商内容。

(5)注意事项

①施工图纸目录必须加盖竣工图章,作为竣工图归档。凡有作废、补充、增加和修改的图纸,均应在施工图目录上标注清楚。即作废的图纸在目录上扛掉,补充的图纸在目录上列出图名、图号。

②如某施工图改变量大,设计单位重新绘制了修改图的,应以修改图代替原图,原图不再归档。

③凡是洽商图作为竣工图,必须进行必要的制作。

a.如洽商图是按正规设计图纸要求进行绘制的可直接作为竣工图,但需统一编写图名图号,并加盖竣工图章,作为补图。并在说明中注明是哪张图哪个部位的修改图,还要在原图修改部位标注修改范围,并标明见补图的图号。

b. 如洽商图未按正规设计要求绘制,均应按制图规定另行绘制竣工图,其余要求同上。

④某一条洽商可能涉及两张或两张以上图纸,某一局部变化可能引起系统变化……凡涉及的图纸和部位均应按规定修改,不能只改其一,不改其二。

一个高标的变动,可能在平、立、剖、局部大样图上都要涉及,均应改正。

⑤不允许将洽商的附图原封不动地贴在或附在竣工图上作为修改,也不允许将洽商的内容抄在蓝图上作为修改。凡修改的内容均应改绘在蓝图上或做补图附在图纸之后。

⑥根据规定须重新绘制竣工图时,应按绘制竣工图的要求制图。

⑦改绘注意事项:

修改时,字、线、墨水使用的规定:

a.字:采用仿宋字,字体的大小要与原图采用字体的大小相协调,严禁错、别、草字。

b.线:一律使用绘图工具,不得徒手绘制。

⑧施工蓝图的规定:图纸反差要明显,以适应缩微等技术要求。凡旧图、反差不好的图纸不得作为改绘用图。修改的内容和有关说明均不得超过原图框。

2.在二底图上修改的竣工图

(1)用设计底图或施工图制成二底(硫酸纸)图,在二底图上依据设计变更、工程洽商内容用刮改法进行绘制,即用刀片将需更改部位刮掉,再用绘图笔绘制修改内容,并在图中空白处做一修改备考表,注明变更、洽商编号(或时间)和修改内容。

修改备考表见表7-1。

表7-1　修改备考表

变更、洽商编号(或时间)	内容(简要提示)

(2)修改的部位用语言描述不清楚时,也可用细实线在图上画出修改范围。

(3)以修改后的二底图或蓝图作为竣工图,要在二底图或蓝图上加盖竣工图章。没有改动的二底图转作竣工图也要加盖竣工图章。

(4)如果二底图修改次数较多,个别图面可能出现模糊不清等技术问题,必须进行技术处理或重新绘制,以期达到图面整洁、字迹清楚等质量要求。

3.重新绘制的竣工图

根据工程竣工现状和洽商记录绘制竣工图,重新绘制竣工图要求与原图比例相同,符合制图规范,有标准的图框和内容齐全的图签,图签中应有明确的"竣工图"字样或加盖竣工图章。

4.用CAD绘制的竣工图

在电子版施工图上依据设计变更、工程洽商的内容进行修改,修改后用云图圈出修改部位,并在图中空白处做一修改备考表,表示要求同本条第2款要求。同时,图签上必须有原设计人员签字。

三、编制特点

(1)凡是按施工图施工没有变动的,由竣工图编制单位在施工图图签附近空白处加盖并签署竣工图章。

(2)凡是一般性图纸变更,编制单位可根据设计变更依据,在施工图上直接改绘,并加盖及签署竣工图章。

(3)凡是结构形式、工艺、平面布置、项目等重大改变及图面变更超过40%的,应重新绘制竣工图。重新绘制的图纸必须有图名和图号,图号可按原图编号。

(4)编制竣工图必须编制各专业竣工图的图纸目录,绘制的竣工图必须准确、清楚、完整、规范、修改必须到位,真实反映项目竣工验收时的实际情况。

(5)用于改绘竣工图的图纸必须是新蓝图或绘图仪绘制的白图,不得使用复印的图纸。

(6)竣工图编制单位应按照国家建筑制图规范要求绘制竣工图,使用绘图笔或签字笔及不褪色的绘图墨水。

四、竣工图章

(1)"竣工图章"应具有明显的"竣工图"字样,并包括编制单位名称、制图人、审核人和编制日期等基本内容。编制单位、制图人、审核人、技术负责人要对竣工图负责。

竣工图章内容、尺寸如图7－1所示。

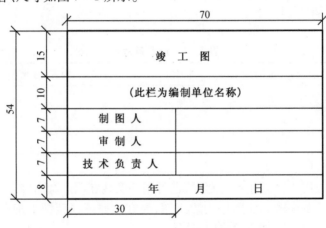

图7－1　竣工图章(单位:mm)

(2)所有竣工图应由编制单位逐张加盖、签署竣工图章。竣工图章中签名必须齐全,不得代签。

(3)凡由设计院编制的竣工图,其设计图签中必须明确竣工阶段,并由绘制人和技术负责人在设计图签中签字。

(4)竣工图章应加盖在图签附近的空白处。

(5)竣工图章应使用不褪色红或蓝色印泥。

五、竣工图图纸折叠方法

(1)一般要求:

①图纸折叠前应按裁图线裁剪整齐,其图纸幅面应符合表7－2及图7－2的规定。

表 7 – 2　图纸幅面尺寸

基本幅面代号	0	1	2	3	4
b/l	841 × 1 189	594 × 841	420 × 594	297 × 420	297 × 210
c	10			5	
a	25				

注:尺寸代号见图 7 – 2;尺寸单位为 mm。

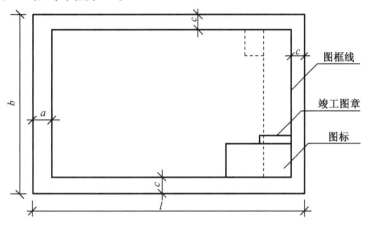

图 7 – 2　图纸幅面

②图面应折向内,成手风琴风箱式。

③折叠后幅面尺寸应以 4# 图纸基本尺寸(297 ~ 210 mm)为标准。

④图纸及竣工图章应露在外面。

⑤3# 图纸应在装订边 297 mm 处折一三角或剪一缺口,折进装订边。

(2)折叠方法:

①4# 图纸不折叠。

②3# 图纸折叠如图 7 – 3 所示(图中序号表示折叠次序,虚线表示折起的部分,以下同)。

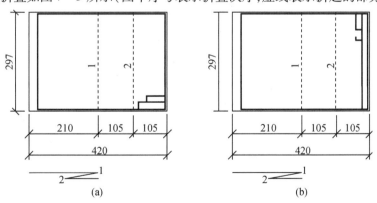

图 7 – 3　3# 图纸折叠示意

③2# 图纸折叠如图 7 – 4 所示。

④1# 图纸折叠如图 7 – 5 所示。

⑤0#图纸折叠如图7-6所示。

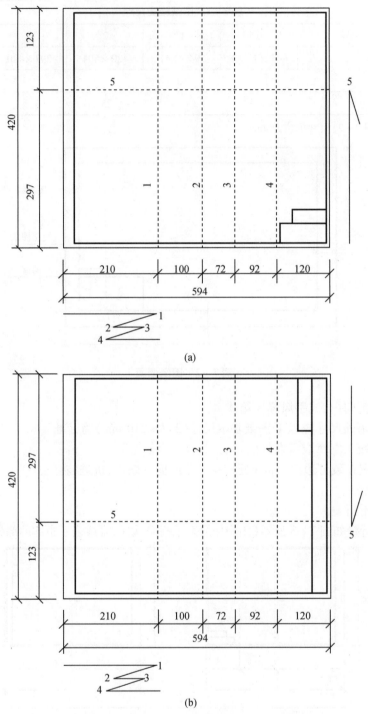

(a)

(b)

图7-4   2#图纸折叠示意

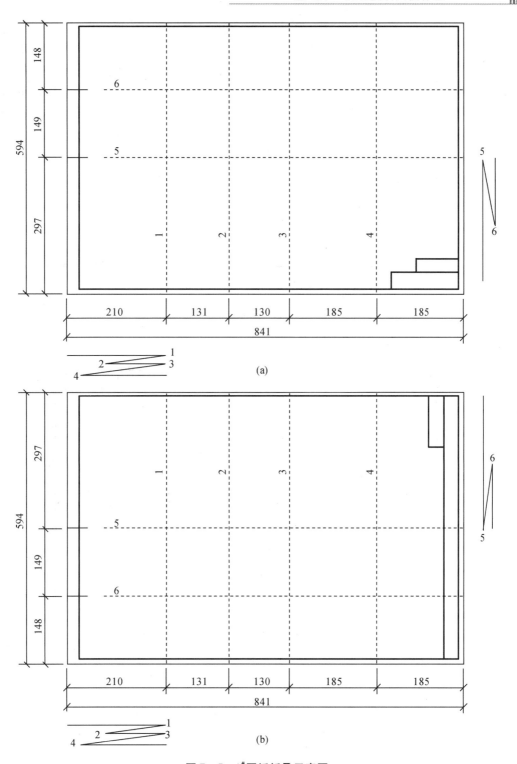

图7-5　1#图纸折叠示意图

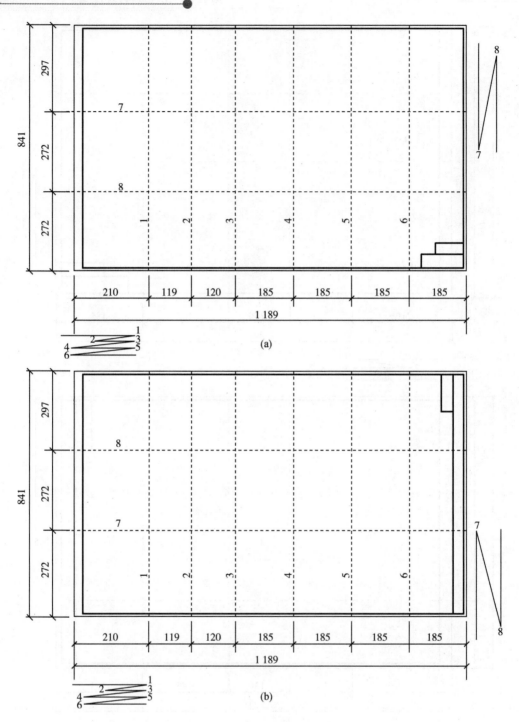

(a)

(b)

图 7 - 6   0# 图纸折叠示意图

第二节　工程资料编制与组卷

一、质量要求

（1）工程资料应真实反映工程实际的状况，具有永久和长期保存价值的材料必须完整、准确和系统。

（2）工程资料应使用原件，因各种原因不能使用原件的，应在复印件上加盖原件存放单位公章、注明原件存放处，并有经办人签字及时间。

（3）工程资料应保证字迹清晰，签字、盖章手续齐全，签字必须使用档案规定用笔。计算机形成的工程资料应采用内容打印，手工签名的方式。

（4）施工图的变更、洽商绘图应符合技术要求。凡采用施工蓝图改绘竣工图的，必须使用反差明显的蓝图，竣工图图画应整洁。

（5）工程档案的填写和编制应符合档案微缩管理和计算机输入的要求。

（6）工程档案的微缩制品，必须国家微缩标准进行制作，主要技术指标（解像力、密度、海波残留量等）应符合国家标准规定，保证质量，以适应长期安全保管。

（7）工程资料的照片（含底片）及声像档案，应图像清晰，声音清楚，文字说明或内容准确。

二、载体形式

（1）工程资料可采用以下两种载体形式：①纸质载体；②光盘载体。

（2）工程档案可采用以下三种载体形式：①纸质载体；②微缩品载体；③光盘载体。

（3）纸质载体和光盘载体的工程资料应在过程中形成、收集和整理，包括工程音像资料。

（4）微缩品载体的工程档案。

①在纸质载体的工程档案经城建档案馆和有关部门验收合格后，应持城建档案馆发给的准可微缩证明书进行微缩，证明书包括案卷目录、验收签章、城建档案馆的档号、胶片代数、质量要求等，并将证书缩拍在胶片"片头"上。

②报送微缩制品载体工程竣工档案的种类和数量，一般要求报送三代片，即

a. 第一代（母片）卷片一套，作长期保存使用。

b. 第二代（拷贝片）卷片一套，作复制工作用。

c. 第三代（拷贝片）卷片或者开窗卡片、封套片、平片，作提供日常利用（阅读或复原）使用。

③向城建档案馆移交的微缩卷片、开窗卡片、封套片、平片必须按城建档案馆的要求进行标注。

（5）光盘载体的电子工程档案。

①纸质载体的工程档案经城建档案馆和有关部门验收合格后，进行电子工程档案的核查，核查无误后，进行电子工程档案的光盘刻制。

②电子工程档案的封套、格式必须按城建档案馆的要求进行标注。

三、封面与目录

1. 工程资料封面与目录

(1)工程资料案卷封面:案卷封面包括名称、案卷题名、编制单位、技术主管、编制日期(以上由移交单位填写)、保管期限、密级、共____册第____册等(由档案接收部门填写)。

①名称:填写工程建设项目竣工后使用名称(或曾用名)。若本工程分为几个(子)单位工程应在第二行填写(子)单位工程名称。

②案卷题名:填写本卷卷名。第一行按单位、专业及类别填写案卷名称;第二行填写案卷内主要资料内容提示。

③编制单位:本卷档案的编制单位,并加盖公章。

④技术主管:编制单位技术负责人签名或盖章。

⑤编制日期:填写卷内资料材料形成的起(最早)、止(最晚)日期。

⑥保管期限:由档案保管单位按照本单位的保管规定或有关规定填写

⑦密级:由档案保管单位按照本单位的保密规定或有关规定填写。

(2)工程资料卷内目录:工程资料的卷内目录,内容包括序号、工程资料题名、原编字号、编制单位、编制日期、页次和备注。卷内目录内容应与案卷内容相符,排列在封面之后,原资料目录及设计图纸目录不能代替。

①序号:案卷内资料排列先后用阿拉伯数字从1开始一次标注。

②工程资料题名:填写文字材料和图纸名称,无标题的资料应根据内容拟写标题。

③原编字号:资料制发机关的发字号或图纸原编图号。

④编制单位:资料的形成单位或主要负责单位名称。

⑤编制日期:资料的形成时间(文字材料为原资料形成日期,竣工图为编制日期)。

⑥页次:填写每份资料在本案卷的页次或起止的页次。

⑦备注:填写需要说明的问题。

(3)分项目录:

①分项目录(一)适用于施工物资材料(C4)的编目,目录内容应包括资料名称名、型号规格、数量、使用部位等,有进场见证试验的,应在备注栏中注明。

②分项目录(二)适用于施工测量记录(C3)和施工记录(C5)的编目,目录内容包括资料名称、施工部位和日期等。

资料名称:填写表格名称或资料名称;

施工部位:应填写测量、检查或记录的层、轴线和标高位置;

日期:填写资料正式形成的年、月、日。

(4)工程资料卷内备考表:内容包括卷内文字材料张数、图样材料张数、照片张数等,立卷单位的立卷人、审核人及接收单位的审核人、接收人应签字。

①案卷审核备考表分为上下两栏,上一栏由立卷单位填写,下一栏由接受单位填写。

②上栏应表明本案卷一编号资料的总张数:指文字、图纸、照片等的张数;审核说明填写立卷时资料的完整和质量情况,以及应归档而缺少的资料的名称和原因;立卷人有责任立卷入签名;审核人有案卷审查人签名;年月日按立卷、审核时间分别填写。

③下栏由接收单位根据案卷的完成及质量情况标明审核意见。技术审核人由接收单位工程档案技术审核人签名;档案接收人由接收单位档案管理接收人签名;年月日按审核、接收时间分别填写。

2.工程档案封面和目录

(1)工程档案案卷封面:使用城市建设档案封面,注明工程名称、案卷题名、编制单位、技术主管、保存期限、档案密级等。

(2)工程档案卷内目录:使用城建档案卷内目录,内容包括顺序号、文件材料题名、原编字号。编制单位、编制日期、页次、备注等。

(3)工程档案卷内备案:使用城建档案案卷审核备考表,内容包括卷内为字材料张数、图样材料张数,照片张数等和立卷单位的立卷人、审核人及接收单位的审核人、接收人签字。

城建档案案卷审核备考表的下栏部分由城建档案馆根据案卷的完整及质量情况标明审核意见。

3.案卷脊背编制

案卷脊背项目有档号、案卷题名。有档案保管单位填写。城建档案的案卷脊背由城建档案馆填写。

4.移交书

(1)工程资料移交书:工程资料移交书是工程资料进行移交的凭证,应由移交日期和移交单位、接收单位的盖章。

(2)工程档案移交书:使用城市建设档案移交书,为竣工:档案进行移交的凭证,应有移交日期和移交单位、接收单位的盖章。

(3)工程档案微缩品移交书:使用城市建设档案馆微缩品移交书,为竣工档案进行移交的凭证,心有移交日期和移交单位、接收单位的盖章。

(4)工程资料移交目录:工程资料移交,办理的工程资料移交书应附工程资料移交目录。

(5)工程档案移交目录:工程档案移交,办理的工程档案移交书应附城市建设档案移交目录。

四、组卷要求

1.组卷的质量要求

(1)组卷前应保证基建文件、监理资料和施工资料齐全、完整,并符合规程要求。

(2)编绘的竣工图应反差明显、图而整洁、线条清晰、字迹清楚,能满足微缩和计算机扫描的要求。

(3)文字材料和图纸不满足质量要求的律返工。

2.组卷的基本原则

(1)建设项目应按单位工程组卷。

(2)工程资料应按照不同的收集、整理单位及资料类别,按基建文件、监理资料、施工资料和竣工图分别进行组卷。

(3)卷内资料排列顺序应依据卷内资料构成而定,一般顺序为封面、目录、资料部分、备考表和封底。组成的卷案应美观、整齐。

(4)卷内若存在多类工程资料时,同类资料按自然形成的顺序和时间排序,不同资料之间的排列顺序可参照表1-1的顺序排列。

(5)案卷不宜过厚,一般不超过40 mm。案卷内不应有重复资料。

3.组卷的具体要求

(1)基建文件组卷。基建文件可根据类别和数量的多少组成一卷或多卷,如工程决策立项文件:卷、征地拆迁文件卷、勘察、测绘与设计文件卷、工程开工文件卷、商务文件卷、工程竣工验收与备案文件卷。同一类基建文件:还可根据数量多少组成一卷或多卷。

基建文件组卷具体内容和顺序可参考表1-1;移交城建档案馆基建文件的组卷内容和顺序可参考资料规程。

(2)监理资料组卷。监理资料可根据资料类别和数量多少组成一卷或多卷。

(3)施工资料组卷。施工资料组卷应按照专业、系统划分,每一专业、系统再按照资料类别从 C1～C7 顺序排列,并根据资料数量多少组成一卷或多卷。

对于专业化程度高,施工工艺复杂。通常由专业分包施工的子分部(分项)工程应分别单独组卷,如有支护土方、地基(复合)、桩基、预应力、钢结构、木结构、网架(索膜)、幕墙、供热锅炉、变配电室和智能建筑工程的各系统,应单独组卷子分部(分项)工程并按照顺序排列,并根据资料数量的多少组成一卷或多卷。

按规程规定应由施工单位归档保存的基建文件和监理资料按表1-1的要求组卷。

(4)竣工图组卷。应竣工图应按专业进行组卷。可分为工艺平面布置竣工图卷、建筑竣工图卷、结构竣工图卷、给排水及采暖竣工图卷、建筑电气竣工图卷、智能建筑竣工图卷、通风空调竣工图卷、电梯竣工图卷、室外工程竣工图卷等,每一专业可根据图纸数量多少组成一卷或多卷。

(5)向城建档案馆报送的:工程档案应按《建设工程文件归档整理规范》(GB/T 50328 2001)的要求进行组卷。

(6)文字材料和图纸材料原则上不能混装在一个装具内,如资料材料较少,需放在内时,文字材料和图纸材料必须混合装订,其中文字材料排前,图样材料排

(7)单位工程档案总案卷数超过20卷的,应编制总目录卷。

4.案卷页号的编写

(1)编写页号应以独立卷为单位。在案卷内资料材料排列顺序确定后面编写页号。均以有书写内容的页面编写负号。

(2)每卷从阿拉伯数字1开始,用打号机或钢笔一次逐张连续标注页号,采用黑色、蓝色油墨或墨水。案卷封面、卷内目录和卷内备案表不编写页号。

(3)页号编写位置:单面书写的文字材料页号编:写在右下角,双面书写的文字材料九号正面编写在右下角,背面编写在左下角。

(4)图纸折叠后无论何种形式,页号一律编写在右下角。

五、案卷规格与装订

1.案卷规格

卷内资料、封面、目录、备考表统一采用 A4 幅(197 mm×210 mm)尺寸。图纸分别采用A0(841 mm×1 189 mm)、A1(594 mm×841 mm)、A2(420 mm×594 mm)、A3(297 mm×420 mm)、A4(297 mm×210 mm)幅面。小于 A4 幅面的资料要用 A4 白纸(297 mm×210 mm)衬托。

2.案卷装具

案卷采用统一规格尺寸的装具。属于工程档案的文字、图纸材料一律采用城建档案馆监制的硬壳卷夹或卷盒,外表尺寸 310 mm(高)× 220 mm(宽),卷盒厚度尺寸分别为

50 mm、30 mm 两种,卷夹厚度尺寸为 25 mm;少量特殊的档案也可采用外表尺十为 310 mm (高)×430 mm(宽),厚度尺寸为 50 mm。案卷软(内)卷皮尺寸为 297 mm(高)×210 mm (宽)。

3.案卷装订

(1)文字材料必须装订成册,图纸材料可装订成册,也可散装存放。

(2)装订时要剔除金属物,装订线一侧根据案卷薄厚加垫草板纸。

(3)案卷用棉线在左侧三孔装订,棉线装订结打在背面。装订线距左侧 20 mm,上下两孔分别距中孔 80 mm。

(4)装订时,须将封面、目录、备考表、封底与案卷一起装订。图纸散装在卷盒内时,需将案卷封面、目录、备考表三件用棉线在左上角装订在一起。

第三节　工程资料案例

工程资料案卷总目录

8.4－1

工程名称					
案卷序号	案卷名称	页　数	编制单位	编制日期	备注

8.4－2(表格编号)

工　程　资　料

名　　称：＿＿＿＿＿＿＿＿＿＿＿＿＿＿＿＿＿＿＿＿＿

案卷题名：＿＿＿＿＿＿＿＿＿＿＿＿＿＿＿＿＿＿＿＿＿

编制单位：＿＿＿＿＿＿＿＿＿＿＿＿＿＿＿＿＿＿＿＿＿

技术主管：＿＿＿＿＿＿＿＿＿＿＿＿＿＿＿＿＿＿＿＿＿

编制日期：　自　　　年　　月　　　日起至　　　年　　月　　　日止

保管期限：＿＿＿＿＿＿＿＿　密　　级：＿＿＿＿＿＿＿

保存档号：＿＿＿＿＿＿＿＿

共　　　册　　　　　第　　　册

工程资料卷内目录

8.4 - 3

工程名称					
序号	资料名称	编制日期	编制单位	页次	备注

施工物资资料目录

8.4－4

工程名称				物资类别				
序号	资料名称	品种型号、规格	单位	数量	编号	使用部位	页/份数	备注

混凝土(砂浆)抗压强度报告目录

8.4 −5

工程名称			子分部(分项)工程名称			
序号	报告编号	施工部位	设计强度等级	龄期/d	实际抗压强度/MPa	备注

钢筋连接试验报告目录

8.4－6

工程名称				子分部(分项)工程名称			
序号	种类及规格	报告编号	施工部位	连接形式	代表数量	抗拉强度/MPa	备注

工程资料备考表

8.4 – 7

　　本案卷已编号的文件资料共_____张,其中:文字资料_____张,图样资料_____张,照片_____张。

　　立卷单位对本案卷完整准确情况的审核说明:

立卷人:　　　　　　　　　　　　　　年　　月　　日

审核人:　　　　　　　　　　　　　　年　　月　　日

保存单位的审核说明:

技术审核人:　　　　　　　　　　　　年　　月　　日

档案接收人:　　　　　　　　　　　　年　　月　　日

档案馆代号：

城市建设档案

名　　称：_____

案卷题名：_____

_____

编制单位：_____

技术主管：_____

编制日期：自　　年　　月　　日起至　　年　　月　　日止

保管期限：_____　　密级：_____

保存档号：_____

共　　卷　第　　卷

卷 内 目 录

8.4 - 9

序号	文件编号	责任者	文件题名	日期	页次	备注
1						
2						
3						
4						
5						
6						
7						
8						
9						
10						
11						
12						
13						
14						
15						
16						
17						
18						
19						
20						
21						
22						
23						
24						
25						
26						
27						
28						
29						
30						
31						
32						
33						

卷内备考表

8.4 - 10

本案卷共有文件资料　　　页。

其中:文字资料　　　页;

图样资料　　　张;

照　片　　　张。

说明:

立卷人:

年　月　日

审核人:

年　月　日

第四节　工程资料移交书填写样例

建设工程竣工档案移交书

编号：

工程名称	×××××××项目工程
建设单位	××××××××有限公司
开、竣工时间	20××年××月–20××年××月
移交时间	20××年××月

移交情况：

接收情况：

移交单位(盖章)：	市城建档案馆(盖章)：
档案员：	经手人：
负责人：	负责人：
年　月　日	年　月　日

注:附移交目录一份。

第八章 建筑工程施工物资资料

第一节 施工物资资料管理概述

一、施工物资资料的定义及管理原则

施工物资资料的定义及管理原则见表 8-1。

表 8-1 施工物资资料定义及管理原则

项目		内容
施工物资资料的定义		施工物资资料是反映工程所用物资质量和性能指标等的各种证明文件和相关配套文件(如使用说明书、安装维修文件等)的统称
施工物资资料管理的原则	对文件资料的要求	1)工程物资主要包括建筑材料、成品、半成品、构配件、设备等,建筑工程所使用的工程物资均应有出厂质量证明文件[包括产品合格证、出厂检验(试验)报告、产品生产许可证和质量保证书等]。质量证明文件应反映工程物资的品种、规格、数量、性能指标等,并与实际进场物资相符。当无法或不便提供质量证明文件原件时.复印件亦可。复印件必须清晰可辨认,其内容应与原件一致。并应加盖原件存放单位公章、注明原件存放处、有经办人签字和时间; (2)涉及结构安全和使用功能的材料需要代换且改变了设计要求时,必须有设计单位签署的认可文件;涉及安全、卫生、环保的物资应有相应资质等级检测单位的检测报告,如压力容器、消防设备、生活供水设备、卫生洁具等; (3)凡是使用的新材料、新产品。应由具备鉴定资格的单位或部门出具鉴定证书,同时具有产品质量标准和试验要求,使用前应按其质量标准和试验要求进行试验或检验。新材料、新产品应提供安装、维修、使用和工艺标准等相关技术文件; (4)进口材料和设备等应有商检证明(国家认证委员会公布的强制性[CCC]产品除外)、中文版的质量证明文件、性能检测报告以及中文版的安装、维修、使用、试验要求等技术文件
	对进场检验的要求	建筑工程采用的主要材料、半成品、成品、构配件、器具、设备等应实行进场验收,做进场检验记录;涉及安全、功能的有关物资应按工程施工质量验收规范及相关规定进行复试和有见证取样送检,及时提供相应试(检)验报告
	对分级管理的要求 / 分级管理的原则	供应单位或加工单位负责收集、整理和保存所供物资原材料的质量证明文件,施工单位则需收集、整理和保存供应单位或加工单位提供的质量证明文件和进场后进行的试(检)验报告。各单位应对各自范围内工程资料的汇集、整理结果负责。并保证工程资料的可追溯性

二、施工物资资料管理的内容及要求

建筑工程采用的主要材料、半成品、成品、建筑构配件、器具、设备应进行现场验收,有进场检验记录;涉及安全、功能的有关物资应按工程施工质量验收规范及相关规定进行复试(试验单位应向委托单位提供电子版试验数据)或有见证取样送检,有相应试(检)验报告。

涉及结构安全和使用功能的材料需要代换且改变了设计要求时,应有设计单位签署的认可文件。

涉及安全、卫生、环保的物资必须附有有相应资质等级检测单位的检测报告,如压力容器、消防设备、生活供水设备、卫生洁具等。

凡是使用的新材料、新产品,应由具备鉴定资格的单位或部门出具鉴定证书,同时具有产品质量标准和试验要求,使用前应按其质量标准和试验要求进行试验或检验。新材料、新产品还应提供安装、维修、使用和工艺标准等相关技术文件。

进口材料和设备应具备商检证明(国家认证委员会公布的强制性认证[CCC]产品除外)、中文版的质量证明文件、性能检测报告及中文版的安装、维修、使用、试验要求等技术文件。

三、施工物资资料的管理流程

施于物资资料的管理流程如图8-1所示。

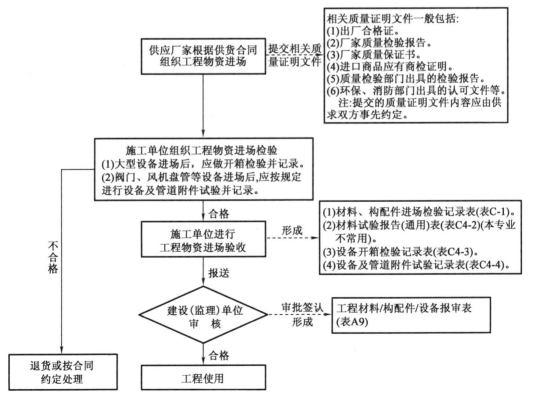

图8-1　施工物资资料管理流程

第二节　建筑电气工程施工物资资料管理

一、建筑电气工程常用材料品种及技术要求

建筑电气工程常用材料品种及技术要求见表8-2。

表8-2　建筑电气工程常用材料品种及技术要求

材料品种	技术标准	主要技术要求
金属导管	《电气安装用导管特殊要求——金属导管》(GB/T 14823.1—1993)	1.力学性能(抗弯、抗压) 2.电气性能 3.防护性能
镀锌焊接钢管	《低压流体输送用焊接钢管》(GB/T 3091—2001)	1.牌号和化学成分 2.制造工艺 3.交货状态 4.力学性能 5.工艺性能 6.表面质量
焊接钢管	《低压流体输送用焊接钢管》(GB/T 3091—2001)	1.牌号和化学成分 2.制造工艺 3.交货状态 4.力学性能 5.工艺性能 6.表面质量
硬塑料管(PVC管)	《电气安装用导管特殊要求——刚性绝缘材料平导管》(GB/T 14823.2—1993)	1.力学性能:抗压能力、抗冲击能力、抗弯曲能力、抗弯折能力 2.耐热性能 3.耐燃性能 4.电气绝缘性能
半硬塑料管(PE管)	《电气安装用导管特殊要求——可弯曲自恢复材料管》(GB/T 14823.4—1993)	1.力学性能:抗压能力、抗冲击能力、抗弯曲能力、抗弯折能力 2.耐热性能 3.耐燃性能 4.电气绝缘性能

表 8 - 2（续）

材料品种	技术标准	主要技术要求
电线、电缆	《额定电压 450/750 及以下聚氯乙烯绝缘电缆》（GB 5023.1 ~ GB 5023.7—1997）	1. 导体 2. 绝缘 3. 填充 4. 内保护层 5. 护套
开关	《家用和类似用途固定式电气装置的开关》（GB 16915.1—1997）	1. 防触电保护 2. 接地措施 3. 耐老化、开关外壳提供的防护和防潮 4. 绝缘电阻和电气强度 5. 温升 6. 通断能力 7. 机械强度 8. 耐热 9. 爬电距离、电气间隙和穿通密封胶距离 10. 绝缘材料的耐热、耐燃和耐漏电起痕 11. 电磁兼容性
插座	《家用和类似用途插座插头》（GB 2099.1—1996）	1. 耐老化、防有害进水和防潮 2. 温升 3. 分断容量 4. 机械强度 5. 耐热 6. 耐锈性能
灯具	《灯具一般安全要求与实验》（GB 7000.1—2002）	1. 结构 2. 外部接线和内部接线 3. 接地规定 4. 防触电保护 5. 防尘、防固体异物和防水 6. 绝缘电阻和电气强度 7. 爬电距离和电气间距 8. 耐久性试验和热试验 9. 耐热、耐火、和耐起痕 10. 螺纹接线端子 11. 无螺纹接线端子和电连接体
金属线槽、桥架	《电控配电用电缆桥架》（JB/T 10216—2000）	1. 机械负载 2. 支吊架负载 3. 撞击 4. 各种防护涂（镀）层的性能 5. 保护电路连接性 6. 防护等级

表 8 - 2（续）

材料品种	技术标准	主要技术要求
低压成套配电柜	《低压成套开关设备和控制设备》（GB 7251.1—1997）	1. 温升极限 2. 介质性能 3. 短路耐受强度 4. 保护电路有效性 5. 电气间隙和爬电距离 6. 机械操作 7. 防护等级 8. 连接线、通电操作 9. 绝缘 10. 防火措施 11. 绝缘电阻
封闭式母线	《低压成套开关设备和控制设备》（GB 7251.2—1997）	1. 温升极限 2. 介质性能 3. 短路耐受强度 4. 保护电路有效性 5. 电气间隙和爬电距离 6. 机械操作 7. 防护等级 8. 电阻、电抗与阻抗 9. 结构强度 10. 滑触式干线系统耐久性
配电板(箱)	《低压成套开关设备和控制设备》（GB 7251.3—1997）	1. 温升极限 2. 介质性能 3. 短路耐受强度 4. 保护电路有效性 5. 电气间隙和爬电距离 6. 机械操作 7. 防护等级 8. 冲击强度 9. 耐锈性能 10. 绝缘材料和耐热能力 11. 绝缘材料对非正常发热和着火危险的耐受能力 12. 绝缘 13. 防护措施

二、建筑电气工程施工物资资料相关表格

建筑电气工程物资进场所应填写的资料通常有以下四种表格。

（一）工程材料/构配件/设备报审表

1. 填表说明

（1）形成流程：工程物资进场后，施工单位应对拟采用的构配件和设备进行检测、测试，合格后填写《工程材料/构配件/设备报审》，附齐主要原材料复试结果、备案资料、出厂质量证明文件等，报项目监理部，监理工程师签署审查结论。

（2）相关规定与要求

①工程材料/构配件/设备报审是承包单位对拟进场的主要工程材料、构配件、设备，在自检合格后报项目监理机构进行进场验收。

②对未经监理人员验收或验收不合格的工程材料、构配件、设备，监理人员应拒绝签认，承包单位不得在工程上使用，并应限期将不合格的材料、构配件、设备撤出现场。

③拟用于部位：指工程材料、构配件、设备拟用于工程的具体部位。

④材料/构配件/设备清单：按表列括号内容用表格形式填报。

⑤工程材料/构配件/设备质量证明资料：指生产单位提供的证明材料/构配件/设备质量合格的证明资料。如：合格证、性能检测报告等。凡无国家或省正式标准的新材料、新产品、新设备应有省级及以上有关部门鉴定文件。凡进口的材料、产品、设备应有商检的证明文件。如无出厂合格证原件，有抄件或原件复印件亦可。但抄件或原件复印件上要注明原件存放单位，抄件人和抄件、复印件单位签名并盖公章。

⑥自检结果：指所购材料、构配件、设备的承包单位对所购材料、构配件、设备，按有关规定进行自检及复试的结果。对建设单位采购的主要设备进行开箱检查监理人员应进行见证，并在其开箱检查记录签字。复试报告一般应提供原件。

⑦专业监理工程师审查意见：专业监理工程师对报验单所附的材料、构配件、设备清单、质量证明资料及自检结果认真核对，在符合要求的基础上对所进场材料、构配件、设备进行实物核对及观感质量验收，查验是否与清单、质量证明资料合格证及自检结果相符、有无质量缺陷等情况，并将检查情况记录在监理日记中，根据检查结果，如符合要求，将"不符合""不准许"及"不同意"用横线划掉，反之，将"符合""准许"及"同意"划掉，并指出不符合要求之处。

（3）注意事项

①监理工程师签署审查结论前要对构配件和设备进行检测、测试，对附件资料的内容进行全面检查，如符合设计，规范及合约要求，可签认同意验收。未经监理验收或验收结果为不合格的物资应明确标识，并不得应用于工程。

②工程物资进场报验应有时限要求，施工单位和监理单位均需按照施工合同的约定完成各自的报送和审批工作。

③资料中有关管材规格的填写要统一、规范。镀锌钢管、焊接钢管、排水铸铁管等一般为公称直径，如 DN100，无缝钢管、铜管、塑料管等一般为直径 X 壁厚，如批 59X6，其他管材规格可按图纸说明或产品合格证上的格式填写。

二、填表范例

工程物资进场报验表

B2－02 （A4 监）

工程名称	××××工程	编号	

致：＿＿＿×××××监理公司＿＿＿（监理单位）

现报上关于＿＿＿××××工程＿＿＿工程的物资进场检验记录,该批物资经我方检验符合设计、规范及合同要求,请予以批准使用。

物资名称	主要规格	单位	数量	委托单编号	使用部位
阻燃管	PPC16	m	12500	No 200901840	一层
阻燃管	PPC20	m	7500	No 200901840	一层
阻燃管	PPC40	m	300	No 200901840	一层
接线盒	塑八角盒	个	700	No 200901840	一层
接线盒	塑方盒	个	1200	No 200901840	一层

附件：

名称	页数	编号
1.出厂质量证明文件	1 页	×××
2.进场检验记录	1 页	×××
3.进场试验报告	1 页	×××
4.备案资料	页	

施工单位检验意见：

符合设计要求及标准 DB23/×××—2003 的合格规定

施工单位名称： 技术负责人(签字)： 2011 年 07 月 01 日

审查意见：

验收合格

监理单位名称： 监理工程师(签字)： 2011 年 07 月 02 日

（二）材料、构件进厂检验记录

1. 填表说明

（1）形成流程：材料、构件进场后，应由建设、监理单位会同施工单位共同对进场物资进行检查验收，填写《材料、构配件进厂检验记录》。

（2）相关规定与要求

对进场物资进行检查验收，主要检验项目包括：

①物资出厂质量证明文件及检测报告是否齐全。

②实际进场物资数量、规格和型号等是否满足设计和施工计划要求。

③物资外观质量是否满足设计要求或规范规定。

④按规定须抽检的材料、构配件是否及时抽检。

工程采用施工总承包管理模式的，签字人员应为施工总承包单位的相关人员。

（3）注意事项

①按规定应进场复试的工程物资，必须在进场检查验收合格后取样复试。

②表格内检验项目按《建筑电气工程施工质量验收规范》（GB 50303—2002）第3.2.1条、第3.2.2条填写，为"品种、规格、外观、质量合格证明文件"。

③抽检比例也要依据《建筑电气工程施工质量验收规范》（GB 50303—2002）相关条目规定。

④《材料、构配件进场检验记录》由施工单位填写并保存。

2. 填表范例

材料、构配件进场检验记录

C3 – 01

工程名称	××工程		检验日期	2011 年 07 月 01 日		
施工单位	××××××建设集团有限公司					
序号	名称	规格型号	进场数量	生产厂家合格证号	外观质量	结果
1	阻燃管	FPC16	12 500 m	××××××塑料制品厂 No 200901840	光洁	合格
2	阻燃管	FPC20	7 500 m	××××××塑料制品厂 No 200901840	光洁	合格
3	阻燃管	FPC40	300 m	××××××塑料制品厂 No 200901840	光洁	合格
4	接线盒	塑八角盒	700 个	××××××塑料制品厂	光洁	合格
5	接线盒	塑方盒	1 200 个	××××××塑料制品厂	光洁	合格

施工技术：×××　　　　　　施工：×××　　　　　材料员：×××
负责人：　　　　　　　　　质检员：

(三)设备开箱检验记录

1.填表说明

(1)形成流程:设备进场后,由建设(监理)单位、施工单位、供货单位共同开箱检验并做记录,填写《设备开箱检验记录》。

(2)相关规定与要求

①设备必须具有中文质量合格证明文件,规格、型号及性能检测报告应符合国家技术标准或设计要求,进场时应做检查验收。

②主要器具和设备必须有完整的安装使用说明书。

③在运输、保管和施工过程中,应采取有效措施防止损坏或腐蚀。

(3)注意事项

①对于检验结果出现的缺损附件、备件要列出明细,待供应单位更换后重新验收。

②测试情况的填写应依据专项施工及验收规范相关条目,如表格中的"离心水泵"可参照《压缩机、风机、泵安装工程施工及验收规范》(GB 50275—1998)。

(4)《设备开箱检验记录》由施工单位填写并保存。

　开关　 设备开箱检验记录

C3-02

工程名称	××工程	检查日期	2011年7月01日
施工单位	××建设集团有限公司	装箱单号	××
供应单位	××公司	总数量	450个
生产厂家	××厂	检查数量	50个
设备名称	扳式开关	规格型号	86系列

检查记录	包装情况	包装完好、无损块、标识明确
	随机文件	装箱单1份、合格证1份、说明书1份
	备件与附件	
	外观情况	开关表面无损块、表面光洁完好
	其他情况	/

检验结果	缺、损附务件明细表				
	序号	名称	规格	单位	数量	备注

结论:

经检查,质量证明文件齐全,外观良好,符合设计及规范要求

监理工程师(建设单位代表):×××　　　施工单位代表:×××　　　供应单位代表:×××

（四）设备及管道附件实验记录

注：本表由施工单位填写，建设单位、施工单位各保存一份。

三、供应单位提供的质量证明文件的管理

供应单位应提供营业执照复印件（有厂家签章，并有年审记录）等资质文件。

材料、设备一般为按规定标准（国家标准、地方标准、行业标准或通过备案的企业标准）生产的产品，并具有出厂质量证明文件（包括产品合格证、质量合格证、检验报告、试验报告、产品生产许可证和质量保证书等）。

产品合格证或质量合格证应具有产品名称、产品型号、产品规格、数量、质量标准代号或地方（地区）企业代号，出厂日期、厂名、地址、产品出厂检验证明（检验章）或代号等。其中，原材料及辅料合格证，同种材料、相同规格、同批生产的保存一份合格证即可。主要设备、器具合格证要全部保存，并将合格证编号同设备铭牌对照保证一致。取得合格证后施工单位应统一编号。

检验报告由具有相应资质检验单位提供。

主要设备、器具安装使用说明书由供应单位提供。

质量证明文件的复印件应与原件内容一致，加盖原件存放单位公章，注明原件存放处，并有经办人签字和时间。复印件要求字迹清晰，项目填写及签认手续完整。

开关　　质量证明文件粘贴表

C3－04

质量证明文件编号	06－4143

（粘贴页）

（此处粘贴材料合格证）

施工技术负责人：×××　　　　　　　整理：×××

第九章　建筑工程施工、试验记录

第一节　建筑电气工程施工记录

一、隐蔽工程检查记录

（一）建筑电气工程隐检内容

（1）埋于结构内的各种电线导管：检查导管的品种、规格、位置、弯扁度、弯曲半径、连接、跨接地线、防腐、管盒固定、管口处理、敷设情况、保护层、需焊接部位的焊接质量等。

（2）利用结构钢筋做的避雷引下线：检查轴线位置、钢筋数量、规格、搭接长度、焊接质量、与接地极、避雷网、均压环等连接点的焊接情况。

（3）等电位及均压环暗埋：检查使用材料的品种、规格、安装位置、连接办法、连接质量、保护层厚度等。

（4）接地极装置埋设：检查接地极的位置、间距、数量、材质、埋深、接地极的连接方法、连接质量、防腐情况等。

（5）金属门窗、幕墙及避雷引下线的连接：检查连接材料的品种、规格、连接位置和数量、连接方法和质量等。

（6）不进入吊顶内的电线导管：检查导管的品种、规格、位置、弯扁度、弯曲半径、连接、跨接地线、防腐、需焊接部位的焊接质量、管盒固定、管口处理、固定方法、固定间距等。

（7）不进入吊顶内的线槽：检查材料品种、规格、位置、连接、接地、防腐、固定方法、固定间距及其他管线的位置关系等。

（8）直埋电缆：检查电缆的品种、规格、埋设方法、埋深、弯曲半径、标桩埋设情况等。

（9）不进人的电缆沟敷设电缆：检查电缆的品种、规格、弯曲半径、固定方法、固定间距、标识情况等。

（二）隐蔽工程检查记录

1.填表说明

隐蔽工程检查记录为通用施工记录，适用于各专业。按规范规定须进行隐检的项目，施工单位应填报《隐蔽工程检查记录》（表 C5 － 1）或隐蔽工程（随工检查）验收表。

（1）隐蔽工程项目施工完毕后，施工单位应进行自检，自检合格后，申报建设（监理）单位会同施工单位共同对隐蔽工程项目进行检查验收。

（2）主要检查内容包括：应根据隐蔽工程的检查项目和内容认真进行检查，不得落项，隐检内容应根据规范要求填写齐全、明了，检查结果和结论齐全。

（3）隐蔽工程检查应及时；自检合格后向监理报验。检验的时限不应与土建进度相矛盾。

（4）当检查无问题时，复查意见栏不应填写。

（5）编号栏的填写应参照材料、构配件进场检验记录中编号栏的填写要求进行填写，但顺序号填写时应注意，由于隐蔽工程涉及多个分项工程，所以顺序号应根据分项工程的不同，按名检查项目分别从001开始连续编号。

（6）要求无未了事项：

①表格中凡需填空的地方，实际已发生的，如实填写；未发生的，则在空白处划斜杠"／"。

②对于选择框，有此项内容，在选择框处划"√"，若无此项内容，可空着，不必划"×"。

（7）对于隐蔽工程检查记录表不适用的其他重要工序，应按照现行规范要求进行施工质量检查，并填写施工检查记录表（通用）。

2.填表范例

等电位联结　隐蔽工程检查验收记录

C6－01

工程名称	×××工程	验收时间	20××年××月××日	编号	×××
施工单位	×××电气安装公司	验收部位	基础		
依据及内容	1.按图施工,符合设计及规范要求。 （1）建筑物等电位联结方法：总等电位端子箱设在地下一层低压配电室内，采用－40×4镀等扁钢与基础接地装置直接焊接。给水、排水、采暖及电气等进出建筑物的金属管道等均通过－40×4与该端子箱连接。 （2）电井等电位联结：在电气竖井垂直敷设一条水平敷设一圈40×4镀锌扁钢，水平与垂直接地扁钢之间可靠焊接。 （3）柴油发电机房等电位联结。距地0.3米预留预埋件（150×60×6），与柱内主筋焊接，采用－40×4镀锌扁钢与预埋件焊接，引至电井及柴油发电机房内。 （4）电梯井内等电位联结：电梯导轨及电梯井道内采用－40×4镀锌扁钢与建筑物等电位联结干线焊接，引自电梯井内。 （5）低压配电室内做重要接地：配电柜下槽钢及电源进线柜FE母排接地采用－40×4镀锌扁钢焊接，引至总等电位端子箱，在地下一层低压配电室内距地0.3米预留2个预埋件（150×60×6）采用－40×4镀锌扁钢焊接引至总等电位端子箱。 （6）本工程设有局部等电位，局部等电位箱设在公寓卫生间内，卫生间的楼板钢筋及卫生间内的金属导电体均从分户箱内引出EPC20阻燃管穿一根BV－4的铜芯导线与该端子箱焊接。 2.接地装置焊接要采用搭接焊，搭接长度应符合下列规定： （1）扁钢与扁钢搭接焊为扁钢宽度的2倍，不少于三面施焊； （2）圆钢与圆钢搭接焊为圆钢直径的6倍，双面施焊； （3）圆钢与扁钢搭接焊为圆钢直径的6倍，双面施焊。 3.扁钢与扁钢、圆钢与圆钢、圆钢与扁钢之间焊接要牢固可靠，焊缝饱满，均匀，无灾渣、咬肉及未焊透现象发生。 4.除埋设在混凝土的焊接接头外，要有防腐措施。				
主要材料规格及试验编号	镀锌扁钢：－40×4 生产厂家：×××板带加工厂 编　　号：质字第×××－1－26号 数　　量：438米				
结论	符合要求人、同意隐蔽				

监理工程师（建筑单位代表）：×××　　施工技术负责人：×××　　施工质检员：×××　　填写人：×××

二、预检记录

1. 填表说明

预检记录是对施工重要工序进行的预先质量控制检查记录,为通用施工记录,适用于各专业。

(1)预检工程项目施工完毕后,施工单位应由专业技术负责人、工长、质检员共同进行检查。

(2)主要检查内容包括:应根据预检工程的检查项目和内容认真进行检查,不得落项,预检内容应根据规范要求填写齐全、明了,检查结果和结论齐全。

(3)预检工程检查应及时;设备、机电表面器具的安装位置、标高的检查应在抹灰前进行;吊顶或轻钢龙骨墙部位的配管及线槽的检查应在封板前进行。

(4)当检查无问题时,复查意见栏不应填写。

(5)编号栏的填写应参照隐蔽工程检查记录表编号编写,但表式不同时顺序号应重新编号。

(6)要求无未了事项:表格中凡需填空的地方,实际已发生的,如实填写;未发生的,则在空白处划斜杠"/"。

(7)预检内容栏应说明的内容:

①门口的翘板开关因构造柱钢筋密而无法稳装开关盒,其开关要移位,而移位又不符合《建筑电气工程施工质量验收规范》(GB 50303—2002)的规定,在不影响操作方便和电气安全的情况下,可做洽商移位处理,这样的问题在预检内容中说明。

②暖气炉片进出支管间有电源插座时,其插座距暖气管的距离不符合《建筑电气通用图集》(92DQ8)中要求的上 200 mm、下 300 mm 的规定,应采取技术处理并办理洽商,同时应在预检内容中说明。

③照明配电箱按《建筑电气厂程施工质量验收规范》(GB 50303—2002)中的要求,底边距地 1.5 m,而有的箱子比较高,超过 1 m,按此标高要求则影响箱子的开启,这种情况下要降低安装高度,并办理洽商,同时在预检内容中应说明。

(8)依据现行施工规范,对于涉及工程实体质量、观感及人身安全的重要工序,应做预检。

(9)对于预检工程检查记录表不适用的其他重要工序,应按照现行规范要求进行施工质量检查,并填写施工检查记录表(通用)。

(10)建筑电气工程预检内容:

①电气明配管(包括进人吊顶内):检查导管的品种、规格、位置、连接、弯扁度、弯曲半径、跨接地线、焊接质量、固定、防腐、外观处理等。

②明装线槽、桥架、母线(包括能进人吊顶内):检查材料的品种、规格、位置、连接、接地、防腐、固定方法、固定间距等。

③明装等电位连接:检查连接导线的品种、规格、连接配件、连接方法等。

④屋顶明装避雷带:检查材料的品种、规格、连接方法、焊接质量、固定、防腐情况等。

⑤变配电装置:检查配电箱、柜基础槽钢的规格、安装位置、水平与垂直度、接地的连接质量;配电箱、柜的水平与垂直度;高低压电源进出口方向、电缆位置等。

⑥机电表面器具(包括开关、插座、灯具、风口、卫生器具等):检查位置、标高、规格、型号、外观效果等。

2.填表范例

预检记录(测量记录)

单位工程名称	××工程	施工单位	××建设集团有限公司
图纸名称编号	××	建设单位	××集团有限公司

预检内容:

检查意见:

检查人员:×××　　　　　　工程技术负责人:×××　　　　　　××年×月×日

三、施工检查记录(通用)

1.填表说明

(1)按照现行规范要求应进行施工检查的重要工序,且无相应施工记录表格的,应填写《施工检查记录(通用)》(表 C5－3),施工检查记录(通用)适用于各专业。

(2)《施工检查记录(通用)》(表 C5－3)由施工单位填写并保存。

2. 填表范例

施工检查记录(通用)

C5 - 3

编号:×××

工程名称	××工程	检查项目	
检查部位		检查日期	××年×月×日

检查依据:

检查内容:

检查结论:

复查意见:

复查人: 复查日期: ××年×月×日

施工单位	××建设集团有限公司		
专业技术负责人	专业质检员		专业工长
×××	×××		×××

本表由施工单位填写并保存。

四、交接检查记录

1. 填表说明

(1)分项(分部)工程完成,在不同专业施工单位进行移交,应由移交单位、接收单位和见证单位共同对移交工程进行验收。

(2)主要检查内容包括:应根据专业交接检查的检查项目和内容认真进行检查,交接内容应根据规范要求填写齐全、明了,检查结果和结论齐全。

(3)当检查无问题时,复查意见栏不应填写。

(4)编号栏的填写应参照隐蔽工程检查记录表编号编写,但表式不同时顺序号应重新编号。

(5)见证单位意见:见证单位应根据实际检查情况,并汇总移交和接收单位意见形成见证单位意见。

(6)见证单位的确定

①当在总包管理范围内的分包单位之间移交时,见证单位为总包单位。

②当在总包单位和其他专业分包单位之间移交时,见证单位应为建设(监理)单位。

(7)其他

①《交接检查记录》(表C5-4)由移交、接收和见证单位各保存一份。

②见证单位应根据实际检查情况,并汇总移交和接收单位意见形成见证单位意见。

2. 填表范例

交接检查记录(通用) 表 C5-4		编号	
工程名称			
移交单位名称		接收单位名称	
交接部位		检查日期	

交接内容:

检查结果:

复查意见:

复查人:　　　　　　　　　　　　　复查日期:

见证单位意见:

见证单位名称:

签字栏	移交单位	接收单位	见证单位

1. 本表由移交、接收和见证单位各保存一份。

2. 见证单位应根据实际检查情况,并汇总移交和接收单位意见形成见证单位意见。

第二节　电气工程施工试验记录

一、电气接地电阻测试记录

1. 填表说明

(1)电气接地电阻测试记录应有建设(监理)单位及施工单位共同进行检查。

(2)检测阻值结果和结论齐全。

(3)电气接地电阻测试应及时,测试必须在接地装置敷设后隐蔽之前进行。

(4)应绘制建筑物及接地装置的位置示意图表(见电气接地装置隐检与平面示意图表

的填写要求)。

(5)编号栏的填写应参照隐蔽工程检查记录表编号编写,但表式不同时顺序号应重新编号。

(6)要求无未了事项

①表格中凡需填空的地方,实际已发生的,如实填写;未发生的,则在空白处划斜杠"/"。

②对于选择框,有此项内容,在选择框处划"√",若无此项内容,可空着,不必划"×"。

(7)《电气接地电阻测试记录》(表 C7 - 62)由施下单位填写,建设单位、施工单位、城建档案馆各保存一份。

2. 填表范例

电气接地电阻检测记录

C7 - 62

工程名称	××工程	检测日期	2011 年 7 月 06 日	编号	×××
施工单位	××建设集团有限公司	仪表型号		ZC - 8	
组别	设计值/Ω	检测值/Ω	季节系数	实际值/Ω	接地类型
	≤1	0.2	1	0.2	综合接地

位置图:

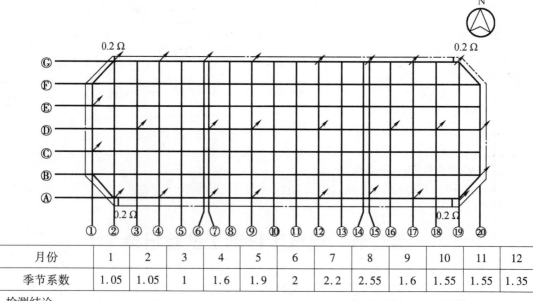

月份	1	2	3	4	5	6	7	8	9	10	11	12
季节系数	1.05	1.05	1	1.6	1.9	2	2.2	2.55	1.6	1.55	1.55	1.35

检测结论:

经测试计算,接地电阻值为 0.2 Ω,符合设计要求和《建筑电气工程施工质量验收规范》(GB 50303—2002)规定。

监理工程师(建设单位代表):×××　　　　　　　施工技术负责人:×××

施工质检员:×××　　　　　　　　　　　　　　　记录人:×××

注:"组别"对应于"位置图"中的检测编号;"实际值"为"检测值"乘以测试月份的季节系数计算所得,其结果必须符合设计要求。

二、电气接地装置隐检与平面示意图表

1. 填表说明

（1）电气接地装置隐检与平面示意图应由建设（监理）单位及施工单位共同进行检查。

（2）检测结论齐全。

（3）检验日期应与电气接地电阻测试记录日期一致。

（4）绘制接地装置平面示意图时，应把建筑物轴线、各测试点的位置及阻值标出。

（5）编号栏的填写：应与电气接地电阻测试记录编号一致。

（6）要求无未了事项：表格中凡需填空的地方，实际已发生的，如实填写；未发生的，则在空白处划斜杠"／"。

（7）《电气接地装置隐检与平面示意图表》（表 D.25）由施工单位填写，建设单位、施工单位、城建档案馆各保存一份。

2. 填表范例

电气接地装置隐检与平面示意图表

D.25

编号：

工程名称		图号			
接地类型		组数		设计要求	≤Ω

接地装置平面示意图（绘制比例要适当，注明各组别编号及有关尺寸）

接地装置敷设情况检查表（尺寸单位：mm）

槽沟尺寸		土质情况	
接地极规格		打进深度	
接地体规格		焊接情况	
防腐处理		接地电阻	（取最大值）Ω
检验结论		检验日期	

签字栏	建设（监理）单位	施工单位		
		专业技术负责人	专业质检员	专业工长
	××××××××	×××	×××	×××

注：本表由施工单位填写，建设单位、施工单位各保存一份。

三、电气绝缘电阻测试记录

1. 填表说明

（1）电气绝缘电阻测试记录应由建设（监理）单位及施工单位共同进行检查。

（2）检测阻值结果和测试结论齐全。

（3）当同一配电箱（盘、柜）内支路很多，又是同一天进行测试时，表格填不下可续表格进行填写，但编号应一致。

（4）阻值必须符合规范、标准的要求，若不符合规范、标准的要求，应查找原因并进行处理，直到符合要求方可填写此表。

（5）编号栏的填写应参照隐蔽工程检查记录表编号编写，但表式不同时顺序号应重新编号，一、二次测试记录的顺序号应连续编写。

（6）要求无未了事项：表格中凡需填空的地方，实际已发生的，如实填写；未发生的，则在空白处划斜杠"/"。

（7）《电气绝缘电阻测试记录》（表 C7 - 64）由施工单位填报，建设单位、施工单位各保存

2. 填表范例

电气绝缘电阻检测记录

C7 - 64

工程名称		××工程		检验日期		2006 年 11 月 06 日		编号		××××	
施工单位		××建设集团有限公司		线路（设备）电压/V				1000			
兆欧表电压/V		1000	兆欧表型号	ZC - 7		天气状况			晴		
检测内容 检测部位	相间/MΩ			相对零/MΩ			相对地/MΩ			零对地/MΩ	
	L1 - L2	L2 - L3	L3 - L1	L1 - N	L2 - N	L3 - N	L1 - PE	L2 - PE	L3 - PE	N - PE	
支路 1 三层 AL₃ - 1	750			700			700			700	
支路 2 三层 AL₃ - 1		600			650			700		700	
支路 3 三层 AL₃ - 1			700			750			700	700	
支路 4 三层 AL₂ - 1	700			700			700			700	
支路 5 三层 AL₂ - 1		750			600			650		700	
支路 6 三层 AL₂ - 1			700			700			750	700	

结论：

经检测，符合设计要求和《建筑电气工程施工质量验收规范》（GB 50303—2002）的规定。

监理工程师（建设单位代表）：×××   施工技术负责人：×××

施工质检员：×××   记录人：×××

注：电气设备和线路，根据其工作电压，选用的兆欧表应注意如下：100 V 以下，采用 250 V 兆欧表；100 ~ 500 V 采用 500 V 兆欧表；500 ~ 3 000 V，采用 1 000 V 兆欧表；3 000 ~ 10 000 V，采用 2 500 V 兆欧表。

四、电气器具通电安全检查记录

1. 填表说明

(1)电气器具通电安全检查记录应由施工单位的专业技术负责人、质检员、工长参加。

(2)检查结论应齐全。

(3)检查正确、符合要求时填写"√",反之则填写"×"。当检查不符合要求时,应进行修复,并在检查结论中说明修复结果。当检查部位为同一楼门单元(或区域场所),检查点很多又是同一天检查时,表格填不下,可续表格进行填写,但编号应一致。

(4)编号栏的填写应参照隐蔽工程检查记录表编号编写,但表式不同时顺序号应重新编号。

(5)要求无未了事项:表格中凡需填空的地方,实际已发生的,如实填写;未发生的,则在空白处划斜杠"/"。

2. 填表范例

电气器具通电安全测试记录

C7-66

工程名称		××工程	检验日期			2006 年 11 月 06 日				编号		××××		
施工单位		××建设集团有限公司						单元或区域			一单元			
配电箱编号	回路编号	漏保开关	灯具								开关			
			1	2	3	4	5	6	7	8	1	2	3	4

配电箱编号	回路编号	漏保开关	灯具 1	2	3	4	5	6	7	8	开关 1	2	3	4	5	6	7	8	插座 1	2	3	4	5	6	7
			√	√	√	√	√	√	√	√	√	√	√	√	√	√	√	√	√	√	√	√	√	√	√
			√	√	×	√	√	√	√	√	√	√	×	√	√	√	√	√	√	√	×	√	√	√	√
			√	√	√	√	√	√	√	√	√	√	√	√	√	√	√	√	√	√	×	√	√	√	√
			√	√	√	√	√	√	√	√	√	√	√	√	√	√	√	√	√	√	√	√	√	√	√
			√	√	√	√	√	√	√	√	√	√	√	√	√	√	√	√	√	√	√	√	√	√	√

结论:

经查,开关一个未断相线,一个罗灯口中心未接相线,两个插座接线有误,已修复合格,符合《建筑电气工程施工质量验收规范》(GB 50303—2002)要求。

监理工程师(建设单位代表):×××   施工技术负责人:×××

施工质检员:×××   记录人:×××

说明:相关器具接线正确,漏保开关动作可靠。符合打(√),不符合打(×),经整改后必须全部符合要求。如填写不下,可移至下一行。

五、电气设备空载试运行记录

1. 填表说明

(1)电气设备空载试运行记录应由建设(监理)单位及施工单位共同进行检查。

(2)试运行情况记录应详细:

①记录成套配电(控制)柜、台、箱、盘的运行电压、电流情况、各种仪表指示情况。

②记录电动机转向和机械转动有无异常情况、机身和轴承的温升、电流、电压及运行时间等有关数据。

③记录电动执行机构的动作方向及指示,是否与工艺装置的设计要求保持一致。

(3)当测试设备的相间电压时,应把相对零电压划掉。

(4)编号栏的填写应参照隐蔽工程检查记录表编号编写,但表式不同时顺序号应重新编号。

(5)要求无未了事项:表格中凡需填空的地方,实际已发生的,如实填写;未发生的,则在空白处划斜杠"/"。

(6)《电气设备空载试运行记录》(表 C7 - 68)由施工单位填写,建设单位、施工单位各保存一份。

2. 填表范例

电气设备空载试运行记录

C7 - 68

工程名称			××工程		编号		××		
施工单位			××建设集团有限公司		试运时间		自×月×日×时×分开始 至×月×日×时×分结束		
设备名称 (编号)	测试时段	运行电压/V			运行电流/A			设备温度 /℃	
		L1 - L2	L2 - L3	L3 - L1	L1	L2	L3		
电气动力 2# 电动机	开始	380	382	384	45	45	45	36	
	第1小时	380	381	381	45	45	45	36	
	第2小时	380	385	383	47	45	45	37	
	开始								
	第1小时								
	第2小时								
	开始								
	第1小时								
	第2小时								
	开始								
	第1小时								
	第2小时								

表（续）

其他情况：

结论：

　　经2 h通电试运行,电动机转向和机械转动无异常情况,检查机身和轴承的温升符合技术条件要求;配电线路、开关、仪表等运行正常,符合设计和《建筑电气工程施工质量验收规范》(GB 50303—2002)规定。

监理工程师(建筑单位代表)：×××　　　　　　　　施工技术负责人：
施工质检员：×××　　　　　　　　　　　　　　　记录人：×××

六、建筑物照明通电试运行记录

1. 填表说明

（1）建筑物照明通电试运行记录应由建设(监理)单位及施工单位共同进行检查。

（2）试运行情况记录应详细:

①照明系统通电,灯具回路控制应与照明配电箱及回路的标识一致。

②开关与灯具控制顺序相对应,风扇的转向及调速开关应正常。

③记录电流、电压、温度及运行时间等有关数据。

④配电箱内电气线路连接节点处应进行温度测量,且温升值稳定不大于设计值。

⑤配电箱内电气线路连接节点测温应使用远红外摇表测量仪,并在检定有效期内。

（3）除签字栏必须亲笔签字外,其余项目栏均可打印。

（4）当测试线路的相对零电压时,应把相间电压划掉。

（5）编号栏的填写应参照隐蔽工程检查记录表编号编写,但表式不同时顺序号应重新编号

（6）要求无未了事项:

①表格中凡需填空的地方,实际已发生的,如实填写;未发生的,则在空白处划斜杠"／"。

②对于选择框,有此项内容,在选择框处划"√",若无此项内容,可空着,不必划"×"。

（7）《建筑物照明通电试运行记录》(表 C7 -67) 由施工单位填写,建设单位、施工单位各保存一份

　2. 填表范例

建筑物照明通电试运行记录

C7 -67

工程名称	××工程	编号	××××
施工单位	××建筑集团有限公司	工程类别	住宅
试运时间	自××年×月×日×时×分开始 至××年×月×日×时×分开始	系统名称	照明系统

表(续)

测试时段	运行电压/V			运行电流/A			线路温度/℃
	L1 – N	L2 – N	L3 – N	L1	L2	L3	
开始	225	225	225	79	78	79	51
第2小时	220	220	220	80	79	80	53
第4小时	230	230	230	79	77	79	52
第6小时	225	225	225	77	76	77	51
第8小时	225	220	225	78	77	79	51
第10小时							
第12小时							
第14小时							
第16小时							
第18小时							
第20小时							
第22小时							
第24小时							

其他情况:

结论:

　　照明系统灯具:风扇等电器均投入运行,经8 h通电试验,配电控制正确,空开、电度表、线路结点温度及器具运行情况正常,符合设计及规范要求。

监理工程师(建设单位代表):×××　　　　　　施工技术负责人:×××

施工质检员:×××　　　　　　　　　　　　　　记录人:×××

说明:"工程类别"栏可填写"公用"或"住宅",对应的运行时间为24小时或8小时。

七、试验记录

1.填表说明

(1)照明灯具承载试验记录应由建设(监理)单位及施工单位共同进行检查。

(2)检查结论应齐全。

(3)编号栏的填写应参照隐蔽工程检查记录表编号编写,但表式不同时顺序号应重新编号。

(4)要求无未了事项:表格中凡需填空的地方,实际已发生的,如实填写;未发生的,则在空白处划斜杠"/"。

(5)其他:《大型照明灯具承载试验记录》(表C7 – 65)由施工单位填写,建设单位、施工单位各保存一份。

2.填表范例

大型照明灯具载荷测试记录

C7－65

工程名称	××工程		编号	××××
施工单位	××建设集团有限公司		测试日期	2006 年 11 月 06 日
灯具名称	安装部位	数量	灯具自重/kg	测试载荷/kg
水晶装饰灯	一层大厅	1	32	70

结论：
　　一层大厅使用灯具的规格、型号符合设计要求,预埋螺栓直径符合设计要求,经做承载试验,试验载重 70 kg,试验时间为 15 min,预埋件牢固可靠,符合规范规定。

监理工程师(建筑单位代表)：×××　　　　　　施工技术负责人：×××

施工质检员：×××　　　　　　　　　　　　　记录人：×××

八、漏电开关模拟试验记录

1. 填表说明

(1)漏电开关模拟试验记录应由建设(监理)单位及施工单位共同进行检查。

(2)若当天内检查点很多时,表格填不下,可续表格进行填写,但编号应一致。

(3)测试结论应齐全。

(4)编号栏的填写应参照隐蔽工程检查记录表编号编写,但表式不同时顺序号应重新编号。

(5)要求无未了事项:表格中凡需填空的地方,实际已发生的,如实填写;未发生的,则在空白处划斜杠"/"。

(6)《漏电开关模拟试验记录》(表 C6 – 36)由施工单位填写,建设单位、施工单位各保存一份。

2. 填表范例

漏电开关模拟试验记录

C6 – 36

工程名称		景墨家园21#楼改造扩建工程			
试验器具	漏电开关检测仪		试验日期		2009 年 10 月 18 日
试运时间	由 18 日 14 时 0 分开始 至 18 日 18 时 0 分结束				
安装部位	型号	设计要求		实际测试	
		动作电流/mA	动作时间/mS	动作电流/mA	动作时间/mS
低压配电室柜	NS400N – 300A/3P	300	100	300	90
低压配电室柜	NS400N – 300A/3P	300	100	300	90
低压配电室柜	NS400N – 300A/3P	500	200	500	80
一层箱厕所插座支路	DPN – 16A	30	100	27	80
二层箱厕所插座支路	DPN – 16A	30	100	27	90
三层箱厕所插座支路	DPN – 16A	30	100	287	80
四层箱厕所插座支路	DP – 16A	30	100	27	80
五层箱厕所插座支路	DPN – 16A	30	100	28	90
六层箱厕所插座支路	DPN – 16A	30	100	27	80
屋顶风机控制箱	DP – 16A	30	100	28	80
弱电竖井插座箱插座 1 支路	DP – 16A	30	100	27	90
弱电竖井插座箱插座 2 支路	DP – 16A	30	100	28	80

测试结论:

签字栏	监理(建设)单位	施工单位:深圳华典装饰工程有限公司		
		专业技术负责人	质检员	检验人

九、避雷带支架拉力测试记录

1. 填表说明

（1）避雷带支架拉力测试记录应有建设（监理）单位及施工单位共同进行检查。

（2）若当天内检查点很多时，表格填不下，可续表格进行填写，但编号应一致。

（3）检查结论应齐全。

（4）编号栏的填写应参照隐蔽工程检查记录表编号编写，但表式不同时顺序号应重新编号。

（5）要求无未了事项：表格中凡需填空的地方，实际已发生的，如实填写；未发生的，则在空白处划斜杠"／"。

（6）《避雷带支架拉力测试记录》（表 C7－70）由施工单位填写，建设单位、施工单位各保存一份。

2. 填表范例

避雷带支架拉力测试记录

C7－70

工程名称	××工程						测试日期		2006 年 11 月 06 日					编号			××××		
施工单位	××建设集团有限公司						标准值		大于 49 N（5 kg）					测试工具			弹簧秤		
测试部位	1	2	3	4	5	6	7	8	9	10	11	12	13	14	15	16	17	18	19	20
屋面	5.5	5.5	5.5	5.5	5.5	5.5	5.5	5.5	5.5	5.5	5.5	5.5	5.5	5.5	5.5	5.5	5.5	5.5	5.5	5.5

结论：

　　屋顶避雷带安装平正顺直，固定点支持件间距均匀，经对全楼避雷带支架（共计 38 处）进行测试，每个支持件均能承受大于 49 N（5 kg）的垂直拉力，固定牢固可靠，符合设计及施工规范要求。

监理工程师（建设单位代表）：×××　　　　　施工技术负责人：×××

施工质检员：×××　　　　　　　　　　　　记录人：×××

注："测试部位"栏填写被测支架所在的区域、轴线；经测试确认符合打（√），不符合打（×），经整改后必须全部符合要求。如测试点在一行内填写不下，可移至下一行。

第十章 建筑工程检验批质量
验收记录填写范例

第一节 检验批质量验收记录填写一般规定

一、表的名称及编号

检验批由监理工程师或建设单位项目技术负责人组织项目专业质量检查员等进行验收,表的名称应在制订专用表格时就印好,前边印上分项工程的名称。表的名称下边注上"质量验收规范的编号"。

检验批表的编号按全部施工质量验收规范系列的分部工程、子分部工程统一为9位数的数码编号,写在表的右上角,前6位数字均印在表上,后留三个□,检查验收时填写检验批的顺序号。其编号规则为:

前边两个数字是分部工程的代码,01~09。地基与基础为01,主体结构为02,建筑装饰装修为03,建筑屋面为04,建筑给水排水及采暖为05,建筑电气为06,智能建筑为07,通风与空调为08,电梯为09。

第3、4位数字是子分部工程的代码。

第5、6位数字是分项工程的代码。

其顺序号见《建筑工程施工质量验收统一标准》(GB 50300—2001)附录B,表B.01,建筑工程分部(子分部)工程、分项工程划分表。

第7、8位数字是各分项工程检验批验收的顺序号。由于在大量高层或超高层建筑中,同一个分项工程会有很多检验批的数量,故留了2位数的空位置。

如地基与基础分部工程,无支护土方子分部工程,土方开挖分项工程,其检验批表的编号为010101□□,第一个检验批编号为:010101①②。

还需说明的是,有些子分部工程中有些项目可能在两个分部工程中出现,这就要在同一个表上编2个分部工程及相应子分部工程的编号;如砖砌体分项工程在地基与基础和主体结构中都有,砖砌体分项工程检验批的表编号为:010701□□、020301□□。

有些分项工程可能在几个子分部工程中出现,这就应在同一个检验批表上编几个子分部工程及子分部工程的编号。如建筑电气的接地装置安装,在室外电气、变配电室、备用和不间断电源安装及防雷接地安装等子分部工程中都有。

其编号为:060109□□

060206□□

060608□□

060701□□

4行编号中的第5、6位数字的分别是第一行09,是室外电气子分部工程的第9个分项工程,第二行的 06 是变配电室子分部工程的第 6 个分项工程,其余类推。

另外,有些规范的分项工程,在验收时也将其划分为几个不同的检验批来验收。如混凝土结构子分部工程的混凝土分项工程,分为原材料、配合比设计、混凝土施工 3 个检验批来验收。又如建筑装饰装修分部工程建筑地面子分部工程中的基层分项工程,其中有几种不同的检验批。故在其表名下加标罗马数字(Ⅰ)(Ⅱ)(Ⅲ)……

二、表头部分的填写

(1)检验批表编号的填写,在 3 个方框内填写检验批序号。如为第 11 个检验批则填为⑪。

(2)单位(子单位)工程名称,按合同文件上的单位工程名称填写,子单位于程标(†)该部分的位置。分部(子分部)工程名称,按验收规范划定的分部(子分部)名称填写。验收部位是指一个分项工程中的验收的那个检验批的抽样范围,要标注清楚.如二层①~⑩轴线砖砌体。

施工单位、分包单位、填写施工单位的全称,与合同上公章名称相一致。项目经理填写合同中指定的项目负责人。在装饰、安装分部工程施工中,有分包单位时,也应填写分包单位全称,分包单位的项目经理也应是合同中指定的项目负责人。这些人员由填表人填写不要本人签字,只是标明他是项目负责人。

(3)施工执行标准名称及编号。由于验收规范只列出验收的质量指标,其工艺只提出一个原则要求,具体的操作工艺就靠企业标准了。只有按照不低于国家质量验收规范的企业标准来操作,才能保证国家验收规范的实施。如果没有具体的操作工艺,保证工程质量就是句空话。企业必须制订企业标准(操作工艺、工艺标准厂厂法等),来进行培训十人,技术交底,来规范工人班组的操作。为了能成为企业的标准体系的重要组成部分,企业标准应有编制人、批准人、批准时间、执行时间、标准名称及编号。填写表时只要将标准名称及编号填写上,就能在企业的标准系列中查到其详细情况,并要在施工现场有这项标准,工人在执行这项标准。

三、质量验收规范的规定栏

质量验收规范的规定填写具体的质量要求,在制表时就已填写好验收规范中主控项目、一般项目的全部内容。但由于表格的地方小,多数指标不能将全部内容填写下,所以,只将质量指标归纳、简化描述或题目及条文号填写上,作为检查内容提示。以便查对验收规范的原文;对计数检验的项目,将数据直接写出来。这些项目的主要要求用注的形式放在表格的填写说明里。如果是将验收规范的主控、一般项目的内容全摘录在表的背面,这样方便查对验收条文的内容。根据以往的经验,这样做就会引起只看表格,不看验收规范的后果,规范上还有基本规定、一般规定等内容,它们虽然不是主控项目和一般项目的条文,但这些内容也是验收主控项目和一般项目的依据。所以验收规范的质量指标不宜全抄过来,故只将其主要要求及如何判定注明。

四、主控项目、一般项目施工单位检查评定记录

填写方法分以下几种情况,判定验收不验收均按施工质量验收规定进行判定。

(1)对于定量项目直接填写检查的数据。

（2）对于定性项目,当符合规范规定时,采用打"√"的方法标注;当不符合规范规定时,采用打"×"的方法标注。

（3）有混凝土、砂浆强度等级的检验批,按规定制取试件后,可填写试件编号,待试件试验报告出来后,对检验批进行判定,并在分项工程验收时进一步进行强度评定及验收。

（4）对于既有定性又有定量的项目,各个子项目质量均符合规范规定时,采用打"√"来标注;否则采用打"×"来标注。无此项内容的打"/"来标注。

（5）对于一般项目合格点有要求的项目,应是其中带有数据的定量项目;定性项目必须基本达到。定量项目其中每个项目都必须有80%以上(混凝土保护层为90%)检测点的实测数值达到规范规定。其余20%按各专业施工质量验收规范规定,不能大于150%,钢结构为120%,就是说有数据的项目,除必须达到规定的数值外,其余可放宽的,最大放宽到150%。"施工单位检查评定记录"栏的填写,有数据的项目,将实际测量的数值填入格内,超企业标准的数字,而没有超过国家验收规范的用"○"将其圈住;对超过国家验收规范的用"△"圈住。

五、监理(建设)单位验收记录

通常监理人员应进行平行、旁站或巡回的方法进行监理,在施工过程中,对施工质量进行察看和测量,并参加施工单位的重要项目的检测。对新开工程或首件产品进行全面检查,以了解质量水平和控制措施的有效性及执行情况,在整个过程中,随时可以测量等。在检验批验收时,对主控项目、一般项目应逐项进行验收。对符合验收规范规定的项目,填写"合格"或"符合要求",对不符合验收规范规定的项目,暂不填写,待处理后再验收,但应做标记。

六、施工单位检查评定结果

施工单位自行检查评定合格后,应注明"主控项目全部合格,一般项目满足规范规定要求"。

专业工长(施工员)和施工班、组长栏目由本人签字,以示承担责任。专业质量检查员代表企业逐项检查评定合格,将表填写并写清楚明结果,签字后,交监理工程师或建设单位项目专业技术负责人验收。

七、监理(建设)单位验收结论

主控项目、一般项目验收合格,混凝土、砂浆试件强度待试验报告出来后判定,其余项目已全部验收合格。注明"同意验收"。专业监理工程师建设单位的专业技术负责人签字。

第二节　建筑工程检验批质量验收记录填写范例

一、架空线路及杆上电气设备安装检验批质量验收记录表

1. 填表说明
（1）主控项目
①变压器中性点应与接地装置引出干线直接连接、接地装置的接地电阻值必须符合设

计要求。

②杆上变压器和高压绝缘子、高压隔离开关、跌落式熔断器、避雷器等必须按《建筑电气工程施工质量验收规范》(GB 50303—2002)第3.1.8条的规定交接试验合格。

③杆上低压配电箱的电气装置和馈电线路交接试验应符合下列规定：

a.每路配电开关及保护规格、型号,应符合设计要求。

b.相间和相对地间的绝缘电阻值应大于0.5 MΩ。

c.电气装置的交流工频耐压试验电压1 kV,当绝缘电阻值大于10 MΩ 时,可采用2 500 V兆欧表摇测替代,试验持续时间1 min,无击穿闪络现象。

（2）一般项目

拉线的绝缘子及金具应齐全,位置正确,承力拉线应与线路中心线方向一致,转角拉线应与线路分解线方向一致。拉线应收紧,收紧程度与杆上导线数量规格及弧垂值相适配。

电杆组立应正直,直线杆横向位移不应大于50 mm,杆梢偏移不应大于梢径的1/2,转角杆紧线后不向内角倾斜,向外角倾斜不应大于一个梢径。

自线杆单横担应装于受电侧,终端杆、转角杆的单横担装于拉线侧。横担的上下歪斜和左右扭斜,从横担端部测量不应大于20 mm。横担等镀锌制品应热浸镀锌。

导线无断股、扭绞和死弯,与绝缘子固定可靠,金具规格应与导线规格适配。

线路跳线、过引线、接户线的线间和线对地间的安全距离,电压等级为6～10 kV 的,应大于300 mm,电压等级为1 kV 及以下的,应大于150 mm。用绝缘导线架设的线路,绝缘破口处应修补完整。

杆上电气设备安装应符合下列规定：

（1）固定电气设备的支架、紧固件为热浸镀锌制品,坚固件及防松零件齐全。

（2）变压器油位正常、附件齐全、无渗油现象,外壳涂层完整。

（3）跌落式熔断器安装的相间距离不小于500mm;熔管试操动能自然打开旋下。

（4）杆上隔离开关分、合操动灵活,操动机构机械锁定可靠,分合时三相同期性好,分闸后,刀片与静触头间空气间隙距离不小于200 mm;地面操作杆的接地(PE)可靠,且有标识。

（5）杆上避雷器排列整齐,相间距离不小于350mm,电源侧引线铜线截面积不小于16 mm²、铝线截面积不小于25 mm²,接地侧引线铜线截面积不小于25 mm²,铝线截面积不小于35 mm²。与接地装置引出线连接可靠。

检查数量:主控项目1～3全数检查;4～6抽查10%,少于5基(档),全数检查。一般项目5～6全数检查;1～4抽查10%,少于5组(基,付),全数检查;第2项中的转角杆全数检查。

检验方法:见《建筑电气工程施工质量验收规范》(GB 50303—2002)第28.0.7条。

判定:应检数量全部符合《建筑电气工程施工质量验收规范》(GB 50303—2002)规定判定为合格。

2.填表范例

架空线路及杆上电气设备安装检验批质量验收记录表

GB 50303—2002

060101　001

单位(子单位)工程名称			我的工程									
分部(子分部)工程名称					验收部位			架空线路及杆上				
施工单位			××××××公司第一项目部		项目经理			×××				
分包单位					分包项目经理							
施工执行标准名称及编号			《黑龙江省建筑安装工程施工技术操作规程－建筑电气工程》 （DB 23/T714—2003）									

施工质量验收规范规定				施工单位检查评定记录								监理(建设)单位验收记录
主控项目	1	变压器中性点的接地及接地电阻值测试	4.1.3条	符合要求								符合要求
	2	杆上高压电气设备的交接试验	4.1.4条	符合要求								
	3	杆上低压配电装置和镀电线路的交接试验	4.1.5条	符合要求								
	4	电杆坑、拉线坑深度允许偏差/mm	+100,−50	55	77	58	−4	−26	−1	20	−13	74	−8
	5	架空导线的弧垂值允许偏差	±5%	−4	4	−2	3	5	4	3	−5	−4	−4
	6	水平排列的同档导线间的弧垂值允许偏差/mm	±50	−48	9	−49	27	15	27	21	6	−29	18
一般项目	1	拉线及其绝缘子、金具安装	4.2.1条	合格								合格
	2	电杆组立	4.2.2条	合格								
	3	横担及横担的镀锌处理	4.2.3条	合格								
	4	导线架设	4.2.4条	合格								
	5	线路安全距离	4.2.5条	合格								
	6	杆上电气设备安装	4.2.6条	合格								

施工单位检查评定结果	专业工长(施工员)	×××	施工班组长	×××
	检验符合标准规定			
	项目专业质量检查员：		2011 年 07 月 01 日	
监理(建设)单位验收结论	验收合格			
	监理工程师(建设单位项目专业技术负责人)：		2011 年 07 月 02 日	

二、变压器、箱式变电所安装工程检验批质量验收记录表

1. 填表说明

（1）主控项目

①变压器安装应位置正确,附件齐全,油浸变压器油位正常,无渗油现象。

②接地装置引出的接地干线与变压器的低压侧中性点直接连接;接地干线与箱式变电气的 N 母线和 PE 母线直接连接;变压器箱体、干式变压器的支架或外壳应接地(PE)。所有连接应可靠,紧固件及防松零件齐全。

③变压器必须按《建筑电气工程施工质量验收规范》(GB 50303—2002)第3.1.8 条的规定交接试验合格。

④箱式变电所及落地式配电箱的基础应高于室外地坪,周围排水通畅。用地脚螺栓固定的螺帽齐全,拧紧牢固;自由安放的应垫平放正。金属箱式变电所及落地式配电箱,箱体应接地(PE)或接零(PEN)可靠,且有标识。

⑤箱式变电所的交接试验,必须符合下列规定:

a. 由高压成套开关柜、低压成套开关柜和变压器三个独立单元组合成的箱式变电所高压电气设备部位,按《建筑电气工程施工质量验收规范》(GB 50303—2002)3.1.8 的规定交接试验合格。

b. 高压开关、熔断器等与变压器组合在同一个密闭油箱内的箱式变电所,交接试验按产品提供的技术文件要求执行。

c. 低压成套配电柜交接试验符合《建筑电气工程施工质量验收规范》(GB 50303—2002)4.1.5 条的规定。

（2）一般项目

①有载调压开关的传动部分润滑应良好,动作灵活,点动给定位置与开关实际位置一致,自动调节符合产品的技术文件要求。

②绝缘件应无裂纹、缺损和瓷件瓷釉损坏等缺陷,外表清洁,测温仪表指示准确。

③装有滚轮的变压器就位后,应将滚轮用能拆卸的制动部件固定。

④变压器应按产品技术文件要求进行检查器身,当满足下列条件之一时,可不检查器身。

a. 制造厂规定不检查器身者。

b. 就地生产仅作短途运输的变压器,且在运输过程中有效监督,无紧急制动、剧烈振动、冲撞或严重颠簸等异常情况者。

⑤箱式变电所内外涂层完整、无损伤,有通风口的风口防护网完好。

⑥箱式变电所的高低压柜内部接线完整、低压每个输出回路标记清晰,回路名称准确。

⑦装有气体继电器的变压器顶盖,沿气体继电器的气流方向有 1.0% ~1.5% 的升高坡度。

检查数量:全数检查。

检验方法:见《建筑电气工程施工质量验收规范》(GB 50303—2002)第28.0.7 条。

判定:检查全部符合《建筑电气工程施工质量验收规范》(GB 50303—2002)规定判定为合格。

2. 填表范例

变压器、箱式变电所安装检验批质量验收记录表

GB 50303—2002

060102　　　001
060201

单位(子单位)工程名称			我的工程	
分部(子分部)工程名称			验收部位	变压器
施工单位		×××××公司第一项目部	项目经理	×××
分包单位			分包项目经理	
施工执行标准名称及编号		《黑龙江省建筑安装工程施工技术操作规程－建筑电气工程》 (DB 23/T714－2003)		

施工质量验收规范规定			施工单位检查评定记录	监理(建设)单位验收记录
主控项目	1	变压器安装及外观检查	第5.1.1条	符合要求	符合要求
	2	变压器中性点、箱式变电所 N 和 PE 母线的接地连接及支架或框架接地	第5.1.2条	符合要求	
	3	变压器的交接试验	第5.1.3条	符合要求	
	4	箱式变电所及落地配电箱的固定、箱体的接地或接零	第5.1.4条	符合要求	
	5	箱式变电所的交接试验	第5.1.5条	符合要求	
一般项目	1	有载调压开关检查	第5.2.1条	合格	合格
	2	绝缘件和测温仪表检查	第5.2.2条	合格	
	3	装有软件的变压器固定	第5.2.3条	合格	
	4	变压器的器身检查	第5.2.4条	合格	
	5	箱式变电所内外涂层和通风口检查	第5.2.5条	合格	
	6	箱式变电所柜内接线和线路标记	第5.2.6条	合格	
	7	装有气体继电器的变压器的坡度	第5.2.7条	合格	

施工单位检查评定结果	专业工长(施工员)	×××	施工班组长	×××
	检验符合标准规定 项目专业质量检查员：　　　　　　　　　　　2011 年 07 月 01 日			
监理(建设)单位验收结论	验收合格 监理工程师(建设单位项目专业技术负责人)：　　　2011 年 07 月 02 日			

三、成套配电柜、控制柜(屏、台)和动力、照明配电箱安装工程检验批质量验收记录表

1. 填表说明

（1）主控项目

①柜、屏、台、箱、盘的金属框架及基础型钢必须接地（PE）或接零（PEN）可靠；装有电器的可开启门，门和框架的接地端子间应用裸编织铜线连接，且有标识。

②手车、抽出式成套配电柜推拉灵活，无卡阻碰撞现象。动触头与静触头的中心线应一致，且触头接触紧密，投入时，接地触头先于主触头接触；退出时，接地触头后于主触头脱开。

③高压成套配电柜必须按《建筑电气工程施工质量验收规范》（GB 50303—2002）第3.1.8条的规定交接试验合格，且应符合下列规定：

a. 继电保护元器件、逻辑元件、变送器和控制用计算机等单体校验合格，整组试验动作正确，整定参数符合设计要求。

b. 凡经法定程序批准，进入市场投入使用的新高压电气设备和继电保护装置，按产品技术文件要求交接试验。

④柜、屏、台、箱、盘间线路的线间和线对地间绝缘电阻值，馈电线路必须大于 0.5 MΩ；二次回路必须大于 1 MΩ。

⑤柜、屏、台、箱、盘间二次回路交流工频耐压试验，当绝缘电阻值大于 10 MΩ 时，用 2 500 V 兆欧表摇测 1 min，应无闪络击穿现象；当绝缘电阻值在 1—10 MΩ 时，做 1 000 伏交流千频耐压试验，时间 1 min，应无闪络击穿现象。

（2）一般项目

①柜、屏、台、箱、盘相互间或与基础型钢应用镀锌螺栓连接，且防松零件齐全。

②柜、屏、台、箱、盘安装垂直度允许偏差为 1.5‰。相互间接缝不应大于 2 mm，成列盘面偏差不应大于 5 mm。

③柜、屏、台、箱、盘内检查试验应符合下列规定：

a. 控制开关及保护装置的规格、型号符合设计要求。

b. 闭锁装置动作准确、可靠。

c. 主开关的辅助开关切换动作与主开关动作一致。

d. 柜、屏、台、箱、盘上的标识器件标明被控设备编号及名称，或操作位置，接线端子有编号，且清晰、工整、不易脱色。

e. 回路中的电子元件不参加交流工频耐压试验；48 V 及以下回路可不作交流工频耐压试验。

④柜、屏、台、箱、盘间配线：电流回路应采用额定电压不低于 750 V，芯线截面积不小于 2.5 mm² 的铜芯绝缘电线或电缆；除电子元件回路或类似回路外，其他回路的电线应采用额定电压不低于 750 V，芯线截面不小于 1.5 mm² 的铜芯绝缘电线或电缆。

⑤连接柜、屏、台、箱、盘面板上的电器及控制台、板等可动部位的电线应符合下列规定：

a. 采用多股铜芯软电线，敷设长度留有适当裕量。

b. 线束有外套塑料管等加强绝缘保护层。

c. 与电器连接时，端部绞紧，且有不开口的终端端子或搪锡，不松散、断股。

d. 可转动部位的两端用卡子固定。

检查数量：主控项目 1、3 全数检查；2、4、5 抽查 10%，少于 5 回路（台），全数检查。

一般项目 6 全数检查；1～5、7 抽查 10%，少于 5 处（台），全数检查。

检查方法:见《建筑电气工程施工质量验收规范》(GB 50303—2002)第28.0.7条。

判定:应检查数量全部符合《建筑电气工程施工质量验收规范》(GB 50303—2002)规定判为合格。

2.填表范例

成套配电柜、控制柜(屏、台)和动力、照明配电箱(盘)

安装检验批质量验收记录表

GB 50303—2002

(Ⅱ)低压成套柜(屏、台)

060401　　001

单位(子单位)工程名称				我的工程									
分部(子分部)工程名称						验收部位			配电室				
施工单位			×××××公司第一项目部			项目经理			×××				
分包单位						分包项目经理							
施工执行标准名称及编号			《黑龙江省建筑安装工程施工技术操作规程 – 建筑电气工程》 (DB23/T714—2003)										

施工质量验收规范规定				施工单位检查评定记录									监理(建设)单位验收记录
主控项目	1	金属框架的接地或接零	第6.1.1条	符合要求									符合要求
	2	电击保护和保护导体的截面积	第6.1.2条	符合要求									
	3	抽查式柜的推拉和动、静触头检查	第6.1.3条	符合要求									
	4	成套配电柜的交接试验	第6.1.5条	符合要求									
	5	柜(屏、盘、台等)间线路绝缘电阻值测试	第6.1.6条	符合要求									
	6	柜(屏、盘、台等)间二次回路耐压试验	第6.1.7条	符合要求									
	7	直流屏试验	第6.1.8条	符合要求									
一般项目	1	柜(屏、盘、台等)间或与基础型钢的连接	第6.2.2条	合格									合格
	2	柜(屏、盘、台等)间接缝、成列安装盘偏差	第6.2.3条	合格									
	3	柜(屏、盘、台等)内部检查试验	第6.2.4条	合格									
	4	低压电器组合	第6.2.5条	合格									
	5	柜(屏、盘、台等)间配线	第6.2.6条	合格									
	6	柜(台)与其面板间可动位的配线	第6.2.7条	合格									
	7	型钢安装允许偏差	不直度(mm/n)	≤1	0.5	0.6	1.0	0.7	0.3	0.0	0.7	1.0	0.8	0.7
			不平度(mm/全长)	≤5	1.0	0.7	4.6	3.9	2.9	4.3	3.4	1.4	0.5	3.1
			不平行度(mm/全长)	≤5	1.4	4.4	0.8	1.4	2.3	4.8	0.9	0.8	1.3	0.9
	8	垂直度允许偏差		≤1.5‰	0.9	0.7	0.4	0.2	0.9	1.1	1.1	0.1	0.1	0.1

表(续)

施工单位检查评定结果	专业工长(施工员)	×××	施工班组长	×× ×
	检验符合标准规定			
	项目专业质量检查员：			2011 年 07 月 01 日
监理(建设)单位验收结论	验收合格			
	监理工程师(建设单位项目专业技术负责人)：			2011 年 07 月 02 日

四、电缆桥架安装和桥架内电缆敷设工程检验批质量验收表

1. 填表说明

(1)主控项目

①金属电缆桥架及其支架和引入或引出的金属电缆导管必须接地(PE)或接零(PEN)可靠,且必须符合下列规定:

a. 金属电缆桥架及其支架全长应不少于 2 处与接地(PE)或接零(PEN)干线相连接。

b. 非镀锌电缆桥架间连接板的两端跨接铜芯接地线,接地线最小允许截面积不小于 4 m 心。

c. 镀锌电缆桥架间连接板的两端不跨接接地线,但连接板两端不少于 2 个有防松螺帽或防松垫圈的连接固定螺栓。

②电缆敷设严禁有绞拧、铠装压扁、护层断裂和表面严重划伤等缺陷。

(2)一般项目

①电缆桥架安装应符合下列规定:

a. 直线段钢制电缆桥架长度超过 30 m、铝合金或玻璃钢制电缆桥架长度超过 15 m 设有伸缩节;电缆桥架跨越建筑物变形缝处设置补偿装置。

b. 电缆桥架弯处的弯曲半径,不小于桥架内电缆最小允许弯曲半径,电缆最小允许弯曲半径见《建筑电气工程施工质量验收规范》(GB 50303—2002)表 12.2.1 - 1。

c. 当设计无要求时,电缆桥架水平安装的支架间距为 1.5 ~ 3 m;垂直安装的支架间距不大于 2 m。

d. 桥架与支架间螺栓、桥架连接板螺栓固定紧固无遗漏,螺母位于桥架外侧;当铝合金桥架与钢支架固定时,有相互间绝缘的防电化腐蚀措施。

e. 电缆桥架敷设在易燃易爆气体管道和热力管道的下方,当设计无要求时,与管道的最小净距,符合《建筑电气工程施工质量验收规范》(GB 50303—2002)表 12.2.1 - 2 的规定。

f. 敷设在竖井内和穿越不同防火区的桥架,按设计要求位置,有防火隔堵措施。

g. 支架与预埋件焊接固定时,焊缝饱满;膨胀螺栓固定时,选用螺栓适配,螺栓紧固,防松零件齐全。

②桥架内电缆敷设应符合下列规定:

a. 大于 45 ~ 倾斜敷设的电缆每隔 2m 处设固定点。

b. 电缆出入电缆沟、竖井、建筑物、柜(盘)、台处以及管子管口处等做密封处理。

c. 电缆敷设排列整齐,水平敷设的电缆,首尾两端、转弯两侧及每隔 5 ~ 10 m 处设固定点。

敷设于垂直桥架内的电缆固定点间距,不大于《建筑电气工程施工质量验收规范》(GB 50303—2002)表12.2.2的规定。

③电缆的首端、末端和分支处应设标志牌。

检查数量:主控项目1与接地干线连接处,全数检查,其余抽查20%,少于5处,全数检查;主控项目2抽查全长的10%一般项目抽查10%,少于5处,全数检查。

检验方法:见《建筑电气工程施工质量验收规范》(GB 50303—2002)第28.0.7条。

判定:应检数量全部符合《建筑电气工程施工质量验收规范》(GB 50303—2002)规定判为合格。

2.填表范例

电缆桥架安装和桥架内电缆敷设检验批质量验收记录表

GB 50303—2002

060302
060404   001

单位(子单位)工程名称			我的工程		
分部(子分部)工程名称				验收部位	电缆桥架
施工单位			×××××公司第一项目部	项目经理	×××
分包单位				分包项目经理	
施工执行标准名称及编号			《黑龙江省建筑安装工程施工技术操作规程——建筑电气工程》(DB 23/T714—2003)		

施工质量验收规范规定				施工单位检查评定记录		监理(建设)单位验收记录
主控项目	1	金属电缆桥架、支架和引入、引出的金属导管的接地或接零	第12.1.1条	符合要求		符合要求
	2	电缆敷设检查	第12.1.2条	符合要求		
一般项目	1	电缆桥架检查	第12.2.1条	合格		合格
	2	桥架内电缆敷设和固定	第12.2.2条	合格		
	3	电缆的首端、末端和分支处的标志牌	第12.2.3条	合格		
施工单位检查评定结果		专业工长(施工员)		×××	施工班组长	×××
		检验符合标准规定				
		项目专业质量检查员:			2011年07月01日	
监理(建设)单位验收结论		验收合格				
		监理工程师(建设单位项目专业技术负责人):			2011年07月02日	

五、电线导管、电缆导管和线槽敷设工程检验批质量验收记录表

1. 填表说明

（1）主控项目

①金属的导管和线槽必须接地（PE）或接零（PEN）可靠，并符合下列规定：

a. 镀锌的钢导管、可挠性导管和金属线槽不得熔焊跨接接地线，以专用接地卡跨接的两卡间连线为铜芯软导线，截面积不小于 4 mm²。

b. 当非镀锌导管采用螺纹连接时，连接处的两端焊跨接接地线；当镀锌钢导管采用螺纹连接时，连接处的两端用专用接地卡固定跨接接地线。

c. 金属线槽不作设备的接地导体，当设计无要求时，金属线槽全长不少于 2 处与接地（PE）或接零（PEN）干线连接。

d. 非镀锌金属线槽间连接板的两端跨接铜芯接地线，镀锌线槽间连接板的两端不跨接接地线，但连接板两端不少于 2 个有防松螺帽或防松垫圈的连接固定螺栓。

②金属导管严禁对口熔焊连接；镀锌和壁厚小于等于 2 mm 的钢导管不得套管熔焊连接。

③防爆导管不应采用倒扣连接；当连接有困难时，应采用防爆活接头，其接合面应严密。

④当绝缘导管在砌体上剔槽埋设时，应采用强度等级不小于 M10 的水泥砂浆抹面保护，保护层厚度大于 15 mm。

（2）一般项目

①电缆导管的弯曲半径不应小于电缆最小允许弯曲半径，电缆最小允许弯曲半径符合《建筑电气工程施工质量验收规范》表 12.2.1 - 1 的规定。

②金属导管内外壁应防腐处理；埋设于混凝土内的导管内壁应防腐处理，外壁可不防腐处理。

③室内进入落地式柜、台、箱、盘内的导管管口，应高出柜、台、箱、盘的基础面 50 ~ 80 mm。

④暗配的导管，埋设深度与建筑物、构筑物表面的距离不应小于 15mm；明配导管应排列整齐，固定点间距均匀，安装牢固；在终端、弯头中点或柜、台、箱、盘等边缘的距离 150 ~ 500 mm 范围内设置管卡，中间直线段管卡间的最大距离应符合《建筑电气工程施—厂质量验收规范》（GB 50303—2002）表 14.2.6 的规定。

⑤线槽应安装牢固，无扭曲变形，紧固件的螺母应在线槽外侧。

⑥防爆导管敷设应符合下列规定：

a. 导管间及与灯具、开关、线盒等的螺纹连接处紧牢牢固，除设计有特殊要求外，连接处不跨接接地线，在螺纹上涂以电力复合酯或导电性防锈酯。

b. 安装牢固顺直，镀锌层锈蚀或剥落处做防腐处理。

⑦绝缘导管敷设应符合下列规定：

a. 管口严整光滑；管与管、管与盒（箱）等器件采用插入法连接时，连接处结合面涂专用胶合剂，接口牢固密封。

b. 直埋于地下或楼板内的刚性绝缘导管，在穿出地面或楼板易受机械损伤的一段，采取保护措施。

c.当设计无要求时,埋设在墙内或混凝土内的绝缘导管,采用中型以上的导管。

⑧金属、非金属柔性导管敷设应符合下列规定:

a.刚性导管经柔性导钎与电气设备,器具连接,柔性导管的长度在动力工程中不大于0.8 m,在照明工程中不大于1.2 m。

b.可挠金属管或其他柔性导管与刚性导管或电气设备、器具间的连接采用专用接头;复合型可挠金属管或其他柔性导管的连接处密封良好,防液覆盖层完整无损。

c.可挠性金属导管和金属柔性导管不能做接地(PE)或接零(PEN)的连续导体。

⑨导管和线槽,在建筑物变形缝处,应设补偿装置。

检查数量:主控项目抽查10%,少于10处,全数检查。

一般项目9全数检查:3、5抽查10%,少于5处,全数检查:1、2、4、6、7、8按不同导管分类。敷设方式各抽查10%,少于5处,全数检查。

检验方法:见《建筑电气工程施工质量验收规范》(GB 50303—2002)第28.0.7。

判定:应检数量全部符合《建筑电气工程施工质量验收规范》(GB 50303—2002)规定判为合格。

2.填表范例

电线导管、电缆导管和线槽敷设检验批质量验收记录表
GB 50303—2002
(Ⅰ)室内

060304
060405　　001
060502
060605

单位(子单位)工程名称		我的工程	
分部(子分部)工程名称		验收部位	一层
施工单位	×××××公司第一项目部	项目经理	×××
分包单位		分包项目经理	
施工执行标准名称及编号		《黑龙江省建筑安装工程施工技术操作规程－建筑电气工程》(DB 23/T714—2003)	

		施工质量验收规范规定		施工单位检查评定记录	监理(建设)单位验收记录
主控项目	1	金属导管、金属线槽的接地或接零	第14.1.1条	符合要求	符合要求
	2	金属导管的连接	第14.1.2条	符合要求	
	3	防爆导管的连接	第14.1.3条	符合要求	
	4	绝缘导管在砌体剔槽埋设	第14.1.4条	符合要求	

表（续）

一般项目	1	电缆导管的弯曲半径	第14.2.3条	合格	合格
	2	金属导管的防腐	第14.2.4条	合格	
	3	柜、台、箱、盘内导管管口高度	第14.2.5条	合格	
	4	暗配管的埋设深度，明配管的固定	第14.2.6条	合格	
	5	线槽固定及外观检查	第14.2.7条	合格	
	6	防爆导管的连接、接地、固定和防腐	第14.2.8条	合格	
	7	绝缘导管的连接和保护	第14.2.9条	合格	
	8	柔性导管的长度、连接和接地	第14.2.10条	合格	
	9	导管和线槽在建筑物变形缝处的处理	第14.2.11条	合格	

施工单位检查评定结果	专业工长（施工员）	×××　施工班组长　×××
	检验符合标准规定	
	项目专业质量检查员：	2011年07月01日
监理（建设）单位验收结论	验收合格	
	监理工程师（建设单位项目专业技术负责人）：	2011年07月02日

六、普通灯具安装工程检验批质量验收记录表

1.填表说明

（1）主控项目

①灯具的固定应符合下列规定：

a.灯具重量大于3 kg时，固定在螺栓或预埋吊钩上。

b.软线吊灯，灯具重量在0.5 kg及以下时，采用软电线自身吊装；大于0.5 kg的灯具采用吊链，且软电线编叉在吊链内，使电线不受力。

c.灯具固定牢固可靠，不使用木楔，每个灯具固定用螺钉或螺栓不少于2个；当绝缘台直径在75 mm及以下时，采用1个螺钉或螺栓固定。

②花灯吊钩圆钢瓦径不应小于灯具挂销直径，且不应小于6 mm。大型花灯的固定及悬吊装置，应按灯具重的2倍做过载试验。

③当钢管做灯杆时，钢管内径不应小于10 mm，钢管厚度不应小于1.5 mm。

④固定灯具带电部件的绝缘材料以及提供防触电保护的绝缘材料，应耐燃烧和防明火。

⑤当设计无要求时，灯具的安装高度和使用电压等级应符合下列规定：

a.一般敞开式灯具，灯头对地面距离不小于下列数值（采用安全电压时除外）：

·室外：2.5 m（室外墙上安装）。

·厂房：2.5 m。

·室内：2 m。

· 软吊线带升降器的灯具在吊线展开后:0.8 m。

b. 危险性较大及特殊危险场所,当灯具距地面高度小于2.4 m时,使用额定电压为36 V及以下的照明灯具,或有专用保护措施。

c. 当灯具距地面高度小于2.4 m时,灯具的可接近裸露导体必须接地(PE)或接零(PEN)可靠,并应行专用接地螺栓,且有标识。

(2)一般项目

①引向每个灯具的导线线芯最小截面积应符合《建筑电气工程施工质量验收规范》(GB 50303—2002)表19.2.1的规定。

②灯具的外形、灯头及其接线应符合下列规定:

a. 灯具及其配件齐全,无机械损伤、变形、涂层剥落和灯罩破裂等缺陷。

b. 软线由灯的软线两端做保护扣,两端芯线搪锡;当装升降器时,套塑料软管,采用安全灯头。

c. 除敞开式灯具外,其他各类灯具灯泡容量在100 W主以上者采用瓷质灯头。

d. 连接灯具的软线盘扣、搪锡压线,当采用螺口止了头时,相线接刁:螺口灯头中间的端子上。

e. 灯头的绝缘外壳不破损和漏电;带有开关的灯头,开关手柄无裸露的金属部分。

③变电所内,高低压配电设备及裸母线的正上方不应安装灯具。

④装有白炽灯泡的吸顶灯具,灯泡不应紧贴灯罩;当灯泡与绝缘台间距离小于5 mm时,灯泡与绝缘台间应采取隔热措施。

⑤安装在重要场所的大型灯具的玻璃罩,应采取防止玻璃罩碎裂后向下溅落的措施。

⑥投光灯的底座及支架应固定牢固,枢轴应沿需要的光轴方向拧紧固定。

⑦安装在室外的壁灯应有泄水孔,绝缘台与墙面之间应有防水措施。

检查数量:主控项目2全数检查;1、3~6抽查10%,少于10套,全数检查。

一般项目3、5、6全数检查;1、2、4、7抽查10%,少于l0套,全数检查。

检验方法:见《建筑电气工程施工质量验收规范》(GB 50606—2002)第28.0.7条。

判定:应检数量全部符合《建筑电气工程施工质量验收规范》(GB 50606—2002)规定判为合格。

2. 填表范例

普通灯具安装检验批质量验收记录表
GB 50303—2002

060507　　　001

单位(子单位)工程名称		我的工程	
分部(子分部)工程名称		验收部位	一层
施工单位	×××××公司第一项目部	项目经理	×××
分包单位		分包项目经理	
施工执行标准名称及编号	《黑龙江省建筑安装工程施工技术操作规程——建筑电气工程》(DB 23/T714—2003)		

表(续)

施工质量验收规范规定				施工单位检查评定记录	监理(建设)单位验收记录
主控项目	1	灯具的固定	第19.1.1条	符合要求	符合要求
	2	花灯吊钩选用、固定及悬吊装置的过载试验	第19.1.2条	符合要求	
	3	钢管吊灯灯杆检查	第19.1.3条	符合要求	
	4	灯具的绝缘材料耐火检查	第19.1.4条	符合要求	
	5	灯具的安装高度和使用电压等级	第19.1.5条	符合要求	
	6	距地高度小于24 m的灯具金属外壳的接地或零	第19.1.6条	符合要求	
一般项目	1	引向每个灯具的电线线芯最小截面积	第19.2.1条	合格	合格
	2	灯具的外形,灯头及其接线检查	第19.2.2条	合格	
	3	变电所内灯具的安装位置	第19.2.3条	合格	
	4	装有白炽灯泡的吸顶灯具隔热检查	第19.2.4条	合格	
	5	在重要场所的大型灯具玻璃罩安全措施	第19.2.5条	合格	
	6	投光灯的固定检查	第19.2.6条	合格	
	7	室外壁灯的防水检查	第19.2.7条	合格	

施工单位检查评定结果	专业工长(施工员)	×××　　　　施工班组长　　×××
	检验符合标准规定	
	项目专业质量检查员:	2011 年 07 月 01 日

监理(建设)单位验收结论	验收合格	
	监理工程师(建设单位项目专业技术负责人):	2011 年 07 月 02 日

七、建筑物等电位联结工程检验批质量验收记录表

1. 填表说明

(1)主控项目

①建筑物等电位联结干线应从与接地装置有不少于2处直接连接的接地干线或总等电位箱引出,等电位联结干线或局部等电位箱间的连接线形成环形网络,环形网络应就近与等电位联结干线或局部等电位箱连接。支线间不应串联连接。

②等电位联结的线路最小允许截面符合《建筑电气工程施工质量验收规范》(GB

50303—2002）表27.1.2的规定。

（2）一般项目

①等电位联结的可接近裸露导体或其他金属部件、构件与支线连接应可靠,熔焊、钎焊或机械紧固应导通正常。

②需等电位联结的高级装修金属部件或零件,应有专用接线螺栓与等电位联结支线连接,且有标识;连接处螺帽紧固、防松零件齐全。

检查数量:主控项目抽查10%,少于10处,全数检查,等电位箱处全数检查。

一般项目抽查10%,少于10处,全数检查。

检验方法:见《建筑电气工程施工质量验收规范》（GB 50303 – 2002）第28.0.7条。

判定:应检数量全部符合《建筑电气工程施工质量验收规范》（GB 50303—2002）规定判为合格。

2.填表范例

建筑物等电位联结检验批质量验收记录表

GB 50303—2002

060703　　001

单位(子单位)工程名称		我的工程		
分部(子分部)工程名称			验收部位	基础
施工单位		×××××公司第一项目部	项目经理	×××
分包单位			分包项目经理	
施工执行标准名称及编号		《黑龙江省建筑安装工程施工技术操作规程——建筑电气工程》（DB 23/T714—2003）		

施工质量验收规范规定			施工单位检查评定记录	监理(建设)单位验收记录
主控项目	1	建筑物等电位联结干线的连接及局部等电位箱间的连接	第27.1.1条　符合要求	符合要求
	2	等电位联结的线路最小允许截面积	第27.1.2条　符合要求	
一般项目	1	等电位联结的可接近裸露导体或其他金属部件、构件与支线的连接可靠,导通正常	第27.2.1条　合格	合格
	2	等电位联结的高级装修金属部件或零件	第27.2.2条　合格	

表(续)

施工单位检查评定结果	专业工长(施工员)	×××	施工班组长	×××
	检验符合标准规定			
	项目专业质量检查员：　　　　　　　　　　　　　　2011 年 07 月 01 日			
监理(建设)单位验收结论	验收合格			
	监理工程师(建设单位项目专业技术负责人)：　　　2011 年 07 月 02 日			

第十一章　Project 2007 的应用

过去,建筑施工进度计划,都是用手工画表格。随着施工工程的不断增加,每个单项工程的旬、月、季、上半年、下半年以及全年的施工进度计划不断要编制落实,而且要不停地调整,工作量相当大,仅此手工制表就使我们不堪重负。

本情境通过一个工程实例,由浅入深地讲解用 Project 2007 编制施工进度计划的方法和技巧,又基本覆盖了用 Project 2007 编制施工进度计划的所有功能,达到使读者能够熟练使用和操作 Project 2007 编制施工进度计划的目的。

第一节　输　入　计　划

本节讲述如何把一个简单的施工进度计划,按实际操作步骤将其名称和工期输入到 Project 中,以及对工序和工期的修改方法的全部详细过程。

施工队计划员根据施工图和概算的用工数,结合本队的施工能力,按形象进度部位编制出《黑建院公寓施工进度计划》,见表 11 - 1。

表 11 - 1　黑建院公寓施工进度计划

序号	工序名称	工期/日
1	施工队进场	1
2	施工暂设	4
3	放线挖槽	9
4	基础垫层	8
5	基础墙体	6
6	回填土	10
7	砌墙体	8
8	屋面顶板、防水	12
9	外沿抹灰	14
10	室内装修	20
11	室内地面	8
12	室外道路、院墙	20
13	竣工验收	2
14	清场	3
小计		125

下面,在进入 Project 界面后,就要进行把表 11－1 按序号将工序和其工期陆续输入到 Project 中的操作。

一、输入工序

1. 输入工序

输入工序的方法有两种:一种是在"文字输入窗口"内输入;一种是在"任务名称"下输入。

这里只讲解在"任务名称"输入。

(1)鼠标单击"任务名称"下的空格,立即出现黑框,黑框内是工序文字直接输入的位置。

(2)在黑框内输入"施工队进场",见图 11－1。

图 11－1　输出工序

2. 继续输入

进行下一道工序的输入时,要先确定下道工序位置。单击键盘"Enter",黑框下移的同时出现以下变化:

(1)"序列号"栏下的"施工队进场"字体向右移;

(2)"工期"栏下出现"1 工作日?";

(3)"时间刻度"栏下的输入当日出现横线。

然后在黑框内继续输入工序,见图 11－2。

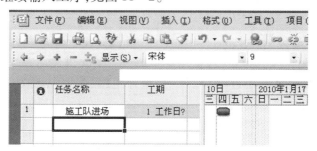

图 11－2　继续输入

二、输入工期:

输入工期的方法有两种:一种是在"文字输入窗口";一种是在"工期"下输入。

这里只介绍在"工期"下输入。

1. 单击"1 工作日",出现黑框。

2. 按键盘数字"1",见图 11 – 3。

3. 单击键盘"Enter",进入下一工序的工期输入。

全部工期输入之后的 Project 图表,见图 11 – 4。

图 11 – 3　输入工期

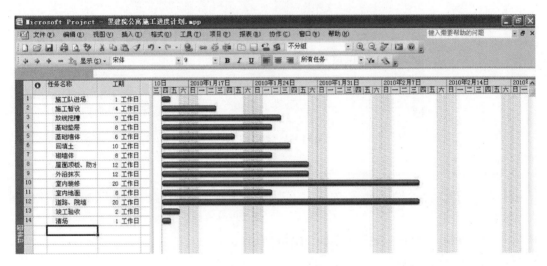

图 11 – 4　全部工期

三、工序修改

有三种方法将已经编制在 Project 中的工序进行修改:一种是在"文字输入窗口"内修改;一种是在"任务名称"下修改;一种使用菜单修改。下面讲述用在"文字输入窗口"内修改的方法,将《黑建院公寓施工进度计划》中"室外道路、院墙",改为"道路、院墙"的详细步骤。

1. 任务名称窗口:单击室外道路、院墙。

2. 在文字输入窗口:在"室外"两字的后面单击鼠标,出现光标。

3. 将"室外"两字删除。

4. 单击键盘"Enter",任务名称窗口的"室外道路、院墙"已经修改成"道路、院墙"。

四、工期修改

修改工期的方法和"输入工期"的方法一样,不再赘述。

第二节　衔接链接

本节讲述"衔接型链接"中的"相邻链接"和"相隔链接"两种形式。

建筑施工计划是利用链接连线来显示工序和工序之间在时间上的相互依赖关系。链接有四种:衔接型链接、同开型链接、前后型链接、同止型链接,而每种类型都分有"相邻链接"和"相隔链接"两种形式。

下面把《黑建院公寓施工进度计划》进行"衔接链接"中"相邻链接"和"相隔链接"操作。

根据项目经理部的施工调度会,黑建院公寓施工分为两段大流水,其进度安排如下:

1.把房屋建筑(工序1－11)和庭院工程(工序12－14)分为两个大流水段。

2.为缩短工期,"外沿抹灰"完工时进行"道路、院墙"施工。

根据安排,《黑建院公寓施工进度计划》相应进行如下编制:

1.将工序1－11建立"衔接型链接"的"相邻链接"。

2.将工序12－14建立"衔接型链接"的"相邻链接"。

3.将"外沿抹灰"和"道路、院墙"建立"衔接型链接"的"相隔链接"。

一、相邻链接

1.相邻链接1－11工序

工序1－11都是相邻工序,在时间上是前后连续的,建立起来的链接,即为"相邻链接"。

(1)将鼠标放在标识号码1上。

(2)按住鼠标,标识号码1行拖拽至标识号码11行,使之反黑。

(3)单击编辑。

(4)单击链接任务。

还可以用链接任务快捷键: ⇔可简化上述步骤(3)(4)为一步,见图11－5。

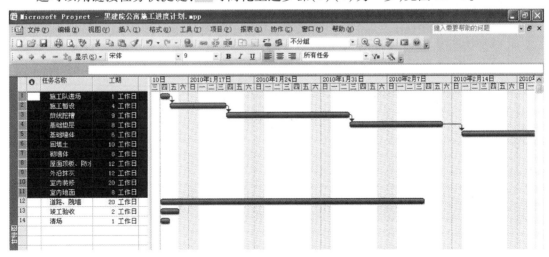

图11－5　相邻链接(一)

2. 相邻链接 12 - 14 工序

工序 12 - 14 都是相邻工序,在时间上是前后连续的,建立起来的链接,即为相邻链接。

(1)单击"道路、院墙",标识号码 1 - 11 行的反黑立即消失。

(2)按住鼠标,标识号码 12 行拖拽至标识号码 14 行,使之反黑。

(3)单击快捷键:🔗。

(4)单击"清场"下面的空提,标识号码 12 - 14 行的反黑立即消失,见图 11 - 6。

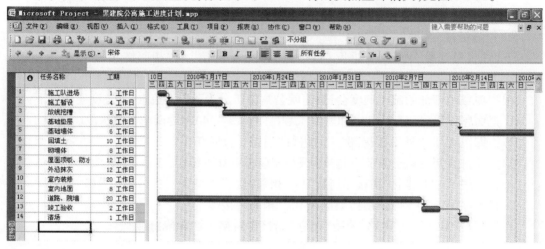

图 11 - 6   相邻链接(二)

二、相隔链接

将工序时间上连续但在工序上互不相邻,这样的工序建立起来的链接,就称"相隔链接"。

"外沿抹灰"和"道路、院墙"建立之间的链接即为"相隔链接"。

1.单击"外沿抹灰"。

2.按住键盘 Ctrl,单击"道路、院墙"。

3.单击快捷键🔗。

4.单击快捷键:📄("到选定任务")。

5.单击"清场"下面空格,消除反黑,见图 11 - 7。

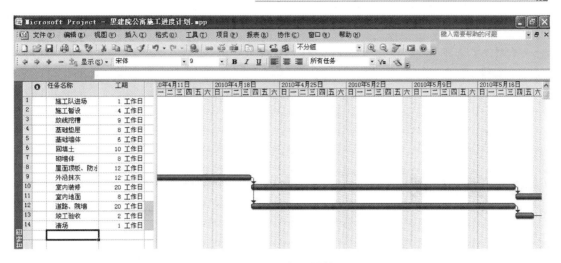

图 11 - 7　相隔链接

第三节　断开链接

本节讲述的是如何把已经建立的链接断开,取消工序间的链。

工序的链接分"相邻链接"和"相隔链接",所以"断开连接"也分"相邻断开"和"像个断开"。

下面把《黑建院公寓施工进度计划》进行断开链接后的链接操作。

项目经理部根据本队人员的配置,对上面的施工进度计划做如下调整:

1."室内装修"提前插入,在"屋面顶板、防水"完成时开始。

2."外沿抹灰"完成后将人员调出。

3."室内装修"的人员在完成后,转入进行"道路、院墙"。

根据变化,《黑建院公寓施工进度计划》相应进行如下修改:

1.断开"外沿抹灰"和"室内装修"的相邻链接;

2.建立"屋面顶板、防水"和"室内装修"的相隔链接;

3.断开"外沿抹灰"和"道路、院墙"的相隔链接;

4.建立"室内装修"和"道路、院墙"的相隔链接。

一、断开相邻链接

断开"衔接型"的"外沿抹灰"和"室内装修"的相邻链接

1.鼠标单击标识号码9"外沿抹灰",拖拽至标识号码10"室内装修"使两格均反黑。

2.单击快捷键　"到选定任务"。

3.输入断开指令:单击快捷键　"取消任务链接",见图 11 - 8。

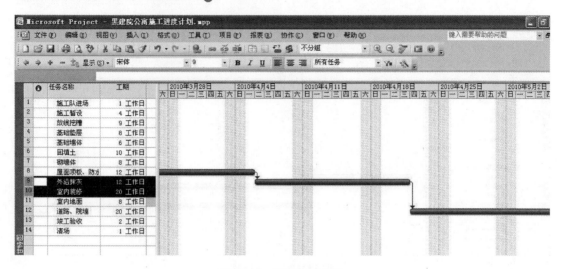

图 11 − 8　断开相邻链接

二、建立相隔链接

将"屋面顶板、防水"和"室内装修"建立"衔接型"的相隔链接。

1. 单击"屋面顶板、防水"。

2. 单击快捷键 。

3. 按住键盘 Ctrl，单击"室内装修"。

4. 单击快捷键 ，见图 11 − 9。

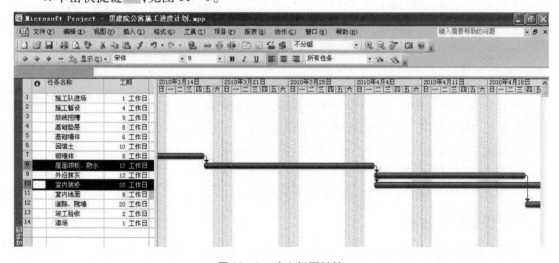

图 11 − 9　建立相隔链接

三、断开相隔链接

断开"外沿抹灰"和"道路、院墙"的相隔链接。

1. 单击"外沿抹灰"。

2. 单击快捷键 。

3. 按住键盘 Ctrl,单击"道路、院墙"。

4. 单击快捷键，见图 11 – 10。

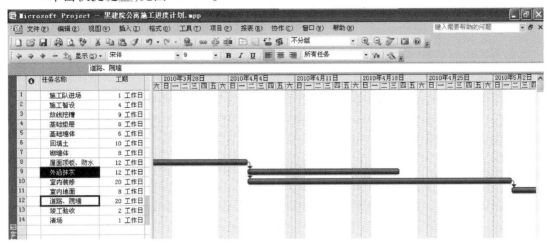

图 11 – 10　断开相隔链接

四、建立相隔链接

将"室内装修"和"道路、院墙"建立"衔接型"的相隔链接。

1. 单击"室内装修"。

2. 按住键盘 Ctrl,单击"道路、院墙"。

3. 单击快捷键。

4. 单击快捷键，见图 11 – 11。

图 11 – 11　建立相隔链接

　　说明:在断开连接后,往往发现被断开后的工序不见了,这不是被删除了,而是移到了往电脑输入工序时日历下。单击被断开的工序,单击快捷键，即可展现。只要与其他工序建立链接,就会出现在被链接的工序上。

第四节 插 入 删 除

本节讲述的是如何在施工进度计划中插入工序和删除工序。

修改施工进度计划时经常用到插入工序和删除工序功能。

下面把《黑建院公寓施工进度计划》进行工序插入和工序删除操作。

项目经理部根据对施工现场调查,发现施工现场存有大量残土,需用 5 天将其运出,并根据投资方装饰的提高,对上面施工进度计划作如下调整:

1. "施工暂设"后需要 5 天进行"平整场地",将现场大量的残土清理外运。

2. "室内装修"包括"室内地面"合计工期为 25 天,取消"室内地面"的 8 天工期。

根据以上变化,《黑建院公寓施工进度计划》相应进行如下修改:

1. 在"施工暂设"后插入"平整场地"工序。

2. "平整场地"工序的工期为 5 个工作日。

3. 删除"室内地面"工序。

4. 将"室内装修"工期改为 25 个工作日。

一、插入工序

1. 单击"放线挖槽"

2. 单击"插入"

3. 单击"新任务"

4. 单击"文字输入窗口",输入"平整场地",见图 11 - 12。

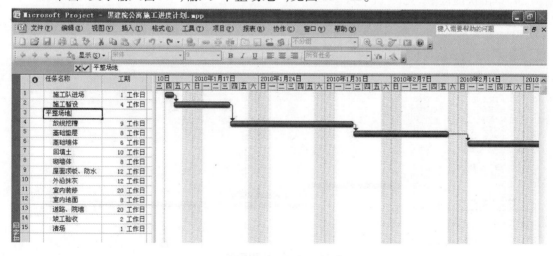

图 11 - 12　插入工序

二、输入工期

1. 按键盘 Tab 键。

2. 输入"5"。

3. 按键盘 Enter 键,见图 11 – 13。

图 11 – 13　输入工期

三、删除工序

1. 单击"室内地面"。

2. 单击快捷键 ✂。

3. 单击编辑。

4. 单击删除任务,见图 11 – 14。

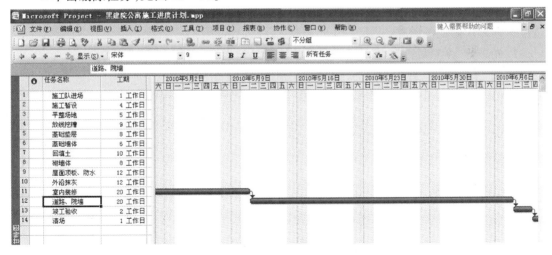

图 11 – 14　删除工序

四、更改工期

1. 在"室内装修"窗口单击"20 个工作日"。

2. 输入"25"。

3. 单击 Enter,见图 11 – 15。

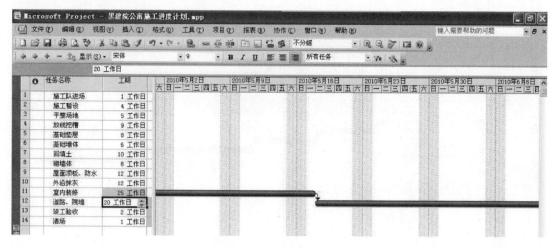

图 11 – 15　更改工期

第五节　移 动 复 制

本节讲述的是如何在施工进度计划中移动工序和复制工序。

修改施工进度计划时经常用到移动工序和复制工序功能。复制功能有部分复制和全部复制两种。

下面把《黑建院公寓施工进度计划》进行移动工序和复制工序操作。

项目经理部根据市容管理部门"先将临街道路、院墙完成后施工"的要求,对上面施工进度计划再次做如下调整:

1. 先进行"平整场地",将现场大量残土清理外运后,在进行"施工暂设"。

2. 在"平整场地"后用 8 天的时间增加"道路、院墙"工程。

根据以上变化,《黑建院公寓施工进度计划》相应进行如下修改:

1. 将"平整场地"工序移到"施工暂设"前。

2. 复制"道路、院墙"工序到"平整场地"后。

3. 新复制的"道路、院墙"工期为 8 个工作日。

一、移动工序

1. 单击标识序号 3,即"平整场地"前序号。

2. 再次单击序号 3。

3. 在序号 3 上按住鼠标往上推时出现"……"将其推到"施工暂设"的横线上时松手。

4. 单击"施工暂设",消除反黑,见图 11 – 16。

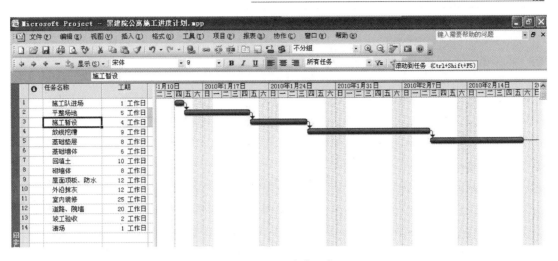

图 11 – 16　移动工序

二、部分复制

1. 单击"施工暂设"窗口。

2. 单击插入。

3. 单击新任务。

4. 单击"道路、院墙"窗口。

5. 单击编辑。

6. 单击复制单元格。

7. 单击序号 3 后空格窗口。

8. 单击编辑。

9. 单击粘贴。

10. 输入工期"8"。

11. 单击"施工暂设",消除黑框,见图 11 – 17。

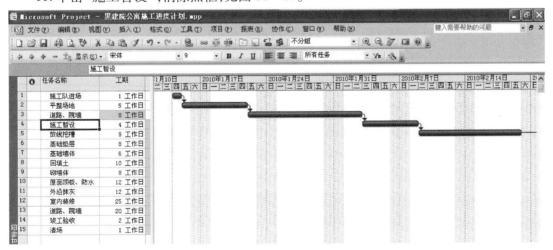

图 11 – 17　部分复制

三、全部复制

前面使部分复制的操作,现在用全部复制从上述第4步开始。

1. 单击标识序号12。

2. 单击编辑。

3. 单击复制任务。

4. 单击"施工暂设"。

5. 单击编辑。

6. 单击粘贴。

7. 输入工期"8"。

8. 单击"施工队进场",消除黑框。

第六节   确 定 工 期

本节讲述的是在施工进度计划中:开工日期、每周的工作日期、节假日期的更改与编制。

下面把《黑建院公寓施工进度计划》进行改变日期的操作。

项目经理部将本工程有关的日期和假日确定如下:

进场日期:2010 年 3 月 15 日。

周施工工作日:7 天。

"五一"假日:5 月 1 日、5 月 2 日。

根据以上决策,《黑建院公寓施工进度计划》相应进行如下调整:

1. 确定本工程进场日期是 2010 年 3 月 15 日。

2. 施工期间每周 7 天连续施工(人员轮休,工序不停)。

3. 在 5 月 1 日、5 月 2 日工地放假两天。

一、更改开始日期

1. 单击"2010 年 1 月 14 日"

2. 单击下拉菜单。

3. 点击"月份更换键",至 2010 年 3 月,单击 15 日。

4. 单击"施工队进场"

5. 单击快捷键，见图 11 - 18。

图 11－18　更改开始日期

二、更改周工作日

建筑施工一般是采用轮休,所以在施工进度计划上每周六、日,是不休息的,因此要将《黑建院公寓施工进度计划》中每周六、周日非工作日,全改成工作日。

1. 单击"视图"。

2. 单击"启动任务向导"。

3. 单击"定义常规工作时间"。

4. 第一步:选择日历模板为"标准";第二步:勾选"周六""周日"两个选项;第三步:更改每日工作时间,因为本工程项目没做要求,所以本步骤跳过;第四步:更改每周工时为56,每月工作日30;第五步:保存并完成。

5. 单击"视图",单击"禁用项目向导"。

三、节假工期

在工序"回填土"的施工工期内有"五一"节,工地休息两日(5月1日、5月2日),对此做节日调整。

1. 单击"回填土"

2. 单击快捷键 。

3. 单击"工具"。

4. 单击"更改工作时间"。

5. 在"例外日期"下,名称内输入"五一节放假"。

6. 单击"开始时间",单击日期下拉菜单,选择日期"5月1日"。

7. 单击"完成时间",单击日期下拉菜单,选择日期"5月2日"。

8. 单击确定,见图11－19。

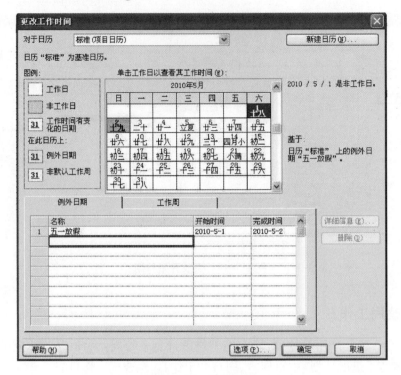

图 11 – 19 节假日期

第七节 分 段 流 水

本节讲述的是如何将施工进度计划中的工序分解成几个阶段。

现在编制的《黑建院公寓施工进度计划》,基本上是工序之间的链接大流水,没有将某个工序再分解成段进行分段流水。在实际施工中,尤其是在大工程或复杂工程中,往往将工序分成若干段,实行分段流水,这样施工能达到缩短工期、节约人员和设备、大幅度降低成本的作用。

下面把《黑建院公寓施工进度计划》进行工序流水的分段操作。

在施工进度计划落实到施工队后,施工队为缩短工期和节约成本,将《黑建院公寓施工进度计划》的"回填土"与"砌墙体"两个工序各自进行分段流水,做如下调整:

1."回填土"工序分为两个流水施工段。

2."砌墙体"工序分为两个流水施工段。

3."砌墙体"的第一段与"回填土"的第一段衔接,并与"回填土"的第二段同时开始。

根据以上变化,《黑建院公寓施工进度计划》相应进行如下调整:

1.将"回填土"分为一段和二段流水,每段 5 个工作日。

2.将"砌墙体"分为一段和二段流水,每段 4 个工作日。

3."回填土"与"砌墙体"断开链接。

4."一段回填土"和"一段砌墙体"链接。

一、一级分段

将"回填土"工序分为"一段回填土"和"二段回填土",工期各 5 天。

1. 单击"回填土"。

2. 单击快捷键 。

3. 用鼠标在"回填土"前单击,见有光标闪动同时字体左移。

4. 在光标后输入文字"一段"。

5. 改变工期为"6 工作日"。

6. 单击"砌墙体"。

7. 单击"插入"。

8. 单击"新任务"。

9. 单击"空格",输入"二段回填土"。

10. 输入工期"6 工作日"。

11. 单击"砌墙体"。

12. 按照步骤 1 ~ 10,将"砌墙体"也分为两个流水施工段,工期各 4 天,见图 11 – 20。

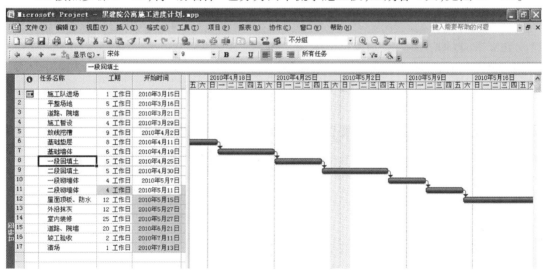

图 11 – 20　一级分段

二、断开链接

原任务的计划中是"回填土"和"砌墙体"是"衔接型"的"相邻链接",现在"回填土"和"砌墙体"都分为两个流水施工段,"二段回填土"仍然和"一段砌墙体"链接,断开此链接。

1. 按住鼠标将"二段回填土"和"一段砌墙体"两行反黑。

2. 单击快捷键 "取消任务链接",见图 11 – 21。

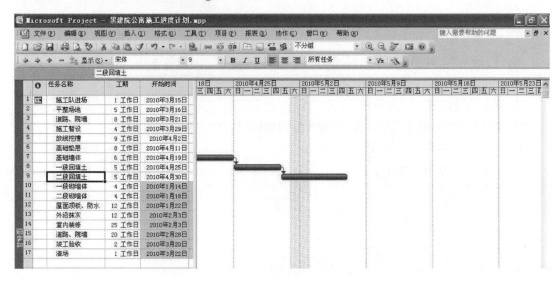

图 11－21　断开链接

三、相隔链接

建立"一段回填土"和"一段砌墙体"的"相隔链接"。

1. 单击"一段回填土"。

2. 按住 Ctrl 选中"一段砌墙体"。

3. 单击快捷键 。见图 11－22。

图 11－22　相隔链接

第八节　分段组合

本节讲的是如何将施工进度计划中的相关流水段组合及隐现。

为把施工进度计划编制的层次鲜明,往往将工序的分段流水根据层次进行组合,再根据使用者的不同要求,将分段流水的层级进行隐藏和显现。分段流水的组合分一级组合、多级组合、重叠组合。

下面把《黑建院公寓施工进度计划》进行工序流水分段组合及流水分段隐现操作。

为展现工序之间的链接关系,进行如下组合:

1.“一段回填土”和“二段回填土”组合成“回填土”。

2.“二段砌墙体”和“二段砌墙体”组合成“砌墙体”。

一、先一级组合

先将“一段回填土”和“二段回填土”进行组合“回填土”,这是一级组合。

1.单击“一段回填土”。

2.单击快捷键 ✍。

3.单击“插入”。

4.单击“新任务”。

5.在空格处输入“回填土”。

6.单击键盘 Tab。

7.选中“一段回填土”和“二段回填土”。

8.单击“项目”。

9.鼠标滑动到“大纲”。

10.单击“降级”,或使用快捷键 ➡ 降级,见图 11 – 23。

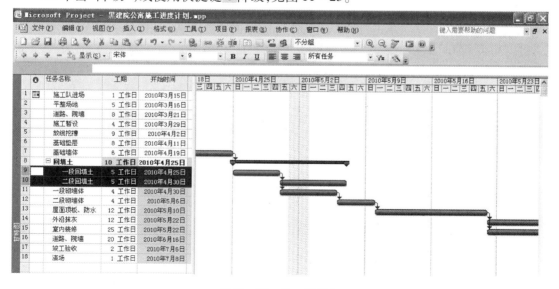

图 11 – 23　先一级组合

二、后重叠组合

后将"一段砌墙体"和"二段砌墙体",进行组合"砌墙体",这是重叠组合。

1. 单击"一段砌墙体",重复上部分步骤1—10。

2. 单击快捷键➡。

3. 单击"砌墙体"。

4. 单击快捷键⬅,见图11-24。

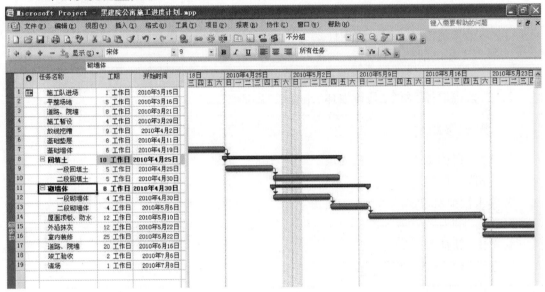

图11-24 后重叠组合

三、组合隐藏

1. 单击"回填土"。

2. 单击"项目"。

3. 鼠标滑动到大纲。单击"隐藏子任务"。或单击快捷键➖,见图11-25。

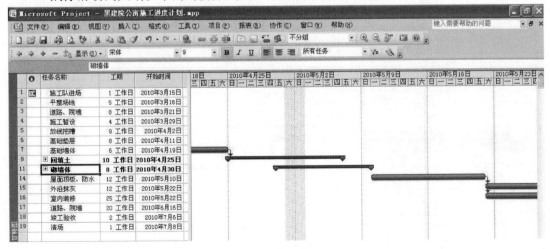

图7-25 组合隐藏

4.用同样的方法,可将重叠组合砌墙体进行"组合隐藏"。

四、组合显现

1.单击"回填土"。

2.单击"项目"

3.鼠标滑动到大纲。单击"显示子任务"。或单击快捷键 ✚ "显示子任务"。

4.用同样的方法,可将重叠组合砌墙体进行"组合显现"。

第九节 相 关 链 接

本节讲述链接的其余三种类型:同开型、前后型、同止型。

在章第二节中介绍过,链接有四种类型:衔接型、同开型、前后型、同止型,每种类型都有"相邻链接"和"相隔链接"两种形式。在任务2着重讲述了"衔接型链接"中的"相邻链接"和"相隔链接"两种形式。

下面把《黑建院公寓施工进度计划》进行其余三种类型的操作。

项目经理部位缩短工期降低成本,对上面施工进度计划部分工序的起止时间在此做如下调整:

1.将"(3)道路、院墙"和"平整场地"同时开始施工。

2.将"基础墙体"在"基础垫层"完成时间提前3天开始。

3.将"(17)道路、院墙"提前插入要和"室内装修"同时完工。

根据以上变化,《黑建院公寓施工进度计划》相应进行如下修改:

1.将"平整场地"和"(3)道路、院墙"由"衔接性的相邻链接"改成"同开型相邻链接"。

2.将"基础垫层"和"基础墙体"由"衔接型相邻链接"改成"前后型相邻链接",并提前3日插入。

3.将"室内装修"和"(17)道路、院墙"由"衔接型相邻链接"改成"同止型相邻链接"。

一、同开型链接

将"平整场地"和"(3)道路、院墙"由"衔接性的相邻链接"改成"同开型相邻链接"。

1.单击"平整场地"。

2.双击"平整场地"和"(3)道路、院墙"间链接的连线。

3.在"任务相关性"窗口,类型选择"开始 – 开始"。

4.单击"确定",见图 11 – 26。

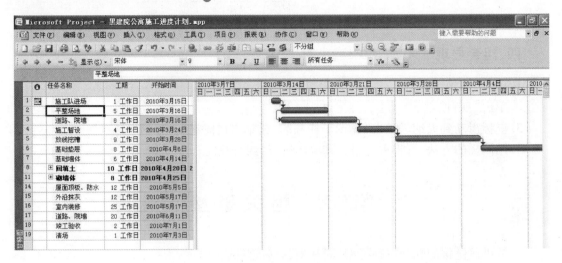

图 11 - 26　同开型链接

二、前后型链接

将"基础垫层"和"基础墙体"由"衔接型相邻链接"改成"前后型相邻链接",并提前 3
日插入。

1. 单击"基础垫层"。

2. 单击快捷键 。

3. 双击"基础垫层"和"基础墙体"间链接的连线。

4. 在"任务相关性"窗口,延搁时间选择 - 3d。

5. 单击"确定",见图 11 - 27。

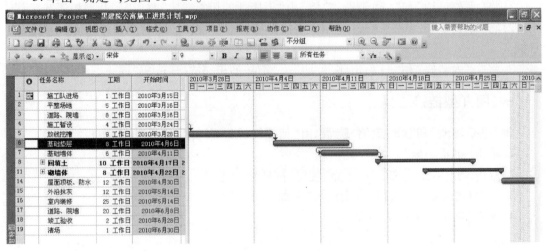

图 11 - 27　前后型链接

三、同止型链接

将"室内装修"和"(17)道路、院墙"由"衔接型相邻链接"改成"同止型相邻链接"。

1. 单击"(17)道路、院墙"。

2. 单击快捷键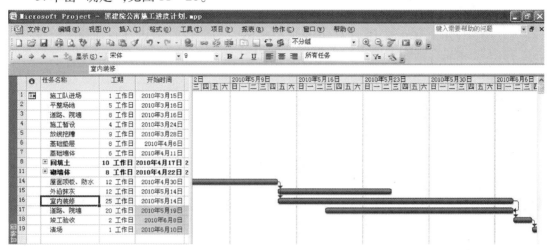。

3. 双击"室内装修"和"道路、院墙"间链接的连线。

4. 在"任务相关性"窗口,类型选择"完成 – 完成"。

5. 单击"确定",见图 11 – 28。

图 11 – 28　同止型链接

第十节　周期拆分

本节讲述的是如何在总工期内建立周期性工序及使工序拆分。

在施工进度计划的总工期内,有些工序是在一定的间隔时间就重复一次的周期性工序,有些工序需要在某个时间将工序拆分开,间隔一段时间。

下面把《黑建院公寓施工进度计划》,进行建立周期性工序及工序拆分的操作。

项目经理部为加强现场的施工配合和使文明施工制度化。对进度计划做如下强制调整:

1. 每周一公司都要下到施工现场,开一次现场施工"进度协调会"。

2. 为施工现场整洁,将"平整场地"的后两天放在"施工暂设"完成后进行,以便清理施工暂设剩余废弃杂物。

根据以上变化,《黑建院公寓施工进度计划》相应进行如下修改:

1. 在施工期每周一插入一个"周期型"的"进度协调会"(施工期即是本工程的总工期)。

2. 将"平整场地"的后两天拆分,移动到"施工暂设"后。

一、查总工期

要插入周期性工序,就要查看总工期,因为只有在总工期的时间范围内可插入周期性工序。

1. 单击"施工队进场"。

2. 单击快捷键 。看本工程的开工日期是 2010 年 3 月 15 日。

3. 单击"清场"

4. 单击快捷键 。看本工程的完工日期是 2010 年 6 月 10 日。

二、周期性工序

在总工期(2010 年 3 月 15 日至 2010 年 6 月 10 日)内,每周插入"进度协调会"。

1. 单击"平整场地"。

2. 单击"插入"。

3. 单击"周期性任务"。

4. 在任务名称窗口输入"进度协调会"。

5. 在重复发生方式窗口输入"每周周一"。

6. 在重复范围窗口输入从"2010 年 3 月 15 日"到"2010 年 6 月 10 日"。

7. 单击"确定",见图 11 - 29。

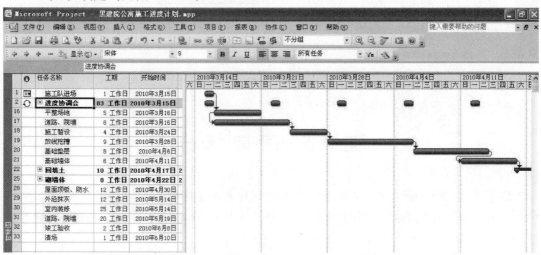

图 11 - 29　周期性工序

三、拆分工序

将"平整场地"的后两天拆分,移动到"施工暂设"后。

1. 单击"平整场地"。

2. 用鼠标拉开分隔条,展现完成时间是 3 月 20 日,确定分拆日期是 3 月 19 日。

3. 单击"编辑"。

4. 单击"任务拆分"。或用快捷键 :"任务拆分"。

5. 将鼠标放在"平整场地"的横线上,左右移动,找到浮动提示框内时间变到 3 月 19 日的位置时,单击鼠标。

6. 单击剩余横线,将其移动到近邻"施工暂设"完成时间。见图 11 - 30。

图 11 – 30 拆分工序

第十一节 备注信息

本节讲述的是如何在施工进度计划上建立备注或信息。

根据需要在施工进度上往往建立界面备注、工序备注和工程信息。

下面把《黑建院公寓施工进度计划》进行界面备注、工序备注和工程信息的操作。

项目经理部根据《黑建院公寓施工进度计划》的进度,将施工队伍安排如下:

1. "黑建院公寓"由第四施工队负责总包施工。

2. 由第十机械队和第十一运输队负责平整场地,进行分包施工。

3. 由第七防水队负责屋面防水,进行分包施工。

4. 由第八装修队负责室内装修,进行分包施工。

根据安排,《黑建院公寓施工进度计划》建立界面信息、工序备注和工程信息。

1. 建立界面备注的内容:

(1)在"施工队进场"——第四施工队施工。

(2)在"平整场地"——第十机械队和第十一运输队施工。

(3)在"屋面顶板、防水"——第七防水队施工。

(4)在"室内装修"——第八装修队负责。

(5)在"道路、院墙"——第九道路对施工。

2. 建立工序备注的内容:(只举两例)

(1)在"施工队进场"——本工程由第四施工队施工承包建设。

(2)在"平整场地"——由第十机械队负责施工,并将渣土外运包给第十一运输队。

3. 增加工程信息:

(1)发包单位:×××××房地产开发公司

(2)设计单位:×××××设计院

(3)承包单位:×××××公司第一项目部

(4)工程名称:黑建院公寓

(5)工程地点:黑龙江建筑职业技术学院

(6)建筑面积:541 平方米

(7)开工日期:2010 年 3 月 15 日

(8)完工日期:2010 年 6 月 10 日

一、界面备注

1.建立界面备注

(1)单击"施工队进场"。

(2)单击"工具"。

(3)单击"分配资源"。或用快捷键 ⚙:分配资源。

(4)在"资源名称"输入"第四施工队施工"。

(5)单击"分配",见图 11-31。

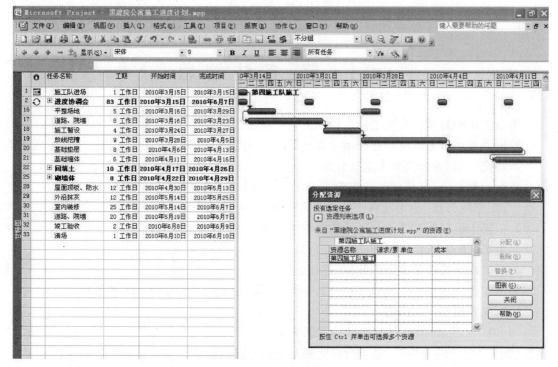

图 11-31 建立界面备注(一)

(6)按如下步骤输入界面备注:

①单击"资源名称"内"第四施工队"下的空格后,再单击"平整场地"按(4)(5)步骤输入"第十机械队和第十一运输队";

②单击"资源名称"内"第十机械队和第十一运输队"下的空格后,再单击"屋面顶板、防水"按(4)(5)步骤输入"第七防水队施工";

③单击"资源名称"内"第七防水队施工"下的空格后,再单击"室内装修"按(4)(5)步骤输入"第八装修队施工";

④单击"资源名称"内"第八装修队施工"下的空格后,再单击在(16)(30)两个"道路、

院墙"按(4)(5)步骤输入"第九道路队施工"。

(7)单击"关闭",见图 11－32。

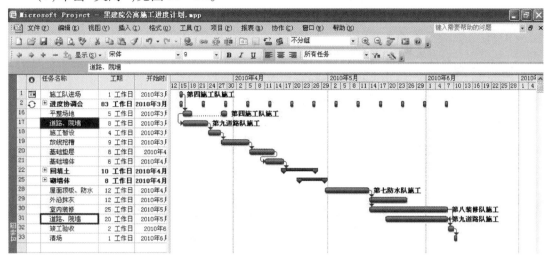

图 11－32　建立界面备注(二)

2.删除界面备注

本任务未安排"删除界面备注",为讲述备注删除的方法,下面将以删除"平整场地"的备注为例加以说明。

如果"平整场地"不用"第十机械队和第十一运输队",即是删除此备注,步骤如下:

(1)单击"平整场地"。

(2)单击快捷键 。

(3)单击"平整场地"。

(4)单击"删除",见图 11－33。

(5)单击"关闭"。

二、工序备注

在"施工队进场"的工序中备注"本工程由第四施工队施工承包建设"。

2.建立工序备注

(1)单击"施工队进场"。

(2)单击"项目"。

(3)单击"任务信息"。

(4)选择"备注"窗口。

(5)单击空白处,输入"本工程由第四施工队施工承包建设"。

(6)单击"确定"。

(7)按上述步骤将如下内容输入工序备注。在"平整场地"输入"由第十机械队负责施工,并将渣土外运包给第十一运输队"。

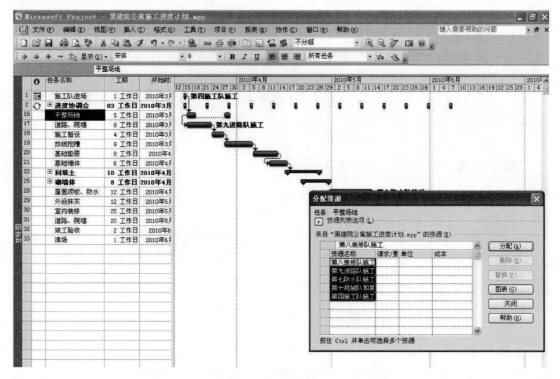

图 11 – 33 删除界面备注

2. 显现工序备注

以显现"平整场地"的工序备注为例。

(1)单击"平整场地"。

(2)单击"项目"。

(3)单击"任务信息"。

或者双击"平整场地"。

三、工程信息

建立工程信息的步骤如下:

1. 单击"施工队进场"。

2. 单击"视图"。

3. 鼠标滑到"工具栏"。

4. 单击"绘图",或

5. 单击快捷键 ："文本框"。

6. 条形图区按鼠标拉个矩形"文本框"。

7. 在"文本框"中输入信息,见图 11 – 34。

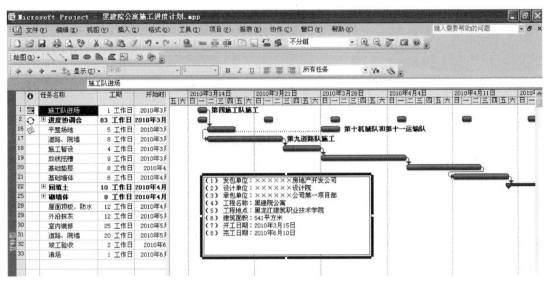

图 11 – 34   工程信息

第十二节   节点序号

本节讲述的是如何建立控制节点和排列序号。

在施工进度计划中经常用控制节点来强调某个时间必须到达某个安排,用排列序号来显示计划的层次与清晰。

下面把《黑建院公寓施工进度计划》进行建立控制节点及排列工序的操作。

由于项目较小,本工程仅设"开工入场时间"一个控制节点。

在《黑建院公寓施工进度计划》中,相应增加如下内容:

1. 对"施工队进场"建立进场日期(2010 年 3 月 15 日)的控制节点。

2. 将所有工序进行编号。

一、建立节点

所谓控制节点,就是将要设为控制节点的工序的工期设为"0",在条形图区显示此工序的横道线,变成醒目的标注时间与黑菱形。

1. 单击"施工队进场"。

2. 输入工期"0"。

3. 按"Enter"确定。

"施工队进场"的界面备注"第四施工队施工"被出现的"控制点"所代替。如果要在"控制点"后恢复原界面备注,就要进行如下"文本框"的操作。点击"施工队进场"。

1. 单击快捷键 ▣ 。

2. 在条形图区,"控制节点"日期后,按鼠标拉个矩形"文本框"。

3. 在文本框内输入"第四施工队施工"。

4. 单击"施工队进场",见图 11 – 35。

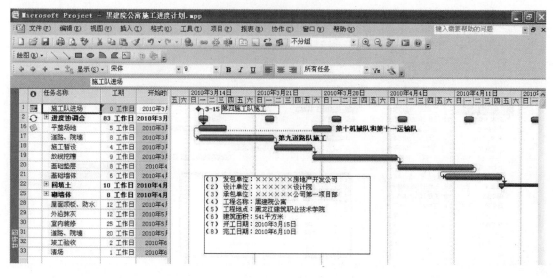

图 11 - 35　建立节点

二、排列序号

将所有的工序进行编号。

1. 单击"工具"。

2. 单击"选项"。

3. 在"视图"窗口勾选"显示大纲数字"。

4. 单击"确定",见图 11 - 36。

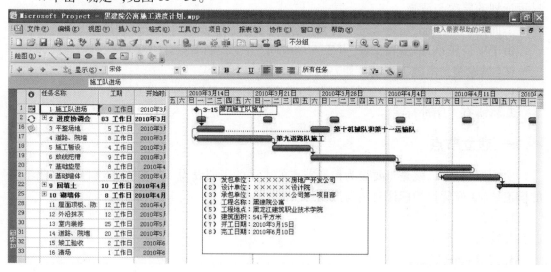

图 11 - 36　排列序号

第十三节　编制名称及打印

本节讲述的是如何编制计划的名称及打印。

在施工进度计划表的上方需要有计划的名称。在编制完成后需要对所编制的计划进行打印。

下面把《黑建院公寓施工进度计划》进行建立计划名称和打印的操作。

一、建立计划名称

1. 单击"文件"。

2. 单击"页面设置"。

3. 在页眉窗口选择居中,空白处输入"黑建院公寓施工进度计划"。

4. 单击快捷键Ⓐ:进行文字编辑。

5. 单击"确定"。

6. 单击"确定"。

7. 单击"关闭"。

备注:在 Project 中输入计划名称,是放在"页眉"的,只有使用"打印预览"才能看到。

二、打印

1. 单击"文件"。

2. 单击"打印"

3. 在时间刻度选项选择打印日期"2010 年 3 月 14 日",见图 11 –37。

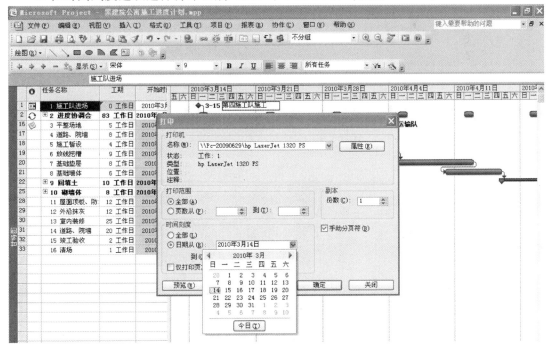

图 11 –37　打　印

4. 单击"预览",见图 11 – 38。

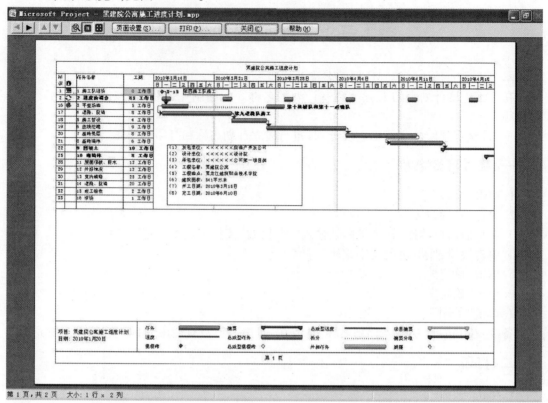

图 11 – 38　预　览